U0365813

普通高等教育应用型本科教材

材料力学

汪 菁 主编

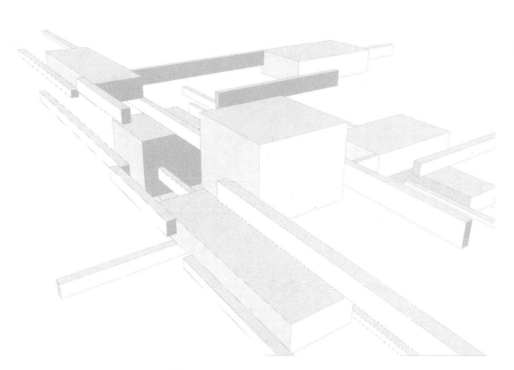

化学工业出版社

·北京·

内 容 简 介

本教材以《高等学校土木工程本科指导性专业规范》和《高等学校工科基础课程教学基本要求》中对材料力学课程的基本要求为依据，针对应用型本科的教学需求编写而成。内容包括绪论、轴向拉伸与压缩、平面图形的几何性质、剪切与扭转、平面弯曲梁的内力、平面弯曲梁的应力与强度计算、平面弯曲梁的变形与刚度计算、应力状态和强度理论、组合变形、压杆稳定、能量法，共 11 章。每章有导言（包括学习目标和难点）、小结、思考题、习题（书末附有习题参考答案）。

本教材为满足应用型本科教育、教学改革需要，在基本理论必需、够用的基础上，注重工程实践能力与创新意识的培养，内容深入浅出、循序渐进、概念清楚、便于自学；适合作为高等学校应用型本科土木、水利类等专业 70 学时左右的材料力学课程的教学用书，也可供有关工程技术人员参考。

图书在版编目（CIP）数据

材料力学/汪菁主编. —北京：化学工业出版社，2021.1

普通高等教育应用型本科教材

ISBN 978-7-122-37919-1

Ⅰ.①材…　Ⅱ.①汪…　Ⅲ.①材料力学-高等学校-教材　Ⅳ.①TB301

中国版本图书馆 CIP 数据核字（2020）第 198807 号

责任编辑：王文峡　　　　　　　　　　　　文字编辑：林　丹　陈立璞
责任校对：李雨晴　　　　　　　　　　　　装帧设计：王晓宇

出版发行：化学工业出版社（北京市东城区青年湖南街 13 号　邮政编码 100011）
　印　　装：三河市延风印装有限公司
787mm×1092mm　1/16　印张 13½　字数 342 千字　2021 年 3 月北京第 1 版第 1 次印刷

购书咨询：010-64518888　　　　　　　　　售后服务：010-64518899
网　　址：http://www.cip.com.cn
凡购买本书，如有缺损质量问题，本社销售中心负责调换。

定　　价：42.00 元

前　言

　　本教材依据教育部高等学校土木工程学科专业指导委员会编制的《高等学校土木工程本科指导性专业规范》和教育部高等学校工科基础课程教学指导委员会编制的《高等学校工科基础课程教学基本要求》对材料力学课程的基本要求，汲取近几年材料力学教学改革的成果与经验，结合编者多年的教学实践，针对应用型本科教学改革的需要编写而成。为适应教育教学改革，满足应用型本科人才培养的要求，本教材编写特点如下：

　　① 以《高等学校土木工程本科指导性专业规范》和《高等学校工科基础课程教学基本要求》中对材料力学课程的基本要求为基础编写；

　　② 在满足基本理论必需、够用的基础上，紧密结合国家规范、标准及目前土木工程结构的工程应用情况，注重工程实践能力与创新意识的培养；

　　③ 注重理论联系实际，内容深入浅出、循序渐进，概念清楚，便于学生理解，例题、习题与工程实际紧密结合，更具有实用性、典型性；

　　④ 每章有学习目标和难点、小结、思考题、习题（书末附有习题参考答案），配有实验视频、电子教案等，使教学过程由复杂变得简单、易学，"教和学"得到了更好的结合，便于提高学生的学习兴趣和学习效果。

　　参加本书编写工作的有：汪菁（编写第 1、2 章）；郑凯轩（编写第 3、6 章）；李冠鹏（编写第 4、11 章）；苏炜（编写第 5、9、10 章）；封卉梅（编写第 7 章）；任玲玲（编写第 8 章）。本书由汪菁主编并统稿。实验视频由烟台新天地试验技术有限公司录制。

　　在本书的编写过程中，参考了相关的文献资料，在此对其作者表示衷心的感谢；并对为本书付出辛勤劳动的有关人员表示衷心的感谢。

　　限于编者水平，书中难免存在不足之处，殷切希望同行和读者批评指正。

编　者

2020 年 7 月

目 录

二维码一览

注：二维码见本书附录三。

第1章

绪论

1.1　材料力学概述

1.1.1　材料力学的研究对象

（1）结构与构件

土建、水利、交通等各类建筑物，如房屋、水坝、桥梁等，从建造开始就受到各种力的作用，如重力、风力、施工机具和工人的重量、积雪重等。在工程上习惯将主动作用在建筑物上的力称为荷载。建筑物中承受荷载而起骨架作用的部分称为**结构**，组成结构的单个物体称为**构件**。如图1.1所示单层厂房中的屋面板、屋架、吊车梁、柱子、基础均为构件，这些构件组成了厂房结构。

组成结构的构件按其形状和尺寸可分为三类：

① 杆件　长度远大于截面宽度和厚度，如图1.2（a）所示；

② 薄壁构件　长度和宽度均远大于厚度，如图1.2（b）、（c）所示；

③ 实体构件　长度、宽度、厚度为同量级尺寸，如图1.2（d）所示。

（2）杆件

杆件一般有直杆和曲杆。直杆的**横截面**是与杆长度垂直的截面，各横截面形心的连线为**杆轴线**，如图1.3（a）所示。各横截面相同的直杆称为**等直杆**。曲杆横截面是指垂直于其

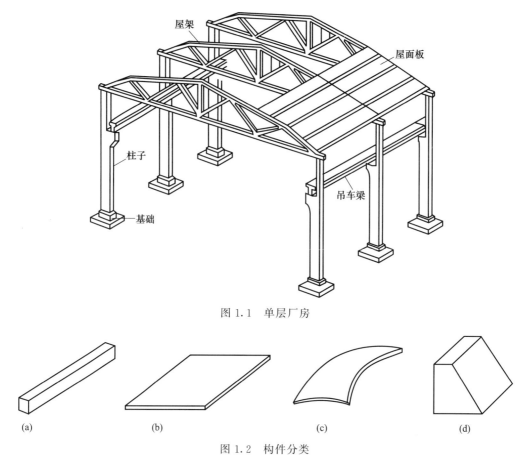

图 1.1 单层厂房

屋架

屋面板

柱子

吊车梁

基础

(a) (b) (c) (d)

图 1.2 构件分类

弧长方向的截面，曲杆的轴线同样是各横截面形心的连线，如图 1.3（b）所示。直杆和曲杆的横截面均与其杆轴线垂直。

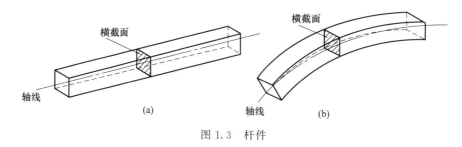

图 1.3 杆件

横截面

轴线

(a)

横截面

轴线

(b)

材料力学的研究对象主要是杆件，所研究的多为等直杆件，有时也会涉及一些简单的结构。对由多杆组成的杆系结构的力学分析将由材料力学的后续课程结构力学来完成，由薄壁构件和实体构件组成的薄壁结构和实体结构是弹性力学的研究对象。

（3）计算简图的概念

工程实际中，结构或构件的构造是复杂的，完全按照实际情况进行受力分析有较大的难度，有时甚至不可能实现。因此，在对结构分析前应抓住主要因素，结合实际情况放弃一些次要的因素，对实际结构或构件进行简化，得到既能反映实际情况，又便于分析的理想模型，这种理想模型称为**计算简图**。

如图 1.4（a）所示，梁 AB 支撑在墙体上，梁的中部搁置有重为 G 的重物。梁 AB 的受力如图 1.4（b）所示。由于墙体厚度和重物作用的宽度远小于梁的长度（a，$b \ll l$），则可将墙体、重物与梁的接触面视为一点，将分布力简化为集中作用力，如图 1.4（c）所示。若用梁轴线代替梁，用相应的支座替代墙体对梁端的支撑，考虑梁自重，可得图 1.4（d）所示的计算简图。它不仅反映了原构件的受力情况，也使力学计算得到了简化。

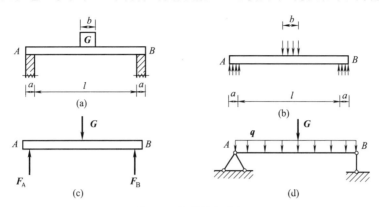

图 1.4　梁的计算简图

计算简图必须满足以下两个基本要求：

① 尽可能地反映构件的真实受力情况；

② 能简化计算。

确定计算简图时，一般以轴线代替真实杆件，以理想支座代替实际约束并对外荷载作相应的简化。

（4）荷载的分类

结构或构件受到的荷载有多种形式，按不同性质可分为以下几类。

① **按荷载作用时间，可分为恒荷载和活荷载。**

a. 恒荷载：长期作用在结构或构件上，其大小和作用位置都不会发生变化的荷载，如结构自重等。

b. 活荷载：作用在结构或构件上的可变荷载，其大小和作用位置都可能发生变化，如施工荷载，使用期间的人群、风、雪等荷载。

② **按荷载分布情况，可分为分布荷载和集中荷载。**

a. 分布荷载：指连续作用在结构或构件较大面积上或长度上的荷载。其中，分布均匀、大小处处相同的分布荷载称为均布荷载，如屋面雪荷载、楼面活荷载以及均质等厚度板、等截面梁的自重等都是均布荷载。反之，不具备上述均布荷载特征的分布荷载称为非均布荷载，如水池侧壁所受的水压力等。

沿构件长度方向均匀分布的荷载为线均布荷载，以每米长度的力的大小来表示，单位为 N/m 或 kN/m。如图 1.5（a）所示，q 为梁的自重沿长度方向均匀分布的情况，是线均布荷载。

在较大面积上均匀分布的荷载为面均布荷载，以每平方米面积上的力的大小来表示，单位为 N/m^2 或 kN/m^2。如图 1.5（b）所示，q 为均质等厚度板的自重在板平面上均匀分布的情况，是面均布荷载。

b. 集中荷载：若荷载作用面积远小于构件尺寸时，可把荷载看作是集中作用在一点上，称为集中荷载。集中荷载的单位一般是 N 或 kN。如图 1.4（c）中的自重 G 和墙体对梁的支撑力 F_A、F_B。

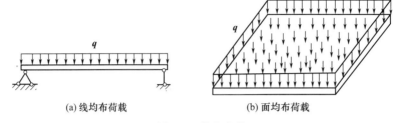

(a) 线均布荷载　　　　　　　　(b) 面均布荷载

图 1.5　均布荷载

③ **按荷载作用性质，可分为静荷载与动荷载。**

a. 静荷载：缓慢地加到结构上的荷载，其大小、位置和方向不随时间变化或变化相对极小。构件自重及一般的活荷载均属静荷载。

b. 动荷载：大小、位置或方向随时间迅速变化的荷载，它能使结构产生明显的加速度。如地震力、机器工作时对结构的干扰力等均属动荷载。

1.1.2　材料力学的任务

结构的主要作用是承受荷载和传递荷载。为了使结构和构件在荷载作用下不丧失预期的正常功能，要求结构和构件满足以下三个条件。

① **强度条件**　是指结构和构件具有承受荷载或抵抗破坏的能力，保证结构和构件不被破坏；

② **刚度条件**　是指结构和构件具有抵抗变形的能力，保证结构和构件受外力产生的变形不超过其相应的允许值；

③ **稳定性条件**　是指结构和构件具有保持其原有平衡状态的能力，不会突然改变其原有的工作状态。

满足上述三个条件是结构和构件安全工作的基础。一般而言，设计中选择较大的截面尺寸或选择优质的材料就可以保证结构和构件的安全，但这样可能会造成浪费，不符合经济原则。材料力学正是解决设计中安全与经济这对矛盾的一门科学。**材料力学的任务**是研究结构和构件在外力等因素作用下的受力、变形规律及材料的力学性能，建立保证结构和构件正常工作需要满足的强度条件、刚度条件和稳定性条件，在既安全又经济的原则下为结构和构件设计提供基础理论和方法。材料力学的研究包括理论分析和实验研究。

1.2　变形固体及其基本假设

任何固体在外力作用下都会发生形状和尺寸的改变，即**变形**。对于变形固体，当外力在一定范围时，卸去外力后其变形会完全消失，这种随外力卸去而消失的变形称为**弹性变形**。当作用于固体的外力大小超过一定范围时，在外力卸去后固体变形只能部分消失，还残留下一部分不能消失的残余变形称为**塑性变形**。

变形固体的性质是复杂的，材料力学对变形固体作出了以下几个基本假设，作为理论分析的一般基础。在以后各章中除特别说明，它们都是研究问题的前提。

（1）连续性假设

忽略材料分子、原子间的空隙，假设构件的材料在整个体积中各点都是连续的。根据这一假设就可在受力构件内任意一点处截取一体积单元来进行研究。

（2）均匀性假设

忽略材料各点处实际上存在的缺陷和晶格结构不同而引起的力学性能上的差异，认为从构件内任取一部分其力学性质都是完全相同的。

（3）各向同性假设

认为材料沿各方向都有相同的力学性能。除木材等部分整体力学性能具有明显方向性的材料外，通常认为钢材、混凝土等均为各向同性材料。

（4）小变形假设

认为构件的变形量远小于其外形尺寸。根据这一假设，在研究构件的平衡问题时就可采用构件变形前的原尺寸进行分析，对计算中变形的高次方项也可忽略。但是对变形比较大的大变形构件，不能采用小变形假设，对大变形问题本书不做讨论。

一般构件在正常工作条件下均要求其材料只发生弹性变形。材料力学所研究的主要是限于线弹性范围内的小变形问题，除特别说明，否则将不涉及超出线弹性范围的问题。

1.3　杆件变形的基本形式

外力作用下，杆件的变形有多种形式。但无论杆件的变形有多么复杂，却都可由以下四种基本变形组合而成。

（1）轴向拉伸与压缩

杆件的这种变形是由一对作用线与杆轴线相重合的外力作用引起的。主要变形是杆件长度的改变，如图 1.6（a）、（b）所示。

（2）剪切

杆件的这种变形是由一对相距很近且方向相反的横向外力作用引起的。主要变形是横截面沿外力作用方向发生错动，如图 1.6（c）所示。

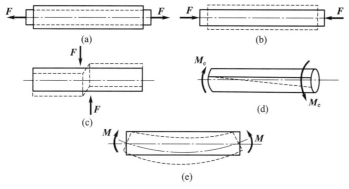

图 1.6　杆件变形的基本形式

（3）扭转

杆件的这种变形是由一对转向相反、作用面垂直于杆轴线的外力偶作用引起的。主要变形是杆件相邻两横截面绕杆轴线发生相对转动，而杆轴线仍保持直线，如图 1.6（d）所示。

（4）弯曲

杆件的这种变形是由一对转向相反、作用在包含杆轴线在内的纵向平面内的外力偶作用所引起的。主要变形是杆件相邻横截面将绕垂直于杆轴线的轴发生相对转动，变形后的杆轴线呈曲线状，如图 1.6（e）所示。

小结

① 建筑物中承受荷载而起骨架作用的部分称为结构，组成结构的单个物体称为构件。

构件按其形状和尺寸可分为杆件、薄壁构件、实体构件，材料力学的研究对象主要是杆件。

②　计算简图是由实际结构或构件简化而来的理想力学模型，它可以使复杂的结构计算简单化。

③　荷载是作用在结构或构件上的一种外力，可以按不同的性质对荷载进行分类。按荷载作用时间，可分为恒荷载和活荷载；按荷载分布情况，可分为分布荷载和集中荷载；按荷载作用性质，可分为静荷载与动荷载。

④　保证结构和构件安全工作的条件是强度条件、刚度条件和稳定性条件。

⑤　变形固体的基本假设有：连续性假设、均匀性假设、各向同性假设、小变形假设。

⑥　杆件变形的基本形式有：轴向拉伸与压缩变形、剪切变形、扭转变形和弯曲变形。

思考题

1.1　材料力学的研究对象是什么？

1.2　结构与构件有何区别？

1.3　结构和构件安全工作必须满足的三个条件是什么？

1.4　静荷载和动荷载、恒荷载和活荷载、集中荷载和分布荷载有何区别？

1.5　计算简图必须满足的基本要求是什么？

1.6　材料力学的基本任务是什么？

1.7　刚体与变形体有何区别？材料力学中为什么把研究对象看作变形固体？

1.8　在理论力学中，应用力的可传性原理，可将图 1.7（a）中的情况视为与图（b）中等效，在材料力学中还可以这样认为吗？

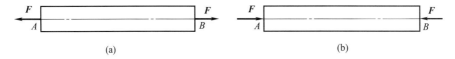

(a)　　　　　　　　　　　　　　　　　(b)

图 1.7　思考题 1.8 图

1.9　变形固体有哪些基本假设？

1.10　杆件变形的基本形式有哪些？

第2章

轴向拉伸与压缩

 学习目标

　　掌握内力、应力的概念；掌握轴向拉（压)杆的内力、应力及变形计算；掌握材料在拉、压时的力学性能；掌握轴向拉（压)杆的强度计算；熟悉应力集中的概念；了解圣维南原理；了解超静定问题的概念及其求解方法。

 难点

　　轴力的计算及轴力图的绘制；材料在拉、压时的力学性能；杆系结构的位移计算和许用荷载计算；拉（压）超静定问题的求解方法。

2.1　轴向拉伸与压缩的概念

　　轴向受拉（压）杆是工程实际中常见的构件。图 2.1（a）所示为钢筋混凝土电杆上支撑电缆的横担结构，假定杆端的连接为理想铰接，若不计杆件自重，则 AB、BC 两杆件的受力如图 2.1（b）所示。杆 AB 两端只作用有大小相等、方向相反且作用线与杆轴线重合

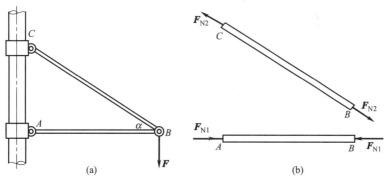

图 2.1　横担结构中的轴向受拉（压）杆

的一对力 $\boldsymbol{F}_{N1}$，它们使杆 AB 产生沿轴线方向的压缩变形，称这类杆件为**轴向受压杆**，力 $\boldsymbol{F}_{N1}$ 为轴向压力；同样，作用在杆 BC 两端、作用线与杆轴线重合的一对力 $\boldsymbol{F}_{N2}$，将使杆 BC 产生轴向拉伸变形，称这类杆件为**轴向受拉杆**，力 $\boldsymbol{F}_{N2}$ 为轴向拉力。

图 2.2（a）所示三角形屋架中的上弦杆、下弦杆、斜杆、竖杆和图 2.2（b）所示斜拉桥中的斜拉索、桥塔均可简化为轴心受力构件。

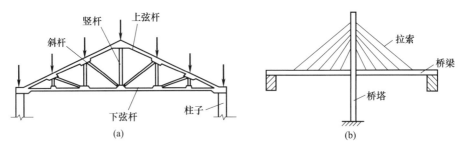

图 2.2　屋架和斜拉桥中的轴向受拉（压）杆

轴向拉（压）杆的共同特点是：作用于杆件上的外力的合力作用线与杆件轴线重合，杆件的主要变形是沿轴线方向的伸长或缩短。

2.2　轴向拉（压）杆的内力

2.2.1　内力的概念

当构件受到外力作用而发生变形时，构件任一部分与另一部分之间产生的相互作用力就是材料力学中所研究的内力。这里所述的内力不是物体内分子间的结合力，而是由外力引起的一种附加相互作用力。物体在外力作用下，内力会伴随着变形的产生而产生，这时内力又具有力图保持物体原形状、抵抗变形的性质，所以也称内力为抗力。内力的计算对保证构件安全工作具有重要意义，通常最大内力所在的截面为危险截面。

由于前面有均匀连续性假设，所以这种物体内部相邻部分间的相互作用力实际上是分布于截面上的一个连续分布的内力系，我们将分布内力系的合成（力或力偶）简称为**内力**。

2.2.2　截面法

截面法是用来分析构件内力的一种方法。如图 2.3（a）所示，构件用假想平面 m—m 将其分成 A、B 两部分 [图 2.3（b）]，现取 B 部分为研究对象，称为隔离体 B。由于原构件在外力作用下处于平衡状态，则在隔离体 B 的 m—m 截面上必有一个连续分布的内力系与外力 $\boldsymbol{F}_3$、$\boldsymbol{F}_4$ 平衡，如图 2.3（b）所示。将这个分布力系向 m—m 截面上某一点简化，会得到图 2.3（c）所示的主矢和主矩，即为隔离体 B 在 m—m 截面上的内力。对隔离体 B 应用静力平衡条件可确定该内力的大小。

上述用假想的截面将构件截开为两部分，并取其中一部分为隔离体，建立静力平衡方程求截面上内力的方法称为**截面法**。截面法可按以下三步完成：

① 截开　用假想的截面将构件在待求内力的截面处截开；

② 代替　取被截开构件的一部分为隔离体，用作用于截面上的内力代替另一部分对该部分的作用；

③ 平衡　建立关于隔离体的静力平衡方程，求解未知内力。

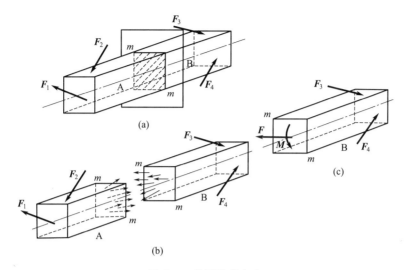

图 2.3　截面法求内力

2.2.3　截面法求轴力

采用截面法分析图 2.4（a）所示杆 AB 任一横截面上的内力，用假想的截面 m—m 将杆截开为左、右两部分，取左段或右段的任一部分为隔离体（这里取左段为隔离体），如图 2.4（b）所示；将另一部分（右段）对该隔离体的作用，用截面上的内力 F_N 来代替，建立静力平衡方程。

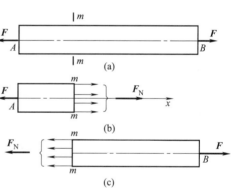

图 2.4　截面法求轴力

由 $\sum F_x = 0$：$F_N - F = 0$

得　　　　　　　　$F_N = F$

内力 F_N 的作用线通过横截面形心并与杆的轴线重合，这种内力称为**轴力**。若以图 2.4（c）所示的右段部分为隔离体，同样可求得 $F_N = F$，所以图 2.4（b）、（c）所示两部分的相互作用力大小相等、方向相反、作用在同一直线上，符合作用与反作用公理。

由图 2.4（b）、（c）可知，分别取左段或右段为隔离体所计算出的轴力方向相反，为了使两种算法得到的同一截面上的轴力正负号一致，对**轴力的正负号作出规定**：轴力的指向离开其所作用的截面时为正的轴力；轴力指向其所作用的截面时为负的轴力。即**轴向拉力为正，轴向压力为负**。

计算轴力时，通常将未知的轴力按正方向假设。若计算结果为正，则表示轴力的实际指向与假定的指向相同，轴力为拉力；若计算结果为负，则表示轴力的实际指向与假定的指向相反，轴力为压力。

轴力常用的单位是牛顿（N）或千牛顿（kN）。

【**例 2.1**】　如图 2.5（a）所示的直杆 AD，已知 $F_1 = 30\text{kN}$，$F_2 = 39\text{kN}$，$F_3 = 18\text{kN}$。求指定横截面 1—1、2—2 和 3—3 上的轴力。

解：

（1）求支座反力

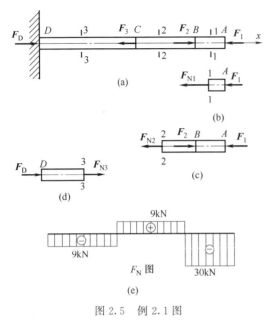

(a)

(b)

(c)

(d)

(e)

图 2.5 例 2.1 图

建立杆件 AD 沿杆轴线方向的平衡方程 $\sum F_x = 0$，可求得支座反力 $F_D = 9\text{kN}$。

（2）截面 1—1 的内力计算

① 用假想截面将杆在 1—1 处截开，分为左、右两部分。

② 取右段为隔离体，如图 2.5（b）所示。1—1 截面的轴力为 F_{N1}，设为拉力。

③ 建立隔离体的静力平衡方程。

由 $\sum F_x = 0$：$-F_1 - F_{N1} = 0$

得 $\qquad F_{N1} = -F_1 = -30\text{kN}$

（3）截面 2—2 的内力计算

用假想截面在 2—2 处将杆截开，取右段为隔离体，设 2—2 截面上的轴力 F_{N2} 为拉力，如图 2.5（c）所示。建立隔离体的静力平衡方程，得

$$F_{N2} = -F_1 + F_2 = 9\text{kN}$$

（4）截面 3—3 的内力计算

用假想截面在 3—3 处将杆截开，取左段为隔离体，设 3—3 截面上的轴力 F_{N3} 为拉力，如图 2.5（d）所示。建立隔离体的静力平衡方程，得

$$F_{N3} = -F_D = -9\text{kN}$$

上述计算中，F_{N2} 的计算结果为正值，说明其假设方向与实际方向相同，即 2—2 截面上的轴力为轴向拉力；F_{N1}、F_{N3} 的计算结果为负，说明其假设方向与实际方向相反，即 1—1 和 3—3 截面上的轴力为轴向压力。

2.2.4 轴力图

例 2.1 的计算结果表明，当杆受多个轴向外力作用时，杆不同部分的截面轴力不尽相同。但对杆进行强度计算时，需要找出杆件上危险截面的轴力数值（通常为最大轴力 $F_{N,\max}$）作为计算依据。为形象地表明杆内轴力随横截面位置的变化情况，用平行于杆件轴线的坐标表示横截面位置，用垂直于杆件轴线的坐标表示轴力的数值，绘出轴力与横截面位置关系的图线，即为**轴力图**，如图 2.5（e）所示。图中竖距表示各横截面上轴力的大小，并用"＋""－"号表示其方向。

轴力图反映了杆件所有横截面上的轴力沿杆长度方向的分布情况。

轴力图可按下列步骤完成：

① 用截面法确定各杆段的轴力数值。一般以轴向荷载作用面来划定计算轴力的杆段。

② 选取坐标，用平行于杆件轴线的坐标表示横截面位置，用垂直于杆件轴线的坐标表示轴力数值。

③ 按选定的比例，根据各横截面上轴力的大小和正负画出杆的轴力图，并在轴力图上注明正负号。

【例 2.2】 如图 2.6（a）所示的混凝土柱，其横截面面积 $A = 0.6\text{m}^2$，柱高 $H = 12\text{m}$，材料密度 $\rho = 2.25 \times 10^3 \text{kg/m}^3$。若柱顶受有外荷载 $F = 100\text{kN}$ 作用，求作该柱的轴力图。

解：

（1）确定柱截面轴力

柱顶端受轴向外荷载 **F** 作用，并需考虑自重影响。以竖向的 y 坐标表示柱横截面位置，用假想截面将柱在 1—1 处截开，分为上、下两段，取上段为研究对象，隔离体如图 2.6（b）所示。该段隔离体的自重 $G = \rho A y$，作用线与柱轴线重合；F_{N1} 为 1—1 截面的轴力，建立隔离体静力平衡方程。

由 $\sum F_y = 0$：　$F_{N1} + F + G = 0$

有

$$F_{N1} = -F - G = -F - \rho A y \qquad (a)$$

式（a）为该柱的轴力方程。

（2）绘制轴力图

用轴力方程式（a）可求出柱任意截面的轴力，它是 y 的一次方程，只需求得两点轴力并连成直线，即可得轴力图。

当 $y = 0$ 时：$F_{NA} = -F = -100\text{kN}$

当 $y = H$ 时：$F_{NB} = -F - \rho A H = -100\text{kN} - 2.25 \times 9.8 \times 0.6 \times 12\text{kN} = -259\text{kN}$

用上述参数可绘制该柱轴力图，如图 2.6（c）所示。该柱最大轴力在 B 截面，$F_{N,max} = -259\text{kN}$。

由于考虑了材料自重，其轴力图由两部分组成，一部分是外荷载 **F** 引起的矩形轴力图；另一部分是由材料自重引起的三角形轴力图，如图 2.6（c）所示。

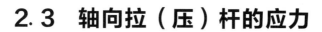

图 2.6　例 2.2 图

2.3　轴向拉（压）杆的应力

2.3.1　应力的概念

应力是受力构件某截面上的分布内力在一点处的集度。若分析如图 2.7（a）所示隔离体截面上 M 点的应力，在 M 点取一微小面积 ΔA，ΔA 面积上分布内力的合力为 $\Delta \boldsymbol{F}$，则 $\Delta \boldsymbol{F}$ 在 ΔA 上的平均集度，即**平均应力**为

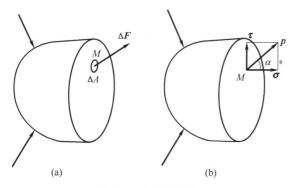

图 2.7　应力的概念

$$p_m = \frac{\Delta F}{\Delta A} \qquad (2.1)$$

一般认为，截面上分布内力是不均匀的，当面积 ΔA 取得很小时，其极限值为

$$p = \lim_{\Delta A \to 0} \frac{\Delta F}{\Delta A} = \frac{\mathrm{d}F}{\mathrm{d}A} \qquad (2.2)$$

式中，p 即为点 M 处的内力集度，称为截面上 M 点处的**总应力**。如图 2.7（b）所示，总应力 $\boldsymbol{p}$ 与截面成一角度，将其沿截面的法向和切向分解，可得法向应力分量 $\boldsymbol{\sigma}$ 和切向应力分量 $\boldsymbol{\tau}$。法向应力分量 $\boldsymbol{\sigma}$ 称为**正应力**，切向应力分量 $\boldsymbol{\tau}$ 称为**切应力**。

关于应力，以下几点应注意。

① 应力是指受力构件某一截面上某一点处的应力，在讨论应力时必须明确其是在哪个截面的哪个点上。应力的计算对保证构件的强度条件具有重要意义，一般应力最大的点为**危险点**。

② 某一截面上一点处的应力是矢量。一般规定正应力 σ 的指向离开所作用的截面时为正号，反之为负号；切应力 τ 是对所研究的隔离体内一点产生顺时针力矩时为正号，反之为负号。图 2.7（b）中表示的正应力为正，切应力为负。

③ 应力的单位为 Pa，$1Pa＝1N/m^2$。工程中常采用 MPa 和 GPa，它们间的关系是 $1MPa＝10^6Pa$；$1GPa＝10^9Pa$。

2.3.2 轴向拉（压）杆横截面上的应力

分析轴向拉（压）杆横截面上的应力，首先要知道应力在横截面上的分布规律。下面从观察受力杆件的变形入手，进行分析。

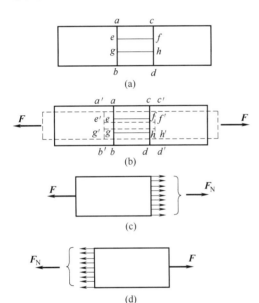

图 2.8 横截面上的应力分布

如图 2.8（a）所示，在一等直杆表面上画出两条表示横截面位置的横向线 ab、cd 及平行于杆轴线的纵向线 ef、gh。杆受轴向力 F 后，发生伸长变形，横向线 ab、cd 分别平移到了 $a'b'$、$c'd'$ 位置，并仍与杆轴线垂直；纵向线伸长到了 $e'f'$、$g'h'$ 且仍与杆轴线平行，如图 2.8（b）所示。根据这些变形特点，可得出以下两点结论：

① 杆件在变形前为平面的横截面，变形后仍保持平面且仍垂直于杆轴线，这即为**平面假设**；

② 若将杆件看作是由许多纵向纤维组成的，在轴向拉伸（或压缩）时，所有纵向纤维有相同的伸长（或缩短）量。

由上述结论可知，轴向拉（压）杆的横截面上只有垂直于横截面方向的正应力，且该正应力在横截面上均匀分布，如图 2.8（c）、（d）所示。轴向拉（压）杆横截面上正应力的计算公式为

$$\sigma=\frac{F_N}{A} \qquad (2.3)$$

式中，F_N 为杆横截面上的轴力；A 为所求应力点处的横截面面积。公式（2.3）只适用于轴心受力构件。

需要说明的是式（2.3）是根据正应力在横截面上均匀分布的结论得到的，这一结论只在杆上离外力作用点稍远的部分才是正确的。杆在外力作用点附近的应力分布情况较复杂，应力分布不均匀。不过**圣维南原理**指出"力作用于杆端的方式不同，只会使与杆端距离不大于其横向尺寸的范围受到影响"。例如图 2.9 所示等直杆，杆件端部受到作用方式不同但合力相等的外力作用，各杆的应力分布只是在虚线范围内有所不同；在离外力作用

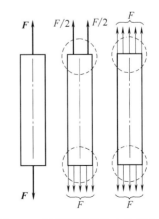

图 2.9 杆端不同的外力作用方式

点稍远的部分，各杆应力相同且均匀分布。在一般计算中，只要合力作用线与杆轴线重合，可以不考虑杆端所受外力的作用方式，而用其合力 **F** 代替。

【例 2.3】 如图 2.10（a）所示，一正方形截面砖柱分上、下两段，上段柱横截面的边长为 24cm，下段柱横截面的边长为 37cm。已知 $F = 20$kN，试求各段柱的应力。

解：

（1）绘制砖柱的轴力图

砖柱的轴力图如图 2.10（b）所示。

（2）求各段柱的应力

由于砖柱为变截面杆，故需分段利用公式（2.3）求解。

AB 段柱横截面上的正应力 σ_{I} 为

$$\sigma_{\text{I}} = \frac{F_{\text{N I}}}{A_{\text{I}}} = \frac{-20 \times 10^3 \text{N}}{24 \times 24 \times 10^{-4} \text{ m}^2} = -0.35\text{MPa}$$

BC 段柱横截面上的正应力 σ_{II} 为

$$\sigma_{\text{II}} = \frac{F_{\text{N II}}}{A_{\text{II}}} = \frac{-60 \times 10^3 \text{N}}{37 \times 37 \times 10^{-4} \text{ m}^2} = -0.44\text{MPa}$$

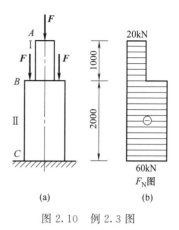

图 2.10 例 2.3 图

2.3.3 轴向拉（压）杆斜截面上的应力

如图 2.11（a）所示，等截面直杆 AB 两端受轴向拉力 **F** 作用。用与横截面 $m—n$ 成 α 角的假想斜截面 $m—m$ 将杆分成 I 和 II 两部分，取 I 部分为隔离体，如图 2.11（b）所示。

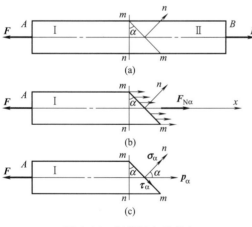

图 2.11 斜截面上的应力

若杆件横截面面积为 A，$m—m$ 斜截面面积为 A_α；斜截面上的内力为 $F_{\text{N}\alpha}$、应力为 p_α，p_α 与杆轴线平行，且在斜截面上均匀分布。由隔离体的静力平衡方程

$$\sum F_{\text{x}} = 0: F_{\text{N}\alpha} - F = 0$$

得

$$F_{\text{N}\alpha} = F \qquad (a)$$

由于斜截面上的内力 $F_{\text{N}\alpha}$ 是应力 p_α 的合力，则有：

$$F_{\text{N}\alpha} = p_\alpha A_\alpha \qquad (b)$$

而

$$A_\alpha = \frac{A}{\cos\alpha} \qquad (c)$$

将式（a）、式（c）代入式（b）得

$$p_\alpha = \frac{F_{\text{N}\alpha}}{A_\alpha} = \frac{F}{A}\cos\alpha = \sigma\cos\alpha \qquad (2.4)$$

式中，σ 为横截面上的正应力。

将 p_α 分解为垂直于斜截面的正应力 $\boldsymbol{\sigma}_\alpha$ 和相切于斜截面的切应力 $\boldsymbol{\tau}_\alpha$，如图 2.11（c）所示，有：

$$\left.\begin{array}{l} \sigma_\alpha = p_\alpha\cos\alpha = \sigma\cos^2\alpha \\[2mm] \tau_\alpha = p_\alpha\sin\alpha = \dfrac{1}{2}\sigma\sin2\alpha \end{array}\right\} \qquad (2.5)$$

α 角自横截面的外法线量起，到所求斜截面外法线为止；逆时针转为正，顺时针转为负。σ_α、τ_α 及 α 角的正负号规定如图 2.12 所示。

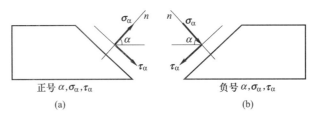

图 2.12 　σ_α、τ_α 及 α 角的正负号规定

由式（2.5）可知，轴向拉（压）杆内某一点处的最大正应力发生在通过该点的横截面上（$\sigma_{max}=\sigma$），最大切应力发生在与横截面成 45° 的斜截面上 $\left(\tau_{max}=\dfrac{\sigma}{2}\right)$。

2.4　轴向拉（压）杆的变形与胡克定律

2.4.1　轴向拉（压）杆的纵向变形

杆件在轴向外力作用下，其主要的变形特征是沿纵向伸长或缩短。由实验得知，轴向受拉杆在沿纵向伸长的同时，伴随着横向尺寸的缩小；同样，轴向受压杆长度缩短的同时，横截面尺寸有所增大。

如图 2.13（a）所示，拉杆的原长为 l，在轴向拉力 F 作用下，其长度变为 l_1，则杆的轴向伸长为

$$\Delta l = l_1 - l \tag{a}$$

式中，Δl 为杆沿轴向的总变形量，称为**纵向变形**。

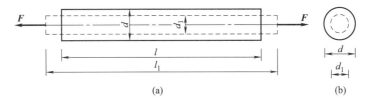

图 2.13　拉杆的变形

由于轴向拉（压）杆各部分有均匀的变形量，可用单位长度的纵向变形来反映其变形程度。将每单位长度杆的纵向伸长（或缩短）称为杆的**纵向线应变**，用 ε 表示。于是，拉（压）杆的纵向线应变为

$$\varepsilon = \frac{\Delta l}{l} \tag{2.6}$$

拉杆的 Δl 为正，故拉杆的纵向线应变 ε 为正值；同样，压杆的 Δl 为负，则压杆的纵向线应变 ε 为负值。

2.4.2　轴向拉（压）杆的横向变形

若图 2.13（a）所示为一直径等于 d 的圆截面杆，受轴向拉力 F 作用后，直径缩小为 d_1，如图 2.13（b）所示，则杆**横向变形**为

$$\Delta d = d_1 - d \tag{b}$$

相应的**横向线应变**为

$$\varepsilon' = \frac{\Delta d}{d} \tag{2.7}$$

由式（b）可知，受拉杆的 Δd 为负值，则拉杆的横向线应变 ε' 为负；相反，轴向受压杆的横截面尺寸增大，则压杆的横向线应变 ε' 为正。

通过上述分析可知，杆横向线应变 ε' 和杆纵向线应变 ε 的正负号相反。

实验结果表明，当拉（压）杆内的应力不超过材料的某一极限值（比例极限，见2.5.2）时，其横向线应变 ε' 与纵向线应变 ε 之比的绝对值为一常数，通常用 ν 表示，即

$$\nu = \left| \frac{\varepsilon'}{\varepsilon} \right| \tag{2.8}$$

式中，ν 称为**横向变形系数**，是量纲为 1 的量。这一规律是由法国物理学家泊松发现的，故 ν 又称为**泊松比**；其数值随材料不同而异，可通过实验测定，扫描附录三的二维码可观看实验视频。

由于 ε' 与 ε 的正负号相反，故

$$\varepsilon' = -\nu\varepsilon \tag{2.9}$$

2.4.3　胡克定律

大量实验表明，当杆内的应力不超过材料的比例极限时，杆的纵向变形 Δl 与杆的轴力 F_N、杆的原长 l 成正比，与杆横截面面积 A 成反比，即

$$\Delta l \propto \frac{F_N l}{A}$$

引进比例常数 E 后，有

$$\Delta l = \frac{F_N l}{EA} \tag{2.10}$$

这一关系式称为**胡克定律**。式中的比例常数 E 称为**弹性模量**，单位为 Pa。弹性模量的大小反映了材料抵抗弹性变形的能力。弹性模量 E 的值可通过实验测定，实验视频可通过扫描附录三的二维码观看。常用建筑材料的 E 值和 ν 值见表 2.1。式（2.10）中的 EA 称为杆的**抗拉压刚度**，反映了杆件抵抗纵向变形的能力。

因 $\sigma = \dfrac{F_N}{A}$，$\varepsilon = \dfrac{\Delta l}{l}$，故由式（2.10）可得胡克定律的另一表达式

$$\varepsilon = \frac{\sigma}{E} \tag{2.11}$$

表 2.1　弹性模量及泊松比的约值

材料名称	牌　号	E/GPa	ν
低碳钢	Q235	200～210	0.24～0.28
中碳钢	45	205	
低合金钢	Q345(16Mn)	200	0.25～0.30
合金钢	40CrNiMoA	210	
灰铸铁		60～162	0.23～0.27
球墨铸铁		150～180	
铝合金	LY12	71	0.33
硬质合金		380	
混凝土		15.2～36	0.16～0.18
木材（顺纹）		9～12	

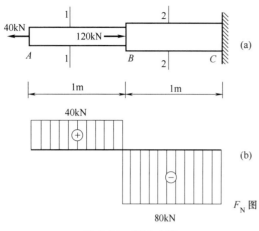

图 2.14 例 2.4 图

【例 2.4】 变截面杆件 ABC 受力如图 2.14（a）所示。已知 AB 段横截面面积 $A_1 = 800\text{mm}^2$，BC 段横截面面积 $A_2 = 1200\text{mm}^2$，材料的弹性模量 $E = 200\text{GPa}$。求：①截面 A 的位移；②各杆段的纵向线应变。

解：

（1）作杆的轴力图

杆各段的轴力如图 2.14（b）所示。

AB 段 $F_{N1} = 40\text{kN}$

BC 段 $F_{N2} = -80\text{kN}$

（2）求截面 A 的位移

由胡克定律得

$$\Delta l_{AB} = \frac{F_{N1} l_{AB}}{EA_1} = \frac{40 \times 10^3\,\text{N} \times 1\text{m}}{200 \times 10^9\,\text{Pa} \times 800 \times 10^{-6}\,\text{m}^2} = 0.25\text{mm}$$

$$\Delta l_{BC} = \frac{F_{N2} l_{BC}}{EA_2} = \frac{-80 \times 10^3\,\text{N} \times 1\text{m}}{200 \times 10^9\,\text{Pa} \times 1200 \times 10^{-6}\,\text{m}^2} = -0.33\text{mm}$$

位移是相对的，截面 A 相对于截面 C 的位移 Δu_A 为

$$\Delta u_A = \Delta l_{AB} + \Delta l_{BC} = 0.25\text{mm} - 0.33\text{mm} = -0.08\text{mm}$$

负号表示杆件的总长度缩短，A 截面向右移动 0.08mm。

（3）求各杆段的纵向线应变

AB 段

$$\varepsilon_{AB} = \frac{\Delta l_{AB}}{l_{AB}} = \frac{0.25\text{mm}}{1 \times 10^3\,\text{mm}} = 0.25 \times 10^{-3}$$

BC 段

$$\varepsilon_{BC} = \frac{\Delta l_{BC}}{l_{BC}} = \frac{-0.33\text{mm}}{1 \times 10^3\,\text{mm}} = -0.33 \times 10^{-3}$$

【例 2.5】 图 2.15（a）所示的杆系结构，由钢杆 AC 和 BC 在点 C 铰接而成。已知两杆与铅垂线均成 $\alpha = 30°$ 的角度，长度均为 $l = 1\text{m}$，直径均为 $d = 25\text{mm}$，钢的弹性模量为

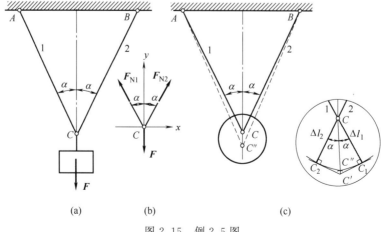

图 2.15 例 2.5 图

$E=210\text{GPa}$。设在节点 C 处悬挂一重量为 $F=200\text{kN}$ 的重物，试求节点 C 的位移 Δ_C。

解：

（1）求各杆轴力

取节点 C 为研究对象画出受力图，如图 2.15（b）所示。由节点 C 的平衡方程

$$\sum F_x=0,\ F_{N2}\sin\alpha-F_{N1}\sin\alpha=0$$

$$\sum F_y=0,\ F_{N1}\cos\alpha+F_{N2}\cos\alpha-F=0$$

得
$$F_{N1}=F_{N2}=\frac{F}{2\cos\alpha} \tag{a}$$

（2）求各杆变形

由胡克定律得各杆的伸长为

$$\Delta l_1=\Delta l_2=\frac{F_{N1}l}{EA}=\frac{Fl}{2EA\cos\alpha} \tag{b}$$

（3）求节点 C 的位移

为了求位移 Δ_C，可假想地将两杆在 C 点处折开，分别沿 1、2 杆增加长度 Δl_1 和 Δl_2，如图 2.15（c）所示。分别以 A、B 为圆心，以两杆伸长后的长度 AC_1、BC_2 为半径作圆弧，它们的交点 C'' 即为结构变形后 C 点的新位置。CC'' 即为节点 C 的位移。因变形微小，根据小变形假设，可近似地用垂直线代替圆弧，即可过 C_1、C_2 分别作 1、2 两杆的垂线，两垂线交于 C'，略去高阶微量，可认为 $CC'=CC''$。由对称性可知 C' 必与 C 在同一铅垂线上，由图 2.15（c）所示几何关系可得

$$\Delta_C=CC'=\frac{\Delta l_1}{\cos\alpha} \tag{c}$$

将式（b）代入式（c），得节点 C 的位移为

$$\Delta_C=\frac{Fl}{2EA\cos^2\alpha}=\frac{Fl}{2E\frac{\pi d^2}{4}\times\cos^2\alpha}=\frac{200\times10^3\times1}{2\times210\times10^9\times\frac{\pi}{4}\times25^2\times10^{-6}\times\cos^230°}$$

$$=1.293\times10^{-3}\ (\text{m})=1.293\text{mm}\ (\downarrow)$$

2.5 材料在拉伸和压缩时的力学性能

2.5.1 材料的拉伸和压缩试验

材料在外力作用下所呈现的有关强度和变形方面的特性，称为**材料的力学性能**。材料的力学性能是杆件进行强度和刚度计算的重要依据，通常采用试验的方法测定。本节主要介绍在常温、静载下，材料在拉伸和压缩时的力学性质。

在做材料拉压试验时，为了得到可靠的试验数据并便于比较试验结果，应将材料做成**标准试件**。拉伸试验的标准试件如图 2.16 所示。试验前先在构件的中间等直部分上划两条垂直于杆轴线的横线，两横线之间的部分称为工作段，工作段间的**标距**为 l，试验数据是从工作段内测得的。试件两端加粗的部分是为了便于与试验机的夹头连接，并防止由于其他原因造成端部破坏。

一般规定，圆截面标准试件［图 2.16（a）］的标距 l 与横截面直径 d 的比例为

$$l=10d\ \text{或}\ l=5d$$

矩形截面标准试件［图 2.16（b）］的标距 l 与横截面面积 A 的比例为

$$l = 11.3\sqrt{A} \quad 或 \quad l = 5.65\sqrt{A}$$

材料压缩试验采用的标准试件如图 2.17 所示，试件一般为圆截面或正方形截面的短柱体。为防止试件在试验过程中被压弯，其长度 l 与横截面直径 d 或边长 b 的比值一般规定为 1～3。

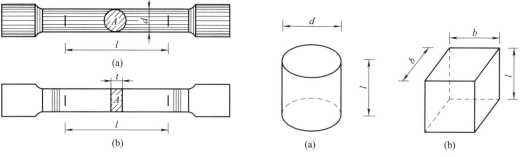

图 2.16　拉伸试验标准试件　　　　　图 2.17　压缩试验标准试件

用于材料拉伸和压缩试验的设备主要有两类。一类是在试件上施力的设备，如拉力试验机、压力试验机和可作拉伸、压缩、剪切、弯曲等试验的万能试验机。这些设备通过试验机的夹头或承压平台的位移，对放在其中的试件施加拉力或压力，并使试件发生相应的位移。另一类是量测试件变形的变形仪。这类设备可将微小的变形放大，能在所需的精度范围内量测试件的变形。

低碳钢和灰口铸铁是工程上广泛使用的金属材料，它们的力学性能具有典型的代表性，本节重点介绍这两种材料在常温、静载下，拉伸和压缩时的力学性质。

2.5.2　低碳钢在拉伸时的力学性能

（1）拉伸图与应力-应变曲线

在进行低碳钢试件的拉伸试验时，使施加在试件上的荷载缓慢增加，直到试件破坏；同时试验机上的自动绘图工具，可绘出试件在试验过程中工作段的伸长量 Δl 与荷载 F 间的关系曲线，该 F-Δl 曲线称为试件的**拉伸图**。低碳钢试件的拉伸图如图 2.18（a）所示。

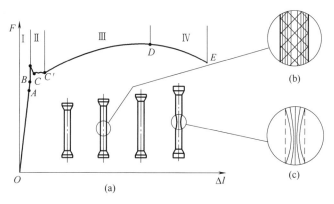

图 2.18　低碳钢试件拉伸图

为消除试件尺寸的影响，了解材料本身的力学性能，通常将拉伸图的纵坐标 F 除以试件的横截面面积 A，即纵坐标为应力 $\sigma = F/A$；将拉伸图的横坐标 Δl 除以试件原标距 l，即横坐标为试件的纵向线应变 $\varepsilon = \Delta l / l$，可得到以应力 σ 为纵坐标、应变 ε 为横坐标的**应力-应变曲线**，即 σ-ε 曲线，如图 2.19 所示。扫描附录三的二维码可观看拉伸实验视频。

（2）应力-应变曲线的四个阶段

低碳钢拉伸时的应力-应变曲线（图 2.19）大致可分为四个阶段：

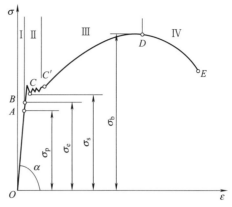

图 2.19　低碳钢拉伸时的应力-应变曲线

第 I 阶段——弹性阶段（OB 段）。其中 OA 段为直线段，表明应力 σ 与应变 ε 呈线性关系；斜直线 OA 的斜率就是材料的弹性模量 E，即 $\sigma = E\varepsilon$。此时材料服从胡克定律，A 点是直线段的最高点，与之对应的应力称为材料的**比例极限**，用 σ_p 表示。超过 A 点后，σ 与 ε 不再呈线性关系，但变形仍然是弹性的；B 点对应的应力称为**弹性极限**，用 σ_e 表示。由于 A、B 两点非常接近，它们所对应的两个极限值 σ_p 与 σ_e 虽含义不同，但数值上相差不大，在工程上对二者不严格区分。

第 II 阶段——屈服阶段（BC' 段）。该段图形呈上下波动的锯齿形，应力 σ 有幅度不大的波动，应变则有非常明显的增加，这种现象通常称为**屈服或流动**。这时在抛光的试件表面上可看见许多与试件轴线成 45°方向的**滑移线**，这是最大切应力使材料内晶体发生相对滑移引起的 [图 2.18（b）]。屈服阶段最低点 C 点对应的应力称为材料的**屈服极限**，用 σ_s 表示。材料屈服时，构件几乎丧失了抵抗变形的能力，发生了较大的塑性变形，使构件不能正常工作。因此，屈服极限 σ_s 是衡量材料强度的重要指标，**是强度设计的依据**。

第 III 阶段——强化阶段（$C'D$ 段）。过了屈服阶段后，材料又恢复了抵抗变形的能力，应变随着应力的增大而增大，这种现象称为材料的强化。强化阶段的最高点 D 点对应的应力称为材料的**强度极限**，用 σ_b 表示；它是材料破坏前所能承担的最大应力，也是衡量材料强度的重要指标。

第 IV 阶段——颈缩破坏阶段（DE 段）。应力达到强度极限 σ_b 后，试件的变形迅速增加，这时的变形集中在某一局部区域，该区域横截面出现局部收缩，称为**颈缩现象** [图 2.18（c）]。这时应力迅速减小，试件很快被拉断。

（3）塑性指标

试件拉断后，塑性变形保留下来，在断口处把试件对接起来，如图 2.20（b）所示。量出标距间的长度 l_1，若标距原长为 l，如图 2.20（a）所示，则试件的相对塑性变形用百分比表示为

$$\delta = \frac{l_1 - l}{l} \times 100\% \qquad (2.12)$$

式中，δ 称为**材料的伸长率**。它反映了材料在破坏时所发生的最大塑性变形程度，是**衡量材料塑性性能的重要指标**。

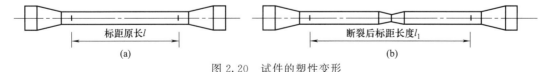

图 2.20　试件的塑性变形

衡量材料塑性性能的另一个指标是**断面收缩率**。若试件原截面面积为 A，破坏后，断口处的最小截面面积为 A_1，则断面收缩率 ψ 的值为

$$\psi = \frac{A - A_1}{A} \times 100\% \qquad (2.13)$$

工程上根据材料破坏时有无明显的塑性变形，将材料分为两类。在破坏时有明显塑性变形（$\delta \geqslant 5\%$）的材料称为**塑性材料**，它的典型代表是低碳钢，其 δ 值为 $20\% \sim 30\%$，ϕ 值为 60% 左右。在破坏时，无明显塑性变形（$\delta < 5\%$）的材料称为**脆性材料**，它的典型代表是灰铸铁，其 δ 值几乎为零。工程上常用的脆性材料还有混凝土、玻璃等。

（4）卸载规律与冷作硬化

材料拉伸试验时，如在强化阶段的某点 b 处卸载，如图 2.21 所示，则荷载与变形之间的关系遵循与 Oa 大致平行的直线 bc 回到 c 点，这一规律称为**卸载规律**。在强化阶段中，试

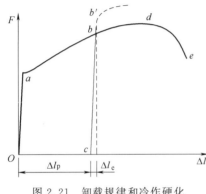

件的变形，包括卸载后消失的弹性变形 Δl_e 和残留下来的塑性变形 Δl_p 两部分。若卸载后再加载，则荷载与变形之间的关系遵循卸载时的同一直线 bc 上升到 b 点，然后仍沿 bde 变化直到破坏。重新加载后，试件在线弹性范围内承受的最大荷载有所增加，即相当于提高了材料的屈服极限，但同时塑性变形和伸长率下降，这种现象称为**冷作硬化**。工程上常利用冷作硬化提高钢筋等材料在线弹性范围内的承载力。

图 2.21 卸载规律和冷作硬化

若试件拉伸至强化阶段的某点 b 处卸载，经过一段时间后再受拉，则其线弹性范围的最大荷载还有所提高，如图 2.21 中虚线 cb' 所示。这种现象称为**冷作时效**。冷作时效不仅与卸载后至加载的时间间隔有关，而且与试件所处的温度有关。

2.5.3 其他塑性材料在拉伸时的力学性能

不同材料拉伸时的 $\sigma\text{-}\varepsilon$ 曲线不一定都存在低碳钢拉伸时的四个阶段。将图 2.22 所示几种典型金属材料拉伸时的 $\sigma\text{-}\varepsilon$ 曲线与图 2.19 所示低碳钢的 $\sigma\text{-}\varepsilon$ 曲线比较可发现，强铝等材料没有屈服阶段，而其他三个阶段却很明显；另外一些材料如锰钢，则仅有弹性阶段和强化阶段，没有屈服阶段和局部变形阶段。这些材料的共同特点是伸长率 δ 较大，都属塑性材料。

在工程实际中，对没有屈服阶段的塑性材料，通常规定以产生塑性应变 $\varepsilon_p = 0.2\%$ 时的应力为**名义屈服极限**，以 $\sigma_{p0.2}$ 表示。$\sigma_{p0.2}$ 的数值是根据材料卸载规律确定的。如某种材料的 $\sigma\text{-}\varepsilon$ 曲线如图 2.23 所示，先在 ε 轴上取 $\varepsilon = 0.002$ 的一点 C，由点 C 作与弹性阶段内直线部分相平行的直线，交曲线于 D 点，D 点的纵坐标即为这种材料的名义屈服极限 $\sigma_{p0.2}$。

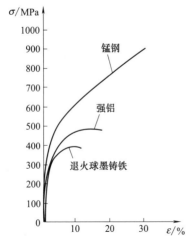

图 2.22 几种典型金属材料拉伸时的应力-应变曲线

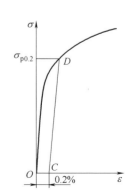

图 2.23 名义屈服极限

2.5.4　铸铁在拉伸时的力学性能

铸铁是典型的脆性材料，其 σ-ε 曲线如图 2.24 所示。与低碳钢的 σ-ε 曲线比较，它具有显著的特点，即几乎从一开始就不是直线，没有低碳钢的四个变形阶段，并且试件断裂时的应力和应变都非常小，**衡量脆性材料强度的唯一指标是强度极限 σ_b。** 针对这些特点，工程中规定取总应变为某一值时 σ-ε 曲线的割线（图 2.24 中的虚线）代替曲线在开始部分的直线，从而确定其弹性模量，并称为**割线弹性模量**。

砖石砌体、混凝土等脆性材料的弹性模量也是根据这一原则确定的。

2.5.5　材料在压缩时的力学性能

（1）低碳钢在压缩时的力学性能

金属的压缩试验是将试件放在试验机的两压座之间，然后以逐级增加的荷载施加轴向压力，如图 2.25（a）所示。与拉伸试验相同，得出低碳钢在压缩时的 σ-ε 关系曲线，如图 2.25（b）中的实线所示。为便于比较，在图 2.25（b）中用虚线给出了低碳钢在拉伸时的 σ-ε 曲线。扫描附录三的二维码可观看压缩实验视频。

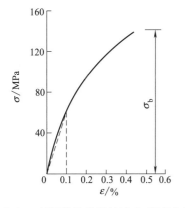
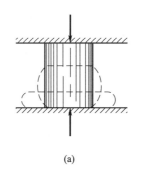
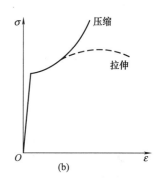

图 2.24　灰铸铁拉伸时的应力-应变曲线　　　图 2.25　低碳钢压缩时的应力-应变曲线

比较图 2.25（b）中的虚、实两条曲线，不难看出：在弹性阶段和屈服阶段两曲线基本重合，故低碳钢拉、压时的比例极限 σ_p、弹性极限 σ_e、屈服极限 σ_s 和弹性模量 E 等均相同；进入强化阶段后，试件在压缩时的应力 σ 随 ε 值的增大而明显增大，试件愈压愈扁，如图 2.25（a）所示。试件最后呈鼓形是由于其端部受到与压板间的摩擦，不能像其中间部分那样自由地发生横向变形而引起的。低碳钢在压缩过程中不会发生断裂，只是受压面积越来越大，所以低碳钢的压缩强度极限无法测定。对低碳钢一般不做压缩试验，因为从拉伸试验结果就可以了解到它在压缩时的主要力学性能。

类似的情况在一般的塑性材料中也存在，但有些材料（如铬钼硅合金钢）拉伸和压缩时的屈服极限并不相同；对这些材料需要通过压缩试验，了解其压缩时的主要力学性能。

（2）灰铸铁在压缩时的力学性能

与低碳钢等塑性材料不同，灰铸铁在压缩时的力学性能与拉伸有较大的区别。如图 2.26（a）所示，实线表示铸铁压缩时的 σ-ε 曲线，虚线表示其拉伸时的 σ-ε 曲线。比较这两条曲线，铸铁压缩时的强度极限 σ_{bc} 和伸长率 δ 都比拉伸时大得多；铸铁压缩时的强度极限 σ_{bc} 远高于拉伸时的强度极限 σ_{bt}，其关系大约为 $\sigma_{bc} = (3 \sim 5)\sigma_{bt}$。另外，铸铁压缩和拉伸时的 σ-ε 曲线中直线部分都非常短。

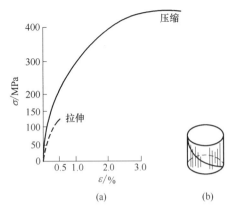

图 2.26　灰铸铁压缩时的应力-应变曲线

灰铸铁试件受压破坏时，断口较为光滑，断口与试件轴线大约成 $50°\sim55°$ 倾角，如图 2.26（b）所示。这表明灰铸铁发生了剪切破坏，其抗剪能力比抗压能力差。

其他脆性材料，如混凝土、石材等，抗压强度也远高于抗拉、抗剪强度。因此**脆性材料均宜用作受压构件，不宜用作受拉构件**。土木工程中的受弯构件常在混凝土中配置钢筋来承担拉力，称为钢筋混凝土构件。

目前一些新型材料如玻璃钢等纤维增强复合材料，由于重量轻、拉伸强度高，已在工程中广泛应用。这类复合材料的力学性能请参阅相关书籍。

需要强调的是本节讨论的是在常温、静载时材料的力学性能，材料的力学性能会受到温度、荷载作用方式、应力状态等多种因素的影响。

2.5.6　塑性、脆性材料的力学性能比较

（1）变形方面
塑性材料破坏前有较大的塑性变形；脆性材料破坏前变形非常小。

（2）强度方面
一般塑性材料在拉伸和压缩时抵抗屈服的能力是相等的，抗剪能力较差；脆性材料的抗压能力最强，抗剪能力次之，抗拉能力最差。故受拉构件一般宜采用塑性材料，脆性材料宜用作受压构件，不宜用作受拉构件。

（3）抗冲击能力
塑性材料在破坏前的变形较大，其抗冲击的能力强于脆性材料，所以塑性材料也适用于受冲击或受振动的构件。

（4）应力集中的影响
实验和理论分析证明，轴心受力杆件在杆横截面尺寸突然变化处，应力不再均匀分布。如在杆件上钻孔、开槽等，都会造成横截面突变处的局部区域内，应力急剧增大，离开突变区域稍远处，应力又趋于均匀。通常将这种横截面尺寸突然变化处，应力急剧增大的现象称为**应力集中**。

如图 2.27（a）所示为一开有圆孔的受拉板条，在圆孔附近的局部区域内，应力急剧增大为 $\sigma_{\max}$ ［图 2.27（b）］。$\sigma_{\max}$ 与该截面上平均应力 σ_{m} 的比值称为理论应力集中系数 α_{k}。截面尺寸改变越急剧，应力集中的程度就越严重，α_{k} 值越大。对工程中常见的开孔、浅槽等应力集中情况，应力集中系数 α_{k} 可以从有关手册中查到。

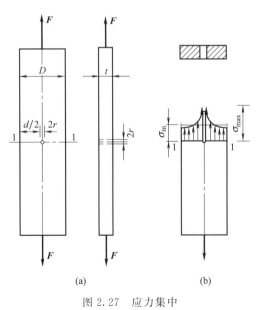

图 2.27　应力集中

应该指出，在静荷载情况下，由塑性材料及组织不均匀的脆性材料（如铸铁）制成的杆

件，可以不考虑应力集中的影响；由组织均匀的脆性材料制成的杆件，应考虑应力集中的影响。但在动荷载情况下，无论是塑性材料还是脆性材料制成的杆件，都应考虑应力集中的影响。为了避免和减小应力集中对杆件的不利影响，在设计时应尽量使杆件外形平缓光滑，不使杆截面尺寸发生突然变化。当杆件上必须开有孔洞时，应尽量将孔洞置于低应力区内。

2.6 许用应力与安全系数

2.6.1 极限应力

极限应力 σ^0 是指构件断裂或产生过大的变形不能正常使用的应力值。对于塑性材料，取屈服极限 σ_s 或名义屈服极限 $\sigma_{p0.2}$ 作为其极限应力；对脆性材料，取断裂时的强度极限 σ_b 作为极限应力，即

塑性材料：$\sigma^0 = \sigma_s$ 或 $\sigma_{p0.2}$

脆性材料：$\sigma^0 = \sigma_b$

2.6.2 许用应力、安全系数

许用应力 是构件在工作时容许承担的最大应力。为了安全，许用应力是将极限应力 σ^0 除以大于 1 的系数得到的，用 $[\sigma]$ 表示，即

$$[\sigma] = \frac{\sigma^0}{n}$$

式中，n 为大于 1 的系数，称为**安全系数**。安全系数的确定十分复杂，安全系数过大，将造成材料的浪费；而安全系数过小，则可能使构件发生破坏。

正确地选择安全系数要考虑以下几方面的问题：

① 实际工程材料的极限应力值，有可能低于这种材料由试件抽样试验的给定极限值；

② 实际构件尺寸可能会小于给定的尺寸；

③ 由于荷载估算存在较大的难度，实际荷载可能超过设计中采用的设计荷载；

④ 计算简图与实际结构有一定的差异，可能产生偏于不安全的结果。

在常温、静荷载作用下，塑性材料的安全系数一般为 1.2～2.5；脆性材料的安全系数一般为 2.5～3.0。各种材料许用应力的数值，通常由国家有关部门测定、分析，并结合国家生产力水平、技术条件等情况，以规范的形式给出。工程上常用材料的许用应力约值见表 2.2。

表 2.2 常用材料的许用应力约值

材料名称	牌 号	许用应力/MPa	
		轴向拉伸	轴向压缩
低碳钢	Q235	170	170
低合金钢	Q345	230	230
灰铸铁		34～54	160～200
混凝土	C20	0.44	7
	C30	0.6	10.3
红松（顺纹）		6.4	10

注：表中数据适用于常温、静荷载和一般工作条件下的拉压杆。

2.7　轴向拉（压）杆的强度计算

2.7.1　强度条件

拉（压）杆在荷载作用下，不同横截面上的应力不一定相同，这是因为拉（压）杆横截面上的应力受轴力及横截面面积两个因素的影响。杆件中所有横截面上正应力的最大值称为**最大工作应力**，用 σ_{max} 表示，其所在的截面为**危险截面**。判断一个拉（压）杆在强度方面是否安全，要考查其最大工作应力 σ_{max} 是否超过材料的许用应力 $[\sigma]$。保证轴向拉（压）杆正常工作，不致破坏的**强度条件**是

$$\sigma_{max} \leqslant [\sigma] \tag{2.14}$$

对于等直杆，由于横截面面积相同，所以强度条件可写为

$$\sigma_{max} = \frac{F_{N,max}}{A} \leqslant [\sigma] \tag{2.15}$$

式中，A 为杆件的净截面面积；当杆件有钉孔时，应减去钉孔面积。根据强度条件可对杆件进行强度校核、截面选择和承载力计算。

2.7.2　强度条件的应用

（1）强度校核

强度校核就是利用强度条件对杆件的强度进行验算。已知杆件的轴力 F_N，截面面积 A 和材料的许用应力 $[\sigma]$，如果满足 $\sigma_{max} \leqslant [\sigma]$，则杆件的强度满足要求，否则杆件就可能发生破坏。

（2）截面选择

已知杆件的轴力 F_N 和材料的许用应力 $[\sigma]$，可根据强度条件确定杆件所需的横截面面积 A，计算公式为 $A \geqslant \dfrac{F_{N,max}}{[\sigma]}$。

（3）承载力计算

已知杆件横截面积 A 和材料的许用应力 $[\sigma]$，可根据强度条件确定杆件所能承受的最大轴力 $F_{N,max}$，计算公式为 $F_{N,max} \leqslant [\sigma]A$，由最大轴力 $F_{N,max}$ 可进一步确定结构的最大承载力。

【例 2.6】　如图 2.28（a）所示的结构，在刚性杆 AC 上作用有集中荷载 $F=120$kN，钢拉杆 BC 由∟56×8 的等边角钢制成，其许用应力 $[\sigma]=140$MPa。试校核拉杆 BC 的强度。

解：

（1）计算拉杆 BC 的轴力 F_N

由刚性杆 AC ［图 2.28（b）］的静力平衡方程 $\sum M_A=0$，得

$$F_N \sin\alpha \times 2.4\text{m} = F \times 1.2\text{m}$$

又

$$\sin\alpha = \frac{3}{3.8}$$

故

$$F_N = \frac{120\text{kN} \times 1.2\text{m} \times 3.8}{2.4\text{m} \times 3} = 76\text{kN}$$

（2）强度校核

由型钢表查得拉杆 BC 的横截面面积 $A=8.367$cm^2，则杆 BC 横截面上的应力为

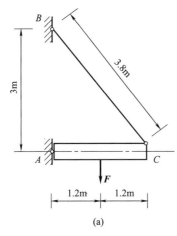 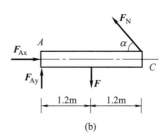

(a)　　　　　　　　　　　　(b)

图 2.28　例 2.6 图

$$\sigma=\frac{F_{N}}{A}=\frac{76\times10^{3}\,N}{8.367\times10^{-4}\,m^{2}}=90.8MPa<[\sigma]=140MPa$$

故拉杆 BC 满足强度要求。

【例 2.7】　若例 2.6 中拉杆 BC 由等边角钢制成，但角钢型号未知，其他条件不变。试选择拉杆 BC 的角钢型号。

解：

本题应先求拉杆 BC 所需截面面积，再由型钢表查出所需的角钢型号。

(1) 计算拉杆 BC 的轴力 F_N

拉杆 BC 的轴力 F_N 已在例 2.6 中求出

$$F_{N}=76kN$$

(2) 截面选择

$$A\geqslant\frac{F_{N}}{[\sigma]}=\frac{76\times10^{3}\,N}{140\times10^{6}\,Pa}=5.429cm^{2}$$

查型钢表可选∟56×5 的等边角钢，其横截面面积为 $5.415cm^{2}$，与 $5.429cm^{2}$ 相差不大，满足要求。

【例 2.8】　某三角形杆系结构如图 2.29 所示，AC 杆和 BC 杆均为直径 $d=20mm$ 的圆截面钢杆，材料的许用应力 $[\sigma]=150MPa$。试确定该结构的容许荷载 $[F]$。

解：

(1) 确定各杆内力与外荷载的关系

取 C 结点为隔离体，如图 2.29 (b) 所示。由平衡方程

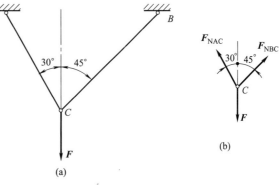

图 2.29　例 2.8 图

$$\sum F_{y}=0:\qquad F_{NAC}\cos30°+F_{NBC}\cos45°-F=0$$

$$\sum F_{x}=0:\qquad F_{NBC}\sin45°-F_{NAC}\sin30°=0$$

可得

$$F_{NAC} = 0.732F \qquad\qquad (a)$$
$$F_{NBC} = 0.518F \qquad\qquad (b)$$

（2）求各杆的许用内力

AC 杆、BC 杆的许用内力均为

$$[F_N] = A[\sigma] = \frac{\pi \times 0.02^2 \text{m}^2}{4} \times 150 \times 10^6 \text{Pa} \approx 47.1 \text{kN}$$

（3）求许可荷载

由关系式（a），按 AC 杆确定结构的许可荷载 [F] 为

$$[F] = \frac{[F_N]}{0.732} = \frac{47.1 \text{kN}}{0.732} = 64 \text{kN}$$

2.8 简单的拉（压）超静定问题

2.8.1 超静定问题及其求解方法

（1）静定与超静定问题

前面所讨论的轴向拉（压）杆或杆系，其约束力或构件内力均可通过静力平衡方程求解，这类仅用静力平衡方程就可求解出全部未知力的结构称为**静定结构**，这类问题称为**静定问题**。图 2.30（a）所示的杆系结构，节点 A 受到杆 1、杆 2 的约束处于平衡状态；取节点 A 为研究对象 [图 2.30（b）]，用静力平衡方程可求解杆 1 和杆 2 中的内力 F_{N1}、F_{N2}。图 2.30（a）所示的杆系结构为静定结构。图 2.30（c）所示的杆系结构，节点 A 受到杆 1、杆 2 和杆 3 的约束处于平衡状态；取节点 A 为研究对象 [图 2.30（d）]，由于有三个未知力，可以列出的独立平衡方程式数目只有两个，需要再补充一个方程才能求解。这类仅用静力平衡方程不能求解出全部未知力的结构称为**超静定结构**，这类问题称为**超静定问题**。

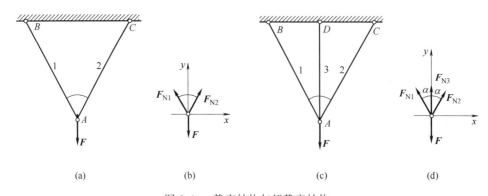

图 2.30 静定结构与超静定结构

在工程实际中，经常采用在静定结构上增加约束的方式减小构件的内力或变形（位移），增加的这个约束习惯上称为**多余约束**。故在超静定问题中，都存在多于维持平衡所必需的支座或杆件。由于多余约束的存在，未知力的数目多于独立的静力平衡方程式数目。未知力数目多出独立静力平衡方程数目的个数称为**超静定次数**。超静定次数与多余约束的个数是相等的。图 2.30（c）所示的杆系结构为一次超静定结构。

（2）超静定问题的求解方法

超静定结构由于有多余约束的存在，未知力的数目多于独立的静力平衡方程式数目，必

须建立补充方程才能求解。多余约束的存在，使结构的变形受到了附加的限制，以此可通过**建立变形协调方程得到补充方程。**

如图 2.31（a）所示，等直杆 AB 两端固定，横截面面积为 A，材料的弹性模量为 E，在 C 截面作用有轴向力 F。杆 AB 的受力如图 2.31（b）所示，F_A、F_B 分别为杆 AB 两端的约束力，其静力平衡方程为

$$\sum F_y = 0 \qquad\qquad F_A + F_B - F = 0 \qquad\qquad (a)$$

变形协调方程

$$\Delta l_{AB} = \Delta l_{AC} + \Delta l_{CB} = 0 \qquad\qquad (b)$$

当杆处于线弹性范围内时，可应用胡克定律得

$$\left. \begin{array}{l} \Delta l_{AC} = \dfrac{F_{NAC} l_{AC}}{EA} = \dfrac{F_A l_1}{EA} \\[3mm] \Delta l_{CB} = \dfrac{F_{NCB} l_{CB}}{EA} = \dfrac{-F_B l_2}{EA} \end{array} \right\} \qquad\qquad (c)$$

将式（c）代入式（b），可得补充方程

$$F_A l_1 - F_B l_2 = 0 \qquad\qquad (d)$$

联立求解方程式（a）、式（d），可得

$$F_A = \frac{l_2}{l} F(\uparrow) \qquad F_B = \frac{l_1}{l} F(\uparrow)$$

由 F_A、F_B 及 F 可求出 AC、CB 段杆的轴力，绘出杆 AC 的轴力图，如图 2.31（c）所示。

超静定问题的求解有两个关键，一是根据静力平衡条件列出所有独立的静力平衡方程；二是根据变形协调条件和力与变形之间的物理关系，建立补充方程。补充方程的数目应等于超静定的次数。

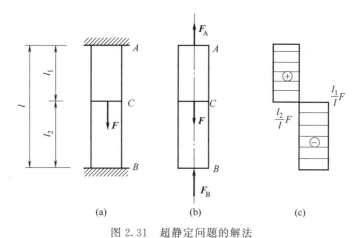

图 2.31　超静定问题的解法

【**例 2.9**】　如图 2.32（a）所示的结构，刚性杆 AB 的 A 端铰支，B 端作用有集中荷载

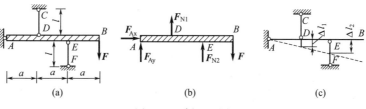

图 2.32　例 2.9 图

$F = 50\text{kN}$，CD、EF 为两根长度相等、材料相同的链杆，求两根链杆的轴力。

解：

（1）建立静力平衡方程

刚性杆 AB 的受力如图 2.32（b）所示。假设 CD 杆的轴力为拉力 F_{N1}，EF 杆的轴力为压力 F_{N2}。

由 $\sum M_A = 0$：$F_{N1}a + 2F_{N2}a - 3Fa = 0$

得
$$F_{N1} + 2F_{N2} - 3F = 0 \tag{a}$$

（2）建立变形协调方程

由变形几何关系图 2.32（c）可知，EF 杆缩短了 Δl_2，CD 杆伸长了 Δl_1，两杆变形间的关系为
$$\Delta l_2 = 2\Delta l_1 \tag{b}$$

（3）建立补充方程

由胡克定律可知，$\Delta l_1 = \dfrac{F_{N1}l}{EA}$，$\Delta l_2 = \dfrac{F_{N2}l}{EA}$。将其代入式（b），可得补充方程为
$$F_{N2} = 2F_{N1} \tag{c}$$

将式（a）、式（c）联立求解可得
$$F_{N1} = \frac{3}{5}F = \frac{3}{5} \times 50\text{kN} = 30\text{kN}$$

$$F_{N2} = \frac{6}{5}F = \frac{6}{5} \times 50\text{kN} = 60\text{kN}$$

故 CD 杆的轴力为 30kN，EF 杆的轴力为 -60kN。

2.8.2　装配应力与温度应力简介

（1）装配应力

在工程实际中，构件的制造难免会有微小的误差。这种误差只会略微改变静定结构的几何形状，并不会在构件中产生应力。但在超静定结构中，由于有多余约束的存在，装配时会在构件中产生应力。例如图 2.33 所示的杆系，若杆件 3 制造时有微小误差，较其设计长度

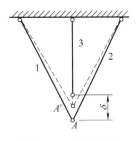

图 2.33　装配应力

短了 δ。为了将三根杆件装配在一起，必须将杆件 3 拉长，同时将杆件 1、2 压短。这样必然会在杆件 3 中产生拉应力，在杆件 1、2 中产生压应力。由于这种应力是强行装配引起的，一般称为**装配应力**。装配应力是结构在荷载作用前就存在的应力，所以是一种初应力。

计算装配应力时，建立变形协调方程是关键。在图 2.33 所示的杆系中，将三个杆件强行装配好后，各杆件将处于图中虚线的位置，与其相应的变形协调条件是各杆的下端汇交于同一点 A'。变形协调方程是按此条件确定的。

在工程实际中，装配应力的存在，有时是不利的，应尽量避免。有时也有意识地利用装配应力，例如预应力钢筋混凝土构件，就是利用装配应力来提高构件的承载能力。

（2）温度应力

温度的变化会引起构件的伸长或缩短。在静定结构中，由于构件可以自由变形，在构件中不会引起应力。但在超静定结构中，由于有多余约束的存在，构件的变形受到限制，当温度变化时，就会在构件中产生应力。这种因温度变化而引起的应力称为**温度应力**。温度应力也是一种初应力。计算温度应力的关键同样是要确定变形协调方程。例如图 2.34（a）所示

两端固定的等直杆，当温度升高时，如果只有 A 端固定，杆件可自由伸长至 B' 点，伸长量为 Δl_t [图 2.34 (b)]；但因 B 端固定阻止了杆的伸长，在 B 端产生了轴向压力 $\boldsymbol{F}_N$，与 $\boldsymbol{F}_N$ 对应的杆件的弹性变形为 Δl_{FN} [图 2.34 (c)]。由于两端固定，杆件长度不变，故变形协调方程为 $\Delta l = \Delta l_t - \Delta l_{FN} = 0$，再结合静力平衡方程可对图 2.34 所示的杆件求解。

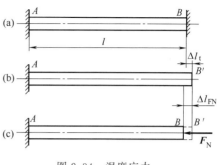

图 2.34　温度应力

在实际应用中，常要考虑温度变化的影响，采取一些措施来降低或消除温度应力。例如在铁道中两段钢轨的接头处、混凝土路面中，都留有适当的空隙；在承受高温的管道中，要设置伸缩节等。采用这些措施调节温度变化引起的伸缩，能有效地降低温度应力的影响。

小结

① 轴力 $\boldsymbol{F}_N$ 是轴向拉（压）杆横截面上的内力；轴力的特点是作用线与杆轴线重合。

② 轴力图反映了轴向拉（压）杆的内力，即轴力随横截面位置的变化情况。

③ 轴向拉（压）杆横截面上只有均匀分布的正应力，45°斜截面上的切应力最大。横截面上的正应力计算公式为

$$\sigma = \frac{F_N}{A}$$

④ 胡克定律反映了材料在线弹性范围内工作时，力与变形之间的关系。对轴向拉（压）杆，其表达式为

$$\Delta l = \frac{F_N l}{EA} \quad 或 \quad \sigma = E\varepsilon$$

⑤ 纵向线应变 ε 与横向线应变 ε' 之间的关系为

$$\varepsilon' = -\nu\varepsilon$$

⑥ 低碳钢是典型的塑性材料，其拉伸时的应力-应变曲线可分为：弹性、屈服、强化和颈缩四个阶段。衡量其强度的指标有屈服极限 σ_s 和强度极限 σ_b。

⑦ 铸铁是典型的脆性材料，衡量其强度的唯一指标是强度极限 σ_b。

⑧ 衡量材料塑性性能的指标有伸长率 δ 和断面收缩率 ψ。

⑨ 受拉构件宜用塑性材料制造，脆性材料宜用作受压构件。

⑩ 名义屈服极限 $\sigma_{p0.2}$ 是材料产生 0.2% 塑性应变时所对应的应力。应强调的是 0.2% 的应变是塑性应变，不包括弹性应变。

⑪ 材料的许用应力 $[\sigma] = \dfrac{\sigma^0}{n}$

对塑性材料 $\sigma^0 = \sigma_s$ 或 $\sigma_{p0.2}$

对脆性材料 $\sigma^0 = \sigma_b$

⑫ 轴向拉（压）杆的强度条件，对等直杆为

$$\sigma_{max} = \frac{F_{N,max}}{A} \leqslant [\sigma]$$

在利用强度条件计算时，危险截面的确定是计算的关键，应注意两点：a. 对等直杆，

可用最大内力 $F_{N,max}$ 所在截面确定危险截面；b. 对变截面杆，用最大应力 σ_{max} 所在截面确定危险截面。

⑬ 仅用静力平衡方程不能求出全部支座反力和杆件内力的问题称为超静定问题。超静定的次数是未知力的数目与独立的静力平衡方程式数目之差。求解超静定问题的关键是建立符合约束的补充方程，即变形协调方程和物理方程。

思考题

2.1　试述轴向拉（压）杆的受力特点。

2.2　在应用截面法计算轴力时，是否可以应用力的可传性原理？为什么？

2.3　试叙述内力与应力、极限应力与许用应力的区别。

2.4　轴向拉（压）杆横截面上的应力如何分布？

2.5　轴向拉（压）杆最大正应力和最大切应力各发生在什么方位的截面上？其值为多少？

2.6　胡克定律的内容及适用条件是什么？

2.7　两根不同材料制成的等截面直杆，它们的横截面面积、杆长和承受的轴向拉力均相同，两杆的绝对伸长量是否相同？为什么？

2.8　两根相同材料制成的拉杆如图 2.35 所示。试说明哪根杆件的变形大？图（b）所示杆件的各杆段应变是否相同？为什么？

2.9　低碳钢单向拉伸时的 σ-ε 曲线可分为哪几个阶段？对应的强度指标是什么？其中哪一个指标是强度设计的依据？

2.10　塑性材料与脆性材料有什么不同，如何区分？

2.11　最大轴力所在截面是否一定是危险截面？

2.12　三种材料的 σ-ε 曲线如图 2.36 所示。试说明哪种材料的强度高？哪种材料的塑性好？在弹性范围内哪种材料的弹性模量大？

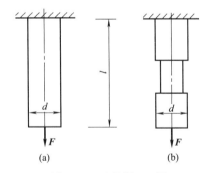

图 2.35　思考题 2.8 图

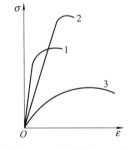

图 2.36　思考题 2.12 图

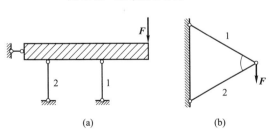

图 2.37　思考题 2.14 图

2.13　两根不同材料制成的圆截面拉杆，承受相同的轴向拉力，它们的横截面面积和长度都相同。试说明横截面上的应力是否相同？强度是否相同？为什么？

2.14　如图 2.37（a）、（b）所示的结构，用低碳钢制造杆1，用铸铁制造杆2，这样是否合理？为什么？

2.15 什么是名义屈服极限？

2.16 构件的 EA 值是什么？它的大小能说明什么问题？

2.17 什么是应力集中？为减小应力集中对杆件的不利影响可采取哪些措施？

2.18 如何区分静定结构和超静定结构？

2.19 超静定次数如何确定？

2.20 怎样求解超静定问题？

习题

2.1 求如图 2.38 所示各杆上的轴力，并绘制轴力图。

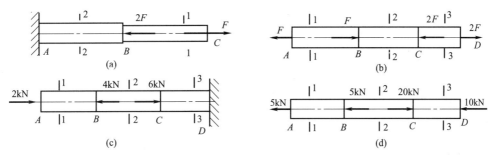

图 2.38 习题 2.1 图

2.2 一段软绳的受力如图 2.39 所示，已知 $F_1=500\text{N}$，$F_2=400\text{N}$，$F_3=450\text{N}$，$F_4=450\text{N}$，$F_5=350\text{N}$，$F_6=550\text{N}$。求各指定截面处的轴力并绘制轴力图。

图 2.39 习题 2.2 图

2.3 如图 2.40 所示的混凝土柱，柱顶作用 $F=800\text{kN}$ 的压力。已知柱的横截面面积 $A_1=0.5\text{m}^2$，$A_2=0.6\text{m}^2$，混凝土的密度 $\rho=2.24\times10^3\text{kg/m}^3$，试求该柱的最大压应力。

2.4 如图 2.41 所示屋架的下弦杆用两根 $\llcorner75\times8$ 的等边角钢制成，已知 $q=20\text{kN/m}$。求杆 AE 和 EG 横截面上的应力。

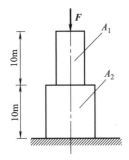

图 2.40 习题 2.3 图

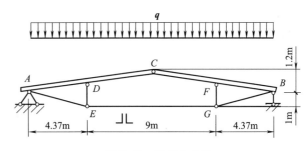

图 2.41 习题 2.4 图

2.5 如图 2.42 所示一阶梯形截面杆，其弹性模量 $E=200\text{GPa}$，横截面面积 $A_{\text{I}}=300\text{mm}^2$，$A_{\text{II}}=250\text{mm}^2$，$A_{\text{III}}=200\text{mm}^2$；作用力 $F_1=30\text{kN}$，$F_2=15\text{kN}$，$F_3=10\text{kN}$，

$F_4 = 25$kN。试求每段杆的应变、伸长量及全杆的总伸长量。

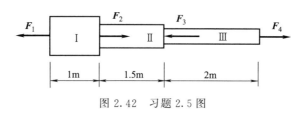

图 2.42 习题 2.5 图

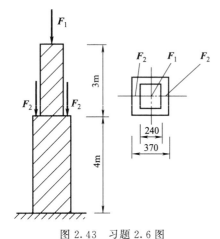

图 2.43 习题 2.6 图

2.6 某砖柱如图 2.43 所示，上柱截面为 24cm × 24cm，下柱截面为 37cm × 37cm；柱顶荷载 $F_1 = 40$kN，变阶处荷载 $F_2 = 30$kN。已知砖砌体的弹性模量 $E = 2.16$GPa，砖柱自重略去不计。试求该砖柱柱顶的下沉量。

2.7 图 2.44 所示的实心圆钢杆 AB 和 AC 在 A 点铰接，在 A 点作用有铅垂向下的力 $F = 35$kN。已知杆 AB 和 AC 的直径分别为 $d_1 = 12$mm 和 $d_2 = 15$mm，钢的弹性模量 $E = 210$GPa。试求 A 点在铅垂方向的位移。

2.8 三角形杆系结构如图 2.45 所示。AB 为直径 $d = 22$mm 的圆截面钢杆，AC 为边长 $a = 75$mm 的正方形木杆，已知钢材的许用应力 $[\sigma] = 170$MPa，木材的许用应力 $[\sigma_C] = 10$MPa，试校核 AB、AC 杆的强度。

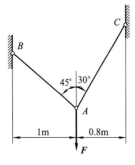

图 2.44 习题 2.7 图

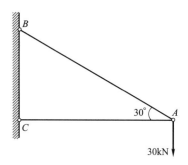

图 2.45 习题 2.8 图

2.9 三铰拱屋架如图 2.46 所示。拉杆 AB 为圆截面钢杆，已知钢材的许用应力 $[\sigma] = 170$MPa，试按强度条件选择钢杆的直径。

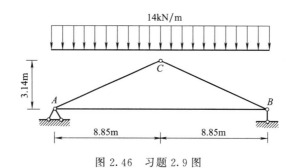

图 2.46 习题 2.9 图

2.10 如图 2.47 所示,钢桁架中的 AC、CD 杆均由两个等边角钢组成,其许用应力 $[\sigma]=170$MPa。已知 AC 杆的角钢型号为∟75×6,试校核 AC 杆的强度,并确定 CD 杆的截面型号。

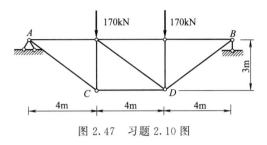

图 2.47 习题 2.10 图

2.11 如图 2.48 所示的三角架,杆 BC 为边长 $a=100$mm 的正方形木杆,许用应力 $[\sigma]_1=4.5$MPa;杆 AB 为直径 $d=16$mm 的圆钢杆,许用应力 $[\sigma]_2=150$MPa。试求许可荷载 $[F]$。

2.12 三角形杆系结构如图 2.49 所示。AC 杆和 BC 杆分别为直径 $d_1=30$mm,$d_2=20$mm 的圆截面钢杆,材料的许用应力 $[\sigma]=170$MPa。试确定该结构的容许荷载 $[F]$。

2.13 AB 杆受力如图 2.50 所示。已知 $F=30$kN,求 A、B 两端的支座反力。

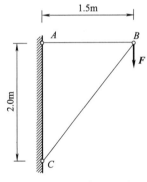

图 2.48 习题 2.11 图

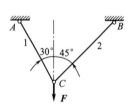

图 2.49 习题 2.12 图

2.14 如图 2.51 所示,长度相等、横截面面积相同的两根钢杆 CD 和 EF 使刚性杆 AB 处于水平位置,刚性杆 AB 的左端铰支。已知 $F=50$kN,两根钢杆的截面积 $A=1000$m^2,试求两钢杆的轴力和应力。

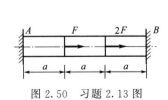

图 2.50 习题 2.13 图

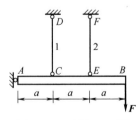

图 2.51 习题 2.14 图

第3章

平面图形的几何性质

3.1　静矩与形心位置

3.1.1　静矩的概念

　　设一任意形状的平面图形如图 3.1 所示，其面积为 A，Y 轴和 Z 轴为图形所在平面内的坐标轴。在图形内任一点处取微面积 $\mathrm{d}A$，其坐标为 (z, y)；定义乘积 $z\,\mathrm{d}A$ 和 $y\,\mathrm{d}A$ 分别为微面积 $\mathrm{d}A$ 对 Y 轴和 Z 轴的静矩（或面积矩），则微面积 $\mathrm{d}A$ 对 Y 轴和 Z 轴的静矩在整个平面图形面积 A 上的积分，称为平面图形对 Y 轴和 Z 轴的**静矩**，分别记为 S_y 和 S_z，即

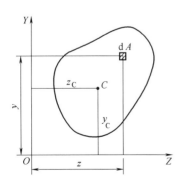

图 3.1　静矩

$$\left.\begin{array}{l} S_y = \displaystyle\int_A z\,\mathrm{d}A \\[2mm] S_z = \displaystyle\int_A y\,\mathrm{d}A \end{array}\right\} \tag{3.1}$$

　　平面图形的静矩是对某一坐标轴而言的，同一平面图形对于不同的坐标轴，其静矩不同。静矩的值可能为正，可能

为负，也可能为零。静矩的量纲为 $[长度]^3$，其常用的单位为 mm^3 或 cm^3。

3.1.2　静矩与形心坐标

若图 3.1 所示平面图形的形心 C 坐标为 (z_C, y_C)，由理论力学可知，形心坐标 z_C 和 y_C 的计算公式为

$$\left.\begin{aligned} y_C &= \frac{\int_A y\,dA}{A} \\ z_C &= \frac{\int_A z\,dA}{A} \end{aligned}\right\} \tag{3.2}$$

由式（3.1）和式（3.2）可得，平面图形的形心坐标可用静矩来表示。反之，平面图形的静矩亦可由其形心坐标来计算，即

$$\left.\begin{aligned} y_C &= \frac{S_z}{A} \\ z_C &= \frac{S_y}{A} \end{aligned}\right\} \tag{3.3}$$

$$\left.\begin{aligned} S_z &= Ay_C \\ S_y &= Az_C \end{aligned}\right\} \tag{3.4}$$

式（3.3）和式（3.4）即为平面图形静矩及其形心坐标之间的关系。

由此可得如下结论：

① 若平面图形对某一轴的静矩为零，则该轴必通过图形的形心，即该轴必为一根形心轴；反之，若某一轴通过平面图形的形心，则平面图形对该轴的静矩为零。

② 若平面图形有对称轴，由对称性可知，对称轴必过形心。因此，平面图形对其对称轴的静矩为零。

如果一个平面图形是由几个平面简单图形（如矩形、圆形等）组成的，这样的平面图形称为平面组合图形。由于简单图形的面积及形心坐标均为已知，因此在计算组合图形对某轴的静矩时，可先将组合图形分割成 n 个简单图形，用 A_i、y_{Ci}、z_{Ci} 分别表示各简单图形的面积和形心坐标，用 S_{zi}、S_{yi} 分别表示各简单图形对 z 轴和 y 轴的静矩。则组合图形对某轴的静矩就等于各简单图形对该轴静矩的代数和，即

$$\left.\begin{aligned} S_z &= \sum_{i=1}^n S_{zi} = \sum_{i=1}^n A_i y_{Ci} \\ S_y &= \sum_{i=1}^n S_{yi} = \sum_{i=1}^n A_i z_{Ci} \end{aligned}\right\} \tag{3.5}$$

由式（3.3）可得组合图形的形心坐标公式为

$$\left.\begin{aligned} z_C &= \frac{\displaystyle\sum_{i=1}^n A_i z_{Ci}}{\displaystyle\sum_{i=1}^n A_i} \\[2ex] y_C &= \frac{\displaystyle\sum_{i=1}^n A_i y_{Ci}}{\displaystyle\sum_{i=1}^n A_i} \end{aligned}\right\} \tag{3.6}$$

【例 3.1】 已知 T 形截面如图 3.2（a）所示，y 轴为截面的纵向对称轴。试求截面形心轴 z_C 一侧的面积对 z_C 轴的静矩 S_{z_C} 及整个截面对 z 轴的静矩 S_z。

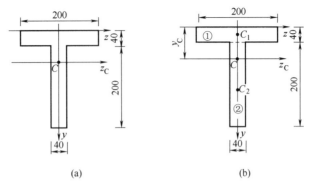

图 3.2　例 3.1 图

解：

（1）求形心坐标

依题意，y 轴为截面的纵向对称轴，该截面的形心一定在 y 轴上，因此 $z_C = 0$，只需计算 y_C。将截面分割为①、②两个部分，如图 3.2（b）所示。各部分的面积和形心坐标分别为

$$A_1 = 200 \times 40\,\mathrm{mm}^2, \quad y_{C1} = 20\,\mathrm{mm}$$
$$A_2 = 200 \times 40\,\mathrm{mm}^2, \quad y_{C2} = 140\,\mathrm{mm}$$

由形心坐标公式得

$$y_C = \frac{\sum A_i y_{Ci}}{\sum A_i} = \frac{A_1 y_{C1} + A_2 y_{C2}}{A_1 + A_2} = \frac{200 \times 40 \times 20 + 200 \times 40 \times 140}{200 \times 40 + 200 \times 40} = 80\,(\mathrm{mm})$$

（2）计算 S_{z_C}

由于 z_C 轴为形心轴，整个截面对其静矩为零。因此，该轴两侧面积对其静矩在数值上是相等的，而符号是相反的。为简化计算，取 z_C 轴下侧的面积计算 S_{z_C}。由静矩和形心坐标关系可得

$$S_{z_C} = 40 \times (40 + 200 - y_C) \times \frac{40 + 200 - y_C}{2} = 40 \times (40 + 200 - 80) \times \frac{40 + 200 - 80}{2}$$
$$= 5.12 \times 10^5\,(\mathrm{mm}^3)$$

（3）计算 S_z

根据组合图形静矩的概念和计算公式可得

$$S_z = \sum A_i y_{Ci} = A_1 y_{C1} + A_2 y_{C2} = 200 \times 40 \times 20 + 200 \times 40 \times 140 = 1.28 \times 10^6\,(\mathrm{mm}^3)$$

也可直接对整个截面利用静矩和形心坐标关系得

$$S_z = A y_C = (200 \times 40 + 200 \times 40) \times 80 = 1.28 \times 10^6\,(\mathrm{mm}^3)$$

计算更简便，亦可由此验证上面计算结果的正确性。

3.2　惯性矩、极惯性矩和惯性积

3.2.1　惯性矩

（1）惯性矩的概念

如图 3.3 所示，在任意形状的平面图形内任一点处取微面积 $\mathrm{d}A$，其坐标为 (z, y)；

定义乘积 $z^2 \mathrm{d}A$ 和 $y^2 \mathrm{d}A$ 分别为微面积 $\mathrm{d}A$ 对 Y 轴和 Z 轴的惯性矩（或二次轴距），则微面积 $\mathrm{d}A$ 对 Y 轴和 Z 轴的惯性矩在整个平面图形面积 A 上的积分，称为平面图形对 Y 轴和 Z 轴的**惯性矩**，分别记为 I_y 和 I_z，即

$$\left.\begin{aligned} I_y &= \int_A z^2 \mathrm{d}A \\ I_z &= \int_A y^2 \mathrm{d}A \end{aligned}\right\} \tag{3.7}$$

由上述定义可知，同一平面图形对于不同坐标轴的惯性矩一般也是不同的。平面图形对任一轴的惯性矩恒为正值。惯性矩的量纲为 [长度]^4，其常用的单位为 mm^4 或 cm^4。

（2）常见简单截面的惯性矩

① 矩形截面的惯性矩。

计算图 3.4 所示矩形截面对 z 轴的惯性矩 I_z 时，可取一条平行于 z 轴的狭长条（图 3.4 中的阴影部分）；其宽度为 b，高度为微小量 $\mathrm{d}y$，故其面积为 $\mathrm{d}A = b\mathrm{d}y$。

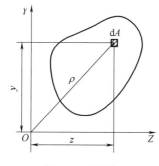

图 3.3　惯性矩

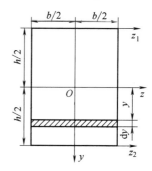

图 3.4　矩形截面的惯性矩

则由惯性矩的定义，得该矩形截面对 z 轴的惯性矩为

$$I_z = \int_A y^2 \mathrm{d}A = \int_{-h/2}^{h/2} y^2 b \mathrm{d}y = b \frac{y^3}{3}\bigg|_{-h/2}^{h/2} = \frac{bh^3}{12}$$

同理，可得该矩形截面对 y 轴的惯性矩为

$$I_y = \frac{hb^3}{12}$$

若要计算该矩形截面对与上、下底边重合的 z_1、z_2 轴的惯性矩 I_{z_1} 和 I_{z_2}，方法同上，只需改变积分的上下限即可。

$$I_{z_1} = \int_A y^2 \mathrm{d}A = \int_0^h y^2 b \mathrm{d}y = b \frac{y^3}{3}\bigg|_0^h = \frac{bh^3}{3}$$

$$I_{z_2} = \int_A y^2 \mathrm{d}A = \int_{-h}^0 y^2 b \mathrm{d}y = b \frac{y^3}{3}\bigg|_{-h}^0 = \frac{bh^3}{3}$$

同理，亦可求得其对与左、右侧边重合的坐标轴的惯性矩为 $\dfrac{hb^3}{3}$，请读者自行验算。

② 圆形截面的惯性矩。

计算图 3.5 所示圆形截面对 z 轴的惯性矩 I_z 时，可取一条平行于 z 轴的狭长条；其高度为微小量 $\mathrm{d}y$，其面积 $\mathrm{d}A$ 为图 3.5 中的阴影部分面积，根据圆的性质可得 $\mathrm{d}A = 2\sqrt{R^2 - y^2}\,\mathrm{d}y$。

则由惯性矩的定义，得该矩形截面对 z 轴的惯性矩为

$$I_z = \int_A y^2 \mathrm{d}A = 2\int_{-R}^{R} y^2 \sqrt{R^2 - y^2}\, \mathrm{d}y = \frac{\pi D^4}{64}$$

由于 y 轴和 z 轴均与圆的直径重合，根据圆的对称性，必然有

$$I_y = I_z = \frac{\pi D^4}{64}$$

③ 三角形截面的惯性矩。

计算图 3.6 所示三角形截面对 z 轴的惯性矩 I_z 时，可取一条平行于 z 轴的狭长条（图 3.6 中的阴影部分）；其高度为微小量 $\mathrm{d}y$，宽度为变量 $b(y)$，由三角形的性质可知 $\dfrac{b(y)}{b} = \dfrac{h-y}{h}$，故其面积为 $\mathrm{d}A = b(y)\mathrm{d}y = \dfrac{h-y}{h}b\,\mathrm{d}y$。

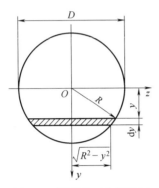

图 3.5　圆形截面的惯性矩

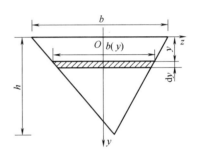

图 3.6　三角形截面的惯性矩

则由惯性矩的定义，得该矩形截面对 z 轴的惯性矩为

$$I_z = \int_A y^2 \mathrm{d}A = \int_0^h y^2 \frac{h-y}{h}b\,\mathrm{d}y = \frac{bh^3}{12}$$

（3）惯性半径

工程中常把惯性矩表示为平面图形的面积与某一长度平方的乘积，即

$$\left.\begin{aligned} I_y &= A i_y^2 \\ I_z &= A i_z^2 \end{aligned}\right\} \tag{3.8}$$

式中，i_y、i_z 分别称为平面图形对 y 轴和 z 轴的**惯性半径**，其常用单位为 mm 或 cm。当平面图形的面积 A 和惯性矩 I_y、I_z 已知时，惯性半径即可从式（3.8）求得

$$\left.\begin{aligned} i_y &= \sqrt{\frac{I_y}{A}} \\ i_z &= \sqrt{\frac{I_z}{A}} \end{aligned}\right\} \tag{3.9}$$

常见平面图形的形心位置、惯性矩及惯性半径见第 44 页表 3.1。

3.2.2　极惯性矩

（1）极惯性矩的概念

在图 3.3 所示任意形状的平面图形内任一点处取微面积 $\mathrm{d}A$，设其到平面内任意直角坐标原点 O 的距离为 ρ；定义乘积 $\rho^2 \mathrm{d}A$ 为微面积 $\mathrm{d}A$ 对坐标原点 O 的极惯性矩，则微面积 $\mathrm{d}A$ 对坐标原点 O 的极惯性矩在整个平面图形面积 A 上的积分，称为平面图形对点 O 的**极**

惯性矩，记为 I_P，即

$$I_P = \int_A \rho^2 \mathrm{d}A \tag{3.10}$$

由上述定义可知，同一平面图形对于不同坐标原点的极惯性矩一般也是不同的。平面图形对任意坐标原点的极惯性矩恒为正值。极惯性矩的量纲为 [长度]^4，其常用的单位为 mm^4 或 cm^4。

由图 3.3 中的几何关系可知，$\rho^2 = y^2 + z^2$，将此关系式代入式（3.10）中，注意到惯性矩的定义式，可得

$$I_P = \int_A \rho^2 \mathrm{d}A = \int_A (y^2 + z^2)\mathrm{d}A = \int_A y^2 \mathrm{d}A + \int_A z^2 \mathrm{d}A$$

即

$$I_P = I_z + I_y \tag{3.11}$$

该式表明，平面图形对其所在平面内任一点的极惯性矩等于该图形对过此点一对正交坐标轴的惯性矩之和。

（2）圆截面图形的极惯性矩

计算图 3.7（a）所示圆形截面对 O 点的极惯性矩 I_P 时，可在距圆心 O 为 ρ 处取宽度为 $\mathrm{d}\rho$ 的薄环形；其面积为 $\mathrm{d}A = 2\pi\rho\mathrm{d}\rho$，则实心圆截面的极惯性矩 I_P 为

$$I_P = \int_A \rho^2 \mathrm{d}A = \int_0^{D/2} \rho^2 \times 2\pi\rho\mathrm{d}\rho = \frac{\pi D^4}{32}$$

也可根据式 $I_P = I_z + I_y$，结合圆形截面的惯性矩得

$$I_P = I_z + I_y = \frac{\pi D^4}{64} + \frac{\pi D^4}{64} = \frac{\pi D^4}{32}$$

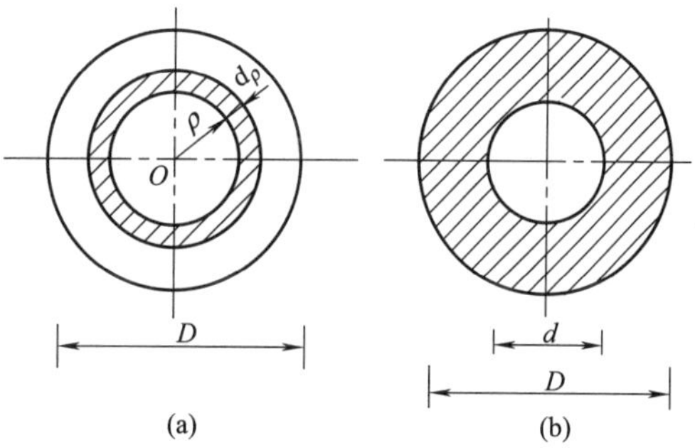

图 3.7 圆截面图形的极惯性矩

对于图 3.7（b）所示的空心圆截面，极惯性矩 I_P 为

$$I_P = \int_A \rho^2 \mathrm{d}A = \int_{d/2}^{D/2} \rho^2 \times 2\pi\rho\mathrm{d}\rho = \frac{\pi(D^4 - d^4)}{32} = \frac{\pi D^4}{32}(1 - \alpha^4)$$

式中，d 为内径；D 为外径；$\alpha = d/D$。

3.2.3 惯性积

在图 3.3 中，定义微面积 $\mathrm{d}A$ 与其平面内直角坐标系中两个坐标（z、y）的乘积为微面积对 Z、Y 轴的惯性积，则微面积 $\mathrm{d}A$ 对 Z、Y 轴的惯性积在整个平面图形面积 A 上的积分，称为平面图形对 Z、Y 轴的**惯性积**，记为 I_{zy}，即

$$I_{zy} = \int_A zy\mathrm{d}A \tag{3.12}$$

由上述定义可知，惯性积的量纲为 [长度]^4，其常用的单位为 mm^4 或 cm^4。与惯性矩、极惯性矩一样，同一平面图形对于不同坐标轴的惯性积一般也是不同的。由于坐标的乘积 zy 可能为正，可能为负，也可能为零，因此，惯性积的值可能为正，可能为负，也可能为零。z、y 坐标轴中有一根为平面图形的对称轴时，该平面图形对这两根坐标轴的惯性积 I_{zy} 为零。

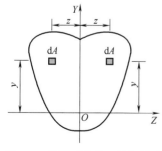

图 3.8 单轴对称截面的惯性积

如图 3.8 所示 Y 轴为平面图形的对称轴，图中 Y 轴两侧

对称位置上两个微面积 dA 的 y 坐标都相同，而 z 坐标等值反号，因此，两个微面积 dA 的惯性积 $zy\,dA$ 等值反号。因为整个平面图形的惯性积等于 Y 轴两侧所有微面积的惯性积之和，正负均抵消，所以，整个平面图形对 Z、Y 轴的惯性积必为零。

3.3　平行移轴公式

3.3.1　惯性矩和惯性积的平行移轴公式

由前面的定义及结论可知，同一平面图形对不同坐标轴的惯性矩和惯性积一般是不同的。简单平面图形对其形心轴的惯性矩可根据定义运用积分求得，一些常见图形对其形心轴

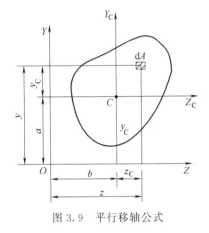

图 3.9　平行移轴公式

的惯性矩也可由一些手册查到；而平面图形对任意非形心轴的惯性矩和惯性积，可由对其形心轴的惯性矩利用下面给出的平行移轴公式进行计算。

任意平面图形如图 3.9 所示，其形心在点 C，Z_C 轴、Y_C 轴为过图形形心的一对正交坐标轴；Z 轴、Y 轴为过平面内任一点分别与 Z_C 轴、Y_C 轴平行的一对正交坐标轴；Z 轴与 Z_C 轴之间的距离为 a，Y 轴与 Y_C 轴之间的距离为 b。

在平面图形内任取一微面积 dA，其形心在两个坐标系中的坐标分别为 (z, y) 和 (z_C, y_C)，其关系为 $z = z_C + b$，$y = y_C + a$。根据惯性矩和惯性积的定义可知，平面图形对这两对正交坐标轴的惯性矩和惯性积分别为

$$I_z = \int_A y^2\,dA = \int_A (y_C + a)^2\,dA = \int_A y_C^2\,dA + 2a\int_A y_C\,dA + a^2\int_A dA$$

$$I_y = \int_A z^2\,dA = \int_A (z_C + b)^2\,dA = \int_A z_C^2\,dA + 2b\int_A z_C\,dA + b^2\int_A dA$$

$$I_{zy} = \int_A zy\,dA = \int_A (y_C + a)(z_C + b)\,dA = \int_A z_C y_C\,dA + b\int_A y_C\,dA + a\int_A z_C\,dA + ab\int_A dA$$

式中，$\int_A dA = A$，$\int_A y_C^2\,dA = I_{z_C}$，$\int_A z_C^2\,dA = I_{y_C}$，$\int_A y_C\,dA = S_{z_C}$，$\int_A z_C\,dA = S_{y_C}$。$z_C$ 轴和 y_C 轴为形心轴，根据静矩的性质，有 $S_{z_C} = 0$，$S_{y_C} = 0$。于是得

$$\left.\begin{aligned} I_z &= I_{z_C} + a^2 A \\ I_y &= I_{y_C} + b^2 A \\ I_{zy} &= I_{z_C y_C} + abA \end{aligned}\right\} \tag{3.13}$$

式（3.13）称为惯性矩和惯性积的**平行移轴公式**。该公式表明，平面图形对平面内任一轴的惯性矩等于它对与该轴平行的形心轴的惯性矩加上平面图形的面积与两轴间距离平方的乘积；平面图形对平面内任意一对正交坐标轴的惯性积等于它对与该正交坐标轴平行的一对形心轴的惯性积加上平面图形的面积与两对平行轴之间距离的乘积。

应当注意：

　　① Z 轴与 Z_C 轴、Y 轴与 Y_C 轴必须平行，且 Z_C 轴、Y_C 轴必须为形心轴，a、b 分别为两对平行轴之间的距离；

　　② 在一组互相平行的坐标轴中，平面图形对其形心轴的惯性矩最小；

　　③ 在惯性积的平行移轴公式中，a、b 应为平面图形形心在 ZOY 坐标系中的坐标，是有正负的。

　　根据平行移轴公式，已知平面图形对其形心轴的惯性矩，即可求得其对与形心轴平行的其他轴的惯性矩；亦可根据 $I_{z_C} = I_z - a^2 A$ 进行相反的计算。

　　例如，利用平行移轴公式重新计算图 3.4 中矩形截面对与其底边重合的 z_1 轴的惯性矩。矩形截面对其形心轴 z 轴的惯性矩为 $I_z = bh^3/12$，z 轴与 z_1 轴之间的距离为 $h/2$，则矩形截面对 z_1 轴的惯性矩为

$$I_{z_1} = I_z + \left(\frac{h}{2}\right)^2 A = \frac{bh^3}{12} + \frac{h^2}{4} bh = \frac{bh^3}{3}$$

　　计算结果与前面积分法所求结果一致，而利用平行移轴公式计算更为简便。

　　【例 3.2】　如图 3.10 所示，三角形截面的形心位于 C 点；已知该截面对与其底边重合的 z 轴的惯性矩 $I_z = \dfrac{bh^3}{12}$，z、z_C、z_1 三根轴互相平行。试求该三角形截面对 z_1 轴的惯性矩 I_{z_1}。

　　解：

　　由于已知条件为三角形截面对 z 轴的惯性矩，求其对 z_1 轴的惯性矩，z 轴、z_1 轴均不是形心轴，因此不能直接用平行移轴公式。需先在 z 轴与形心轴 z_C 轴之间使用平行移轴公式，求出三角形截面对形心轴 z_C 轴的惯性矩 I_{z_C}；再由 I_{z_C} 利用平行移轴公式，求出三角形截面对 z 轴的惯性矩 I_z。

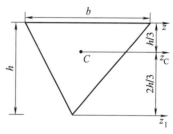

图 3.10　例 3.2 图

　　已知三角形截面对 z 轴的惯性矩 $I_z = \dfrac{bh^3}{12}$，三角形截面的面积 $A = \dfrac{bh}{2}$，z 轴到形心轴 z_C 轴的距离为 $\dfrac{h}{3}$，z_1 轴到形心轴 z_C 轴的距离为 $\dfrac{2h}{3}$。根据惯性矩的平行移轴公式得

$$I_z = I_{z_C} + \left(\frac{h}{3}\right)^2 A$$

$$I_{z_1} = I_{z_C} + \left(\frac{2h}{3}\right)^2 A$$

　　联立以上两式可得

$$I_{z_C} = I_z - \left(\frac{h}{3}\right)^2 A = \frac{bh^3}{12} - \frac{h^2}{9} \times \frac{bh}{2} = \frac{bh^3}{36}$$

$$I_{z_1} = I_{z_C} + \left(\frac{2h}{3}\right)^2 A = \frac{bh^3}{36} + \frac{4h^2}{9} \times \frac{bh}{2} = \frac{bh^3}{4}$$

3.3.2　组合截面的惯性矩和惯性积

　　工程实际中经常会遇到由矩形、圆形等简单图形或几个型钢截面组合而成的组合截面。根据惯性矩和惯性积的定义，组合截面对某一轴的惯性矩等于组成截面的各简单图形对该轴的惯性矩之和，组合截面对某一对正交坐标轴的惯性积等于组成截面的各简单图形对该正交

坐标轴的惯性积之和，即

$$
\left.\begin{array}{l}
I_z = \displaystyle\sum_{i=1}^{n} I_{zi} \\[2mm]
I_y = \displaystyle\sum_{i=1}^{n} I_{yi} \\[2mm]
I_{zy} = \displaystyle\sum_{i=1}^{n} I_{zyi}
\end{array}\right\} \tag{3.14}
$$

同理，组合截面对某一点的极惯性矩等于组成截面的各简单图形对该点的极惯性矩之和，即

$$
I_P = \sum_{i=1}^{n} I_{Pi} \tag{3.15}
$$

【例 3.3】 计算图 3.11 所示圆环形截面对其形心轴 z、y 轴的惯性矩 I_z、I_y，以及对形心 O 点的极惯性矩 I_P。

解：

根据圆环形截面的对称性可知 $I_z = I_y$。利用式（3.14），采用"负面积法"，圆环形截面的惯性矩等于大圆的惯性矩减去小圆的惯性矩，于是有

$$
I_z = I_y = \frac{\pi D^4}{64} - \frac{\pi d^4}{64} = \frac{\pi (D^4 - d^4)}{64}
$$

设 α 为圆环形的内外径之比，即 $\alpha = \dfrac{d}{D}$，则圆环形截面对于其形心轴 z、y 轴的惯性矩为

$$
I_z = I_y = \frac{\pi D^4}{64}(1 - \alpha^4)
$$

由式（3.15）可得，圆环形截面对形心 O 点的极惯性矩为

$$
I_P = I_z + I_y = \frac{\pi D^4}{64}(1 - \alpha^4) + \frac{\pi D^4}{64}(1 - \alpha^4) = \frac{\pi D^4}{32}(1 - \alpha^4)
$$

此计算结果与前面积分法所求结果一致。

【例 3.4】 求图 3.12 所示 T 形截面对其形心轴 z_C 的惯性矩。

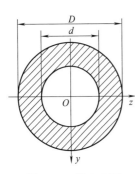

图 3.11　例 3.3 图

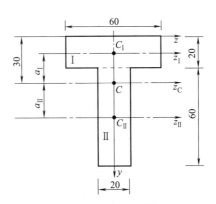

图 3.12　例 3.4 图

解：

设 Ⅰ、Ⅱ 两矩形形心坐标轴 z_I、z_{II} 与 T 形截面形心坐标轴 z_C 的间距分别为 a_I、a_{II}，

据此可得

$$a_{\text{I}}=30-10=20 \text{（mm）}$$
$$a_{\text{II}}=50-30=20 \text{（mm）}$$

Ⅰ、Ⅱ两矩形截面对 z_C 轴的惯性矩由平行移轴公式得

$$I_{z_C,\text{I}}=I_{z_{\text{I}},\text{I}}+a_{\text{I}}^2 A_{\text{I}}=\frac{60\times20^3}{12}+20^2\times20\times60=52\times10^4 \text{（mm}^4\text{）}$$

$$I_{z_C,\text{II}}=I_{z_{\text{II}},\text{II}}+a_{\text{II}}^2 A_{\text{II}}=\frac{20\times60^3}{12}+20^2\times20\times60=84\times10^4 \text{（mm}^4\text{）}$$

T 形截面对形心轴 z_C 的惯性矩由公式（3.14）得

$$I_{z_C}=I_{z_C,\text{I}}+I_{z_C,\text{II}}=52\times10^4+84\times10^4=136\times10^4 \text{（mm}^4\text{）}$$

【例 3.5】　如图 3.13（a）所示的工字形截面，由上、下翼缘与腹板组成。试计算该工字形截面对过其形心的 z、y 轴的惯性矩 I_z、I_y。

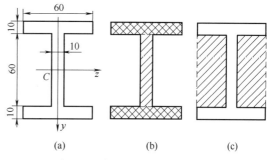

图 3.13　例 3.5 图（单位：mm）

解：

（1）解法一

将工字形截面按上、下翼缘和腹板分割成三个矩形，如图 3.13（b）所示。三个矩形的形心坐标很容易确定。

计算 I_z 时，腹板的形心与整个工字形截面的形心重合，也在 z 轴上；两个翼缘关于 z 轴对称，所以对 z 轴的惯性矩相对，但 z 轴不是其形心轴，需要用平行移轴公式。整个工字形截面对 z 轴的惯性矩 I_z 为

$$I_z=\frac{10\times60^3}{12}+2\times\left[\frac{60\times10^3}{12}+\left(\frac{60}{2}+\frac{10}{2}\right)^2\times60\times10\right]=1.66\times10^6 \text{（mm}^4\text{）}$$

由于 y 轴是上、下翼缘和腹板及整个工字形截面的形心轴，因此计算 I_y 时不必使用平行移轴公式。整个工字形截面对 y 轴的惯性矩 I_y 为

$$I_y=\frac{60\times10^3}{12}+2\times\frac{10\times60^3}{12}=3.65\times10^5 \text{（mm}^4\text{）}$$

（2）解法二

采用"负面积法"，按图 3.13（c）中虚线所示将工字形截面补成一个大矩形，将其看作大矩形（60mm×80mm）减去两个小矩形（图中阴影部分）。

计算 I_z 时，由于 z 轴是三个矩形的形心轴，因此不必使用平行移轴公式，于是有

$$I_z=\frac{60\times80^3}{12}-2\times\frac{(60-10)/2\times60^3}{12}=1.66\times10^6 \text{（mm}^4\text{）}$$

计算 I_y 时，两个小矩形的形心不在 y 轴上，需使用平行移轴公式，于是有

$$I_y=\frac{80\times60^3}{12}-2\times\left[\frac{60\times25^3}{12}+(12.5+5)^2\times25\times60\right]=3.65\times10^5 \text{（mm}^4\text{）}$$

由以上可以看出，计算 I_y 时解法一更简便，计算 I_z 时解法二更简便。因此求解组合截面对不同轴线的惯性矩时，可以采用不同的截面划分方式，以减小计算量。

【例 3.6】　求图 3.14 所示平面图形对其水平形心轴 z 轴的惯性矩 I_z（图中尺寸单位：mm）。

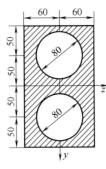

图 3.14　例 3.6 图

解：

平面图形对 z 轴的惯性矩 I_z，可看作大矩形对 z 轴的惯性矩 I_{z_1} 减去两个空心圆形对 z 轴的惯性矩 I_{z_2}，其中

$$I_{z_1} = \frac{bh^3}{12} = \frac{120 \times 200^3}{12} = 8 \times 10^7 (\text{mm}^4)$$

$$I_{z_2} = 2 \times \left(\frac{\pi D^4}{64} + a^2 A\right) = 2 \times \left(\frac{\pi \times 80^4}{64} + 50^2 \times \frac{\pi}{4} \times 80^2\right)$$

$$= 2.915 \times 10^7 (\text{mm}^4)$$

于是得

$$I_z = I_{z_1} - I_{z_2} = 8 \times 10^7 - 2.915 \times 10^7 = 5.085 \times 10^7 (\text{mm}^4)$$

为方便计算组合截面的惯性矩，常见简单平面图形的形心位置、对形心轴的惯性矩及惯性半径列于表 3.1。各种型钢的惯性矩、惯性半径等几何性质可直接在附录（型钢规格表）中查得。

表 3.1　常见平面图形的形心位置、惯性矩及惯性半径

图形及形心 C	面积 A	惯性矩 I	惯性半径 i
矩形	bh	$I_z = \frac{bh^3}{12}$ $I_{z_1} = \frac{bh^3}{3}$ $I_y = \frac{hb^3}{12}$	$i_z = \frac{\sqrt{3}}{6}h$ $i_y = \frac{\sqrt{3}}{6}b$
三角形	$\frac{1}{2}bh$	$I_z = \frac{bh^3}{12}$ $I_{z_C} = \frac{bh^3}{36}$ $I_{z_1} = \frac{bh^3}{4}$	$i_{z_C} = \frac{\sqrt{2}}{6}h$
圆形	$\frac{\pi D^2}{4}$	$I_z = I_y = \frac{\pi D^4}{64}$	$i_z = i_y = \frac{D}{4}$
圆环	$\frac{\pi}{4}(D^2 - d^2)$	$I_z = I_y = \frac{\pi D^4}{64}(1-\alpha^4)$ $\left(\alpha = \frac{d}{D}\right)$	$i_z = i_y = \frac{D}{4}\sqrt{1+\alpha^2}$ $\left(\alpha = \frac{d}{D}\right)$

续表

图形及形心 C	面积 A	惯性矩 I	惯性半径 i
(半圆图形，$D=2R$，$h/3$，轴 z、z_C、y)	$\dfrac{\pi R^2}{2}$	$I_z = I_y = \dfrac{\pi D^4}{128} = \dfrac{\pi R^4}{8}$ $I_{z_C} = \left(\dfrac{\pi}{128} - \dfrac{1}{18\pi}\right)D^4 = \left(\dfrac{\pi}{8} - \dfrac{8}{9\pi}\right)R^4$	$I_z = I_y = \dfrac{R}{2}$ $i_{z_C} = \dfrac{R}{6\pi}\sqrt{9\pi^2 - 64}$
(椭圆图形，b、b、a、a，形心 C，轴 z、y)	πab	$I_z = \dfrac{\pi}{4}a^3 b$ $I_y = \dfrac{\pi}{4}b^3 a$	$i_z = \dfrac{a}{2}$ $i_y = \dfrac{b}{2}$

3.4　转轴公式、主惯性轴和主惯性矩

3.4.1　惯性矩和惯性积的转轴公式

如图 3.15 所示的任意平面图形，在图形所在平面内建立平面直角坐标系 YZO。假设该平面图形对 Z、Y 轴的惯性矩分别为 I_z、I_y，惯性积为 I_{zy}。在图形内任取一微面积 $\mathrm{d}A$，其在 YZO 坐标系中的坐标为 $(z,\ y)$。现将 YZO 坐标系绕原点 O 逆时针方向转动 α 角，得到新的直角坐标系 $Y_1 Z_1 O$，微面积 $\mathrm{d}A$ 在 $Y_1 Z_1 O$ 坐标系中的坐标为 $(z_1,\ y_1)$。

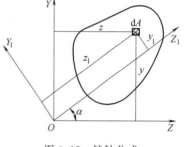

由图 3.15 中几何关系可知，微面积 $\mathrm{d}A$ 在新、旧坐标系中的坐标有如下关系

$$\left.\begin{array}{l} z_1 = z\cos\alpha + y\sin\alpha \\ y_1 = y\cos\alpha - z\sin\alpha \end{array}\right\}$$

图 3.15　转轴公式

则根据定义，平面图形对新坐标轴 z_1 轴的惯性矩 I_{z_1} 为

$$I_{z_1} = \int_A y_1^2 \,\mathrm{d}A = \int_A (y\cos\alpha - z\sin\alpha)^2 \,\mathrm{d}A$$

$$= \cos^2\alpha \int_A y^2 \,\mathrm{d}A + \sin^2\alpha \int_A z^2 \,\mathrm{d}A - 2\sin\alpha\cos\alpha \int_A yz \,\mathrm{d}A$$

$$= I_z \cos^2\alpha + I_y \sin^2\alpha - I_{zy}\sin 2\alpha$$

根据余弦二倍角公式 $\left\{\begin{array}{l} \sin^2\alpha = \dfrac{1}{2}\,(1-\cos 2\alpha) \\[2mm] \cos^2\alpha = \dfrac{1}{2}\,(1+\cos 2\alpha) \end{array}\right.$，上式可得

$$I_{z_1} = \frac{I_z + I_y}{2} + \frac{I_z - I_y}{2}\cos 2\alpha - I_{zy}\sin 2\alpha \tag{3.16}$$

同理可得

$$I_{y_1} = \frac{I_z + I_y}{2} - \frac{I_z - I_y}{2}\cos2\alpha + I_{zy}\sin2\alpha \qquad (3.17)$$

$$I_{z_1 y_1} = \frac{I_z - I_y}{2}\sin2\alpha + I_{zy}\cos2\alpha \qquad (3.18)$$

以上三式即为惯性矩和惯性积的**转轴公式**。此三式给出了当坐标系在平面内绕原点转动时，平面图形的惯性矩和惯性积随转角 α 变化的规律。式中，α 以逆时针转向为正，以顺时针转向为负。

将式（3.16）和式（3.17）相加，得

$$I_{z_1} + I_{y_1} = I_z + I_y = I_P$$

上式表明，平面图形对过平面内同一点的任意一对正交坐标轴的惯性矩之和为一常数，同时也等于平面图形对该点的极惯性矩。由此可推出，当平面图形对一对正交轴中某一轴的惯性矩为极大值时，对另一轴的惯性矩必为最小值。

3.4.2 主惯性轴和主惯性矩

由式（3.18）可知，$I_{z_1 y_1}$ 是转角 α 的单值连续函数，其值可能为正，可能为负，也可能为零。因此对于平面内任一点，必定存在某一正交坐标轴 z_0、y_0 轴，相对于参考轴转角为 α_0，使得 $I_{z_0 y_0} = 0$。

若平面图形对某两根正交坐标轴的惯性积等于零，则称这两根轴为**主惯性轴**，简称**主轴**。平面图形对于主惯性轴的惯性矩称为该平面图形的**主惯性矩**。如果主惯性轴过图形的形心，则称此轴为**形心主惯性轴**，简称**形心主轴**。平面图形对于形心主轴的惯性矩称为该平面图形的**形心主惯性矩**。

下面讨论主惯性轴和主惯性矩的确定方法。

设 z_0、y_0 轴为平面图形所在平面内过任一点 O 的主惯性轴，其与参考轴 z、y 轴的夹角为 α_0，由式（3.18）可得

$$I_{z_0 y_0} = \frac{I_z - I_y}{2}\sin2\alpha_0 + I_{zy}\cos2\alpha_0 = 0$$

解得

$$\tan2\alpha_0 = -\frac{2I_{zy}}{I_z - I_y} \qquad (3.19)$$

由式（3.19）可求出相差 $90°$ 的两个角度 α_0 和 $\alpha_0 + \dfrac{\pi}{2}$，可以确定两个正交坐标轴 z_0、y_0 轴，即两个主惯性轴。

此外，I_{z_1} 也是 α 的连续函数，惯性矩取得极值的坐标轴位置可由式 $\dfrac{dI_{z_1}}{d\alpha} = 0$ 确定。即

$$\frac{dI_{z_1}}{d\alpha} = -(I_z - I_y)\sin2\alpha - 2I_{zy}\cos2\alpha = 0$$

$$\tan2\alpha = -\frac{2I_{zy}}{I_z - I_y} = \tan2\alpha_0$$

$$\alpha = \alpha_0$$

由以上分析可知，惯性矩在主轴处取得极值，则两个主惯性矩 I_z、I_y，一个是极大值，

另一个是极小值。

由式（3.19）可求出 $\cos 2\alpha_0$ 和 $\sin 2\alpha_0$。

$$\cos 2\alpha_0 = \frac{1}{\sqrt{1+\tan^2 2\alpha_0}} = \frac{I_z - I_y}{\sqrt{(I_z - I_y)^2 + 4I_{zy}^2}}$$

$$\sin 2\alpha_0 = \tan 2\alpha_0 \cos 2\alpha_0 = \frac{-2I_{zy}}{\sqrt{(I_z - I_y)^2 + 4I_{zy}^2}}$$

将上式代入式（3.16）和式（3.17）中，可得主惯性矩 I_{z_0}、I_{y_0}。

当 $I_{z_0} > I_{y_0}$ 时，有

$$\left. \begin{array}{l} I_{max} = I_{z_0} = \dfrac{I_z + I_y}{2} + \sqrt{\left(\dfrac{I_z - I_y}{2}\right)^2 + I_{zy}^2} \\[4mm] I_{min} = I_{y_0} = \dfrac{I_z + I_y}{2} - \sqrt{\left(\dfrac{I_z - I_y}{2}\right)^2 + I_{zy}^2} \end{array} \right\} \tag{3.20}$$

由惯性积的性质可知：

① 如果平面图形有一条对称轴，则平面图形对于该对称轴和与其垂直的另一根轴的惯性积一定为零。也就是说，只要正交坐标系中有一根轴为对称轴，无论另一根轴位置如何，这两根轴都是主惯性轴。

② 因为平面图形的形心一定在对称轴上，故对称轴一定是形心主轴，与对称轴垂直的所有轴线全都是主惯性轴，而只有过形心的那一根是形心主轴。

③ 如果平面图形有两条对称轴，则两条对称轴都是形心主轴。

④ 如果平面图形有三条或三条以上的对称轴，则过图形形心的任何轴都是形心主轴，且平面图形对任一形心主轴的惯性矩都相等。

如果平面图形没有对称轴（如一般组合图形），可按以下步骤确定其形心主惯性轴和形心主惯性矩：

① 选定参考坐标系，确定出平面图形形心 C 在参考坐标系中的坐标。

② 过图形形心 C 建立形心正交轴 z_C、y_C。选择形心正交轴时，应以图形对选定轴的惯性矩和惯性积计算方便为原则。

③ 利用转轴公式求出形心主惯性轴，求出其方位角，确定其位置。

④ 利用主惯性矩公式求出形心主惯性矩。

小结

① 截面（或平面图形）的几何性质是与横截面的形状和尺寸有关的几何量。杆件的强度、刚度和稳定性均与横截面的几何性质有关。

② 平面图形的静矩和惯性矩是关于坐标轴定义的，极惯性矩是关于一个点定义的，惯性积是关于一对正交坐标轴定义的。惯性矩、极惯性矩的值恒为正，静矩、惯性积的值可为正、可为负、也可能为零。

③ 平面图形对其形心轴的静矩为零。若平面图形对某轴的静矩为零，则该轴必为形心轴。

④ 组合图形的形心坐标与静矩的关系为：

$$S_z = \sum_{i=1}^{n} S_{z_i} = \sum_{i=1}^{n} A_i y_{C_i}, \quad S_y = \sum_{i=1}^{n} S_{y_i} = \sum_{i=1}^{n} A_i z_{C_i}$$

组合图形的形心坐标公式为：

$$z_C = \frac{\sum\limits_{i=1}^{n} A_i z_{C_i}}{\sum\limits_{i=1}^{n} A_i} \ , \quad y_C = \frac{\sum\limits_{i=1}^{n} A_i y_{C_i}}{\sum\limits_{i=1}^{n} A_i}$$

⑤ 惯性矩和惯性积的平行移轴公式为：

$$I_z = I_{z_C} + a^2 A \ , \quad I_y = I_{y_C} + b^2 A \ , \quad I_{zy} = I_{z_C y_C} + abA$$

根据平行移轴公式，已知平面图形对其形心轴的惯性矩，即可求得其对与形心轴平行的其他轴的惯性矩。在一组互相平行的坐标轴中，平面图形对其形心轴的惯性矩最小。

⑥ 惯性矩与惯性半径的关系为：

$$I_y = A i_y^2 \ , \quad I_z = A i_z^2$$

⑦ 平面图形对其所在平面内任一点的极惯性矩等于该图形对过此点一对正交坐标轴的惯性矩之和，即：

$$I_P = I_z + I_y$$

⑧ 组合图形惯性矩、极惯性矩和惯性积的计算公式为：

$$I_z = \sum_{i=1}^{n} I_{z_i} \ , \quad I_y = \sum_{i=1}^{n} I_{y_i} \ , \quad I_P = \sum_{i=1}^{n} I_{P_i} \ , \quad I_{zy} = \sum_{i=1}^{n} I_{zy_i}$$

⑨ 惯性矩和惯性积的转轴公式为：

$$I_{z_1} = \frac{I_z + I_y}{2} + \frac{I_z - I_y}{2}\cos 2\alpha - I_{zy}\sin 2\alpha \ , \quad I_{y_1} = \frac{I_z + I_y}{2} - \frac{I_z - I_y}{2}\cos 2\alpha + I_{zy}\sin 2\alpha$$

$$I_{z_1 y_1} = \frac{I_z - I_y}{2}\sin 2\alpha + I_{zy}\cos 2\alpha$$

式中，α 以逆时针转向为正，以顺时针转向为负。

⑩ z、y 坐标轴中有一根为平面图形的对称轴时，则惯性积 $I_{zy} = 0$。若 $I_{zy} = 0$，则 z、y 轴为平面图形的主惯性轴，I_z、I_y 称为该平面图形的主惯性矩。若 $I_{zy} = 0$，且 z、y 轴过平面图形的形心，则称 z、y 轴为形心主惯性轴，I_z、I_y 称为该平面图形的形心主惯性矩。

思考题

3.1 截面对于形心轴的静矩等于多少？为什么？

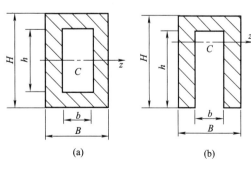

图 3.16 思考题 3.4 图

为 A，C 为形心。下列结论是否正确？

3.2 为什么截面对于对称轴的静矩等于零？

3.3 平行移轴公式的内容是什么？利用平行移轴公式可解决什么问题？

3.4 两个梁的横截面如图 3.16 所示，z 轴为形心轴。按下式计算其惯性矩是否正确？为什么？

$$I_z = \frac{BH^3}{12} - \frac{bh^3}{12}$$

3.5 如图 3.17 所示的 T 形截面，面积

$$I_{x'} = I_x + b^2 A \tag{a}$$

$$I_{y'} = I_y + a^2 A \tag{b}$$

3.6　如图 3.18 所示的直角三角形截面，斜边中点 D 处有一对正交坐标轴 z、y。试问：

① z、y 轴是否为一对主惯性轴？

② 不用积分，计算其 I_z 和 I_{zy} 的值。

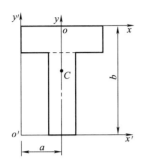

图 3.17　思考题 3.5 图

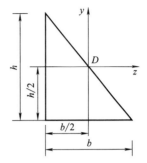

图 3.18　思考题 3.6 图

习题

3.1　计算图 3.19 所示 T 形截面的形心位置，并计算图中阴影线部分对形心轴 z_C 轴的静矩。

3.2　由 22a 工字钢和 18a 槽钢组成左右对称的组合截面，如图 3.20 所示。试求该截面的形心位置。

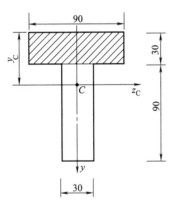

图 3.19　习题 3.1、3.3 图

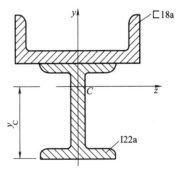

图 3.20　习题 3.2 图

3.3　计算图 3.19 所示 T 形截面对其形心轴 z_C 轴的惯性矩。

3.4　如图 3.21 所示，组合截面由两个 20a 槽钢组成。若两槽钢间距 $a=100\mathrm{mm}$，求其对形心轴 z 轴和 y 轴的惯性矩 I_z 和 I_y。

3.5　求图 3.22 所示各图形对其形心轴 z 轴的惯性矩。

3.6　角形截面及其尺寸如图 3.23 所示，试求通过角点 O 的主惯性轴位置及主惯性矩的数值。

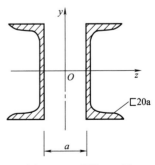

图 3.21　习题 3.4 图

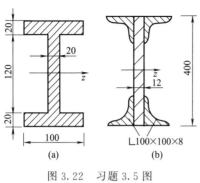

图 3.22 习题 3.5 图

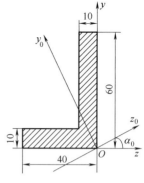

图 3.23 习题 3.6 图

第4章

剪切与扭转

学习目标

　　掌握剪切和挤压的概念，熟悉剪切和挤压的实用计算；熟悉圆轴扭转时外力偶矩的计算；熟悉薄壁圆筒的扭转，掌握剪切胡克定律和切应力互等定理；掌握扭矩及扭矩图；掌握圆轴扭转时的应力与强度计算；掌握圆轴扭转时的变形与刚度计算；了解矩形截面杆件扭转时的应力和变形；了解简单超静定扭转轴的计算。

难点

　　剪切面和挤压面的确定；扭矩的计算和扭矩图的绘制；求解超静定扭转问题。

4.1　剪切与挤压的实用计算

4.1.1　剪切的实用计算

（1）剪切的概念

　　图 4.1 所示的铆钉连接、螺栓连接、键连接和榫连接等均为工程实际中常见的构件连接形式，其中铆钉、螺栓、键和榫等起连接作用的部件统称为连接件。

　　如图 4.2（a）所示，当杆件受到垂直于杆轴线的一对大小相等、方向相反、作用线平

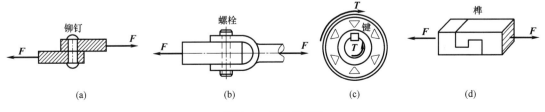

图 4.1　工程连接件

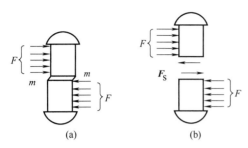

图 4.2 剪切面与剪力

行且相距很近的外力作用时，两力间的横截面将沿外力的作用方向发生相对错动，这种变形称为**剪切变形**。发生相对错动的截面称为**剪切面**。图 4.2（a）中的 $m—m$ 截面为剪切面，剪切面上与截面相切的内力称为**剪力**，用 $\boldsymbol{F}_S$ 表示，如图 4.2（b）所示。

（2）剪切的计算

以图 4.1（a）中连接两钢板的铆钉为研究对象，其受力情况如图 4.2（a）所示。首先用截面法求 $m—m$ 截面上的内力，将铆钉沿 $m—m$ 截面假想地截开，分为上、下两部分，如图 4.2（b）所示。然后取其中任一部分为研究对象，根据静力平衡条件，在剪切面内必有一个与该截面相切的剪力 $\boldsymbol{F}_S$。

由平衡条件　$\sum F_x = 0$：$F - F_S = 0$

得　　$F_S = F$

由剪切面上的剪力引起的切应力，在剪切面上的分布情况比较复杂，为便于工程计算，一般假设切应力在剪切面上均匀分布。切应力的计算公式为

$$\tau = \frac{F_S}{A} \tag{4.1}$$

式中，F_S 为剪切面上的剪力；A 为剪切面的面积。

为了保证构件在工作中不发生剪切破坏，必须使构件工作时产生的切应力不超过材料的许用切应力，故剪切强度条件为

$$\tau = \frac{F_S}{A} \leqslant [\tau] \tag{4.2}$$

式中，$[\tau]$ 为材料的许用切应力，可从有关规范中查得。

4.1.2　挤压的实用计算

（1）挤压的概念

螺栓、铆钉和销钉等连接件，在受剪力作用发生剪切变形的同时，还在连接件和被连接件的接触面上相互压紧，这种局部受压的现象称为**挤压**。

如图 4.3 所示，在力 $\boldsymbol{F}$ 作用下，钢板孔壁和铆钉杆相互接触的表面上将承受一定的压力；当压力足够大时，钢板上的圆孔可能被压成图 4.3（a）所示的椭圆孔，或者铆钉的侧表面被压陷。发生局部挤压的接触面称为**挤压面**，作用在挤压面上的压力称为**挤压力**，用 $\boldsymbol{F}_{bs}$ 表示。

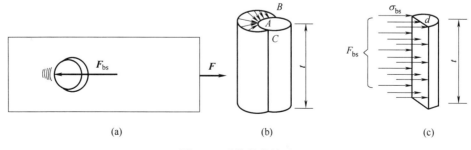

图 4.3　连接件的挤压

（2）挤压的计算

由挤压力引起的应力称为**挤压应力**，用 σ_{bs} 表示。挤压应力在挤压面上的分布相当复杂，对于铆接接头而言，铆钉与钢板的接触面为圆柱曲面，挤压应力沿挤压面的分布不是均匀的 [图 4.3（b）]；在挤压点 A 处挤压应力最大，向两边逐渐减小，在 B 和 C 处挤压应力为零。要精确计算这样分布的挤压应力是比较困难的，为方便工程计算，通常假定挤压应力均匀分布在挤压面上。挤压应力 σ_{bs} 的计算公式为

$$\sigma_{bs}=\frac{F_{bs}}{A_{bs}} \tag{4.3}$$

式中，F_{bs} 为挤压面上的挤压力；A_{bs} 为计算挤压面面积。

当挤压面为平面时，计算挤压面面积为实际挤压面面积；当挤压面为圆柱面时，计算挤压面面积等于半圆柱面的正投影面积，即 $A_{bs}=dt$ [图 4.3（c）]。

为保证连接件正常工作，应有足够的挤压强度，其强度条件为

$$\sigma_{bs}=\frac{F_{bs}}{A_{bs}}\leqslant[\sigma_{bs}] \tag{4.4}$$

式中，$[\sigma_{bs}]$ 为材料的许用挤压应力，可从有关规范中查得。

【例 4.1】 拖车挂钩的螺栓连接如图 4.4（a）所示。已知螺栓材料的许用切应力 $[\tau]=100\text{MPa}$，许用挤压应力 $[\sigma_{bs}]=200\text{MPa}$，直径 $d=20\text{mm}$；挂钩厚度为 8mm，连接板厚度为 12mm。牵引力 $F=45\text{kN}$，试校核螺栓的强度。

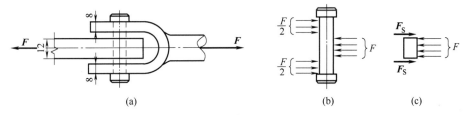

图 4.4　例 4.1 图

解：

（1）螺栓的剪切强度校核

由受力分析可知，螺栓有上、下两个剪切面，剪力均为 $\dfrac{F}{2}$，剪切应力

$$\tau=\frac{F_S}{\dfrac{\pi d^2}{4}}=\frac{2F}{\pi d^2}=\frac{2\times45\times10^3}{\pi\times20^2\times10^{-6}}=71.7\text{MPa}<[\tau]=100\text{MPa}$$

（2）螺栓的挤压强度校核

螺栓上、下段均受向右的挤压应力，挤压力为 $\dfrac{F}{2}$，挤压面积为 160mm^2；中段受向左的挤压应力，挤压力为 F，挤压面积为 240mm^2。所以取中段校核挤压强度。

$$\sigma_{bs}=\frac{F_{bs}}{A_{bs}}=\frac{45\times10^3}{240\times10^{-6}}=187.5\text{MPa}<[\sigma_{bs}]=200\text{MPa}$$

故该螺栓满足强度要求。

【例 4.2】 如图 4.5（a）所示的铆钉接头，已知 $F=70\text{kN}$，钢板厚度 $\delta=12\text{mm}$，宽度 $b=80\text{mm}$，材料的许用切应力 $[\tau]=100\text{MPa}$，许用挤压应力 $[\sigma_{bs}]=300\text{MPa}$，$[\sigma]=150\text{MPa}$。试确定铆钉的直径，并校核接头处的强度。

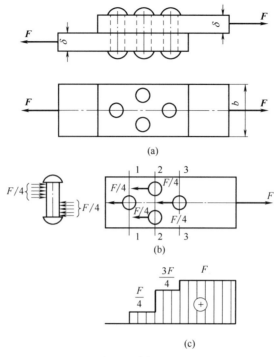

图 4.5 例 4.2 图

解:

钢板和铆钉的受力如图 4.5（b）所示。

（1）根据剪切强度计算铆钉的直径 d_1

由
$$F_S = \frac{F}{4} \qquad \frac{4F_S}{\pi d_1^2} \leqslant [\tau]$$

可得

$$d_1 \geqslant \sqrt{\frac{4F_S}{\pi [\tau]}} = \sqrt{\frac{4 \times \dfrac{70 \times 10^3}{4}}{\pi \times 100 \times 10^6}}$$

$$= 14.9 \times 10^{-3}(\text{m}) = 14.9\text{mm}$$

（2）根据挤压强度计算铆钉的直径 d_2

由
$$F_{bs} = \frac{F}{4} \qquad A_{bs} = d_2 \delta$$

可得
$$\frac{F_{bs}}{A_{bs}} = \frac{\dfrac{F}{4}}{d_2 \delta} \leqslant [\sigma_{bs}]$$

$$d_2 \geqslant \frac{70 \times 10^3}{4 \times 12 \times 10^{-3} \times 300 \times 10^6}$$

$$= 4.9 \times 10^{-3}(\text{m}) = 4.9\text{mm}$$

所以应按剪切强度设计铆钉的直径。根据剪切强度，铆钉直径可取 $d = 16\text{mm}$。

（3）接头处钢板抗拉强度校核

接头右侧钢板的轴力图如图 4.5（c）所示。校核截面 3—3、2—2 的抗拉强度：

$$\sigma_3 = \frac{F}{(b-d)\delta} = \frac{70 \times 10^3}{(80-16) \times 10^{-3} \times 12 \times 10^{-3}} = 91.1\text{MPa} < [\sigma] = 150\text{MPa}$$

$$\sigma_2 = \frac{\dfrac{3F}{4}}{(b-2d)\delta} = \frac{3 \times 70 \times 10^3}{4 \times (80-2 \times 16) \times 10^{-3} \times 12 \times 10^{-3}} = 91.1\text{MPa} < [\sigma] = 150\text{MPa}$$

故接头钢板满足强度要求。

4.2 圆轴扭转的概念

在工程实际中有许多发生扭转变形的杆件，例如汽车转向盘的操纵杆［图 4.6（a）］、机器的传动轴［图 4.6（b）］、打孔用的钻头［图 4.6（c）］等。这些杆件有共同的受力特点，即外力均为作用在垂直于杆轴线平面内的一对大小相等、方向相反的力偶。在这种外力作用下，杆件各横截面均绕杆轴线相对转动，杆轴线始终保持直线，这种变形形式称为**扭转变形**。

将以扭转变形为主要变形的杆件称为**轴**，其计算简图如图 4.6（d）所示。扭转轴的变形用两个横截面绕轴线的相对扭转角 φ 表示。

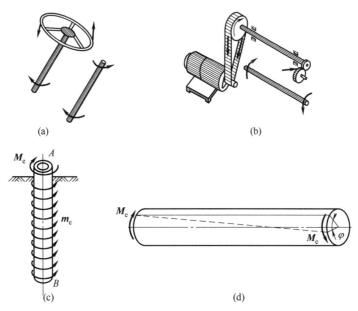

图 4.6 工程中的扭转杆件

4.3 圆轴扭转时的内力

4.3.1 外力偶矩的计算

工程中一般不直接给出作用于传动轴上的外力偶矩，通常给出传动轴的转速 n 及其所传递的功率 P。它们之间的关系为

$$M_e = 9549\frac{P}{n} \tag{4.5}$$

式中，M_e 为作用在轴上的外力偶矩，$N \cdot m$；P 为传动轴所传递的功率，kW；n 为传动轴的转速，r/min。

4.3.2 扭矩与扭矩图

对受扭构件进行强度和刚度计算时，首先要知道杆件受扭后横截面上产生的内力。某一等截面圆杆 AB 如图 4.7（a）所示，在其两端垂直于杆件轴线的平面内，作用一对方向相反、力偶矩均为 M_e 的外力偶。

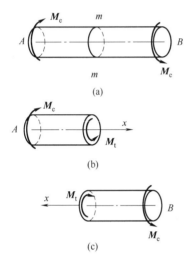

采用截面法分析圆杆 AB 的内力。在杆 AB 的任意横截面 m—m 处将杆假想地截成两部分，取其左段为研究对象，如图 4.7（b）所示。因隔离体处于平衡状态，故 m—m 横截面上必存在一个内力偶矩，称为**扭矩**，用 M_t 表示。扭矩 M_t 的矢量方向与所在横截面垂直。

由平衡条件 $\sum M_x = 0$：$M_t - M_e = 0$

得 $M_t = M_e$

若取 m—m 截面右段为研究对象，则求得 m—m 截面上的扭矩与用左段为研究对象求得的扭矩大小相等、方向相反，如图 4.7（c）所示。

为使两种算法得到的同一截面上的扭矩不仅数值相等，而且正负号相同，对**扭矩 M_t 的正负号规定如下：按右手螺旋法则，让四个手指与扭矩 M_t 的转向一致，大拇指伸出的方向与截面的外法线 n 方向一致时，M_t 为正**，如图 4.8（a）所示；**反之为负**，如图 4.8（b）所示。

图 4.7 截面法求扭矩

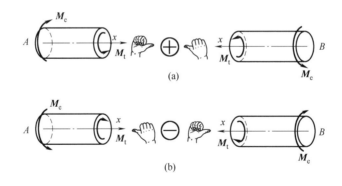

图 4.8 扭矩正负规定

用截面法计算扭矩时，通常先假设扭矩为正，然后根据计算结果的正负确定扭矩的实际方向。

一般情况下，杆件各横截面上的扭矩会随外力偶矩的变化而变化；扭矩 M_t 是横截面位置 x 的函数，$M_t = M_t(x)$。

与轴力图类似，若以平行于杆轴线的坐标轴表示横截面的位置，以垂直于杆轴线的坐标轴表示相应横截面上的扭矩，绘制各横截面上扭矩沿轴线变化情况的图线，则称为**扭矩图**。图中竖距表示各横截面上扭矩的大小，并用"+""−"号表示其方向。

【例 4.3】 如图 4.9（a）所示的传动轴，已知转速 $n = 340$r/min。功率由主动轮 A 输入，输入功率 $P_A=70\text{kW}$；通过从动轮 B、C、D 输出，输出功率分别为 $P_B=20\text{kW}$，$P_C=20\text{kW}$，$P_D=30\text{kW}$。试作此轴的扭矩图。

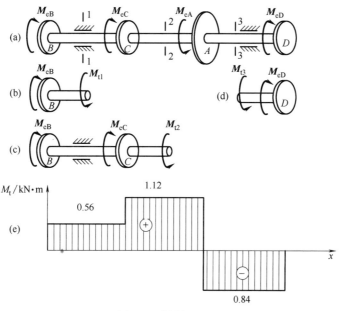

图 4.9　例题 4.3 图

解：

（1）计算外力偶矩

由式（4.5）分别计算 A、B、C、D 四轮上的外力偶矩

$$M_{eA}=9549\frac{P_A}{n}=9549\times\frac{70\text{kW}}{340\text{r/min}}=1966\text{N}\cdot\text{m}=1.96\text{kN}\cdot\text{m}$$

$$M_{eB}=M_{eC}=9549\frac{P_B}{n}=9549\times\frac{20\text{kW}}{340\text{r/min}}=562\text{N}\cdot\text{m}=0.56\text{kN}\cdot\text{m}$$

$$M_{eD}=9549\frac{P_C}{n}=9549\times\frac{30\text{kW}}{340\text{r/min}}=843\text{N}\cdot\text{m}=0.84\text{kN}\cdot\text{m}$$

（2）计算扭矩

应用截面法，假想地沿 1—1 截面将轴截开，取左段为研究对象，如图 4.9（b）所示，列出平衡方程。

由 $\sum M_x=0$：　　　　　　　　$M_{t1}-M_{eB}=0$

得 BC 段扭矩

$$M_{t1}=M_{eB}=0.56\text{kN}\cdot\text{m}$$

同理，如图 4.9（c）、（d）所示，假想地沿 2—2、3—3 截面将轴截开，分别取左段和右段为研究对象，可求得 CA、AD 段扭矩。

$$M_{t2}=1.12\text{kN}\cdot\text{m}$$
$$M_{t3}=0.84\text{kN}\cdot\text{m}$$

（3）作扭矩图

按比例绘制扭矩图，如图 4.9（e）所示。

4.4 薄壁圆筒的扭转

4.4.1 切应力互等定理

设一薄壁圆筒的壁厚 δ 远小于其平均半径 r_0 ($\delta \leqslant r_0/10$)，在其表面上绘制多条等间距的圆周线和纵向水平线，使其表面形成许多大小相同的矩形网格，如图 4.10 (a) 所示。然后在该薄壁圆筒的两端施加一对等值反向的外力偶，使其产生扭转变形，如图 4.10 (b) 所示。实验结果表明：在小变形情况下，各圆周线的大小和间距保持不变，只是绕筒轴线作相对转动；各纵向线均倾斜了相同的角度，所有矩形都变成了同样形状和大小的平行四边形。

由实验现象，可做出以下推断：由于两任意圆周线间的距离不变，故圆筒横截面上没有正应力 $\boldsymbol{\sigma}$ 存在；因垂直于半径的小方格发生了相对错动，所以圆筒横截面上必然存在切应力 τ，且其方向垂直于半径；而圆筒表面上每个方格的直角都改变了相同的角度 γ，如图 4.10 (b) 所示，这种直角的改变量 γ，称为**切应变**；因圆筒壁很薄，可以认为沿壁厚切应力 τ 及切应变 γ 都是均匀分布的。

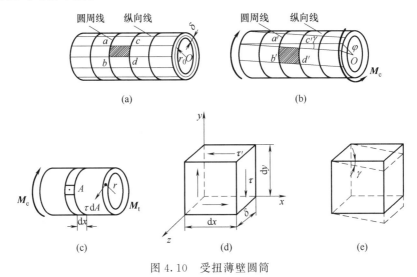

图 4.10 受扭薄壁圆筒

根据以上分析，可知薄壁圆筒扭转时，横截面上任一点处的切应力 τ，其方向与圆周相切。由图 4.10 (c) 所示横截面上内力与应力的静力关系，有

$$\int_A \tau r \, dA = M_t$$

由于 τ 为常量，对于薄壁圆筒，r 可用其平均半径 r_0 代替；积分 $\int_A dA = 2\pi r_0 \delta$ 为薄壁圆筒横截面面积，将其代入上式可得：

$$\tau = \frac{M_t}{2\pi r_0^2 \delta} \tag{4.6}$$

式 (4.6) 为薄壁圆筒扭转时横截面上的切应力计算公式。

如图 4.10 (c) 所示，围绕薄壁圆筒上的 A 点切取一边长分别为 dx、dy 和 δ 的微单元体；如图 4.10 (d) 所示，在单元体的左、右两个侧面上分别作用有剪力 $\tau\delta dy$。这对等值、反向的剪力构成一力偶 $(\tau\delta dy) dx$，使该单元体有转动趋势。由于该单元体现处于平衡状

态，因而在它的顶面和底面上，必须存在一反向力偶与之平衡。根据平衡条件

$$(\tau'\delta dx)dy=(\tau\delta dy)dx$$

有

$$\tau'=\tau$$

即在单元体两个互相垂直的平面上，同时存在垂直于公共棱边且数值相等的切应力，其方向均指向或背离两平面的交线，这种关系称为**切应力互等定理**。

4.4.2 剪切胡克定律

如果单元体上只存在切应力而无正应力，这种单元体的受力状态称为**纯剪切应力状态**，如图 4.10（d）所示。

如图 4.10（e）所示，在切应力 τ 和 τ' 的作用下，单元体的直角发生微小改变。可以证明，当切应力 τ 不超过材料的剪切比例极限 τ_p 时，切应力与切应变 γ 成正比，即

$$\tau=G\gamma \tag{4.7}$$

式（4.7）称为**剪切胡克定律**。式中，G 为比例常数，称为材料的**切变模量**，与材料性质有关，可用实验的方法得出，常用单位为 GPa。

材料的切变模量 G 与弹性模量 E、泊松比 ν 的关系为：

$$G=\frac{E}{2(1+\nu)} \tag{4.8}$$

4.5 圆轴扭转时的应力与强度计算

4.5.1 圆轴扭转时横截面上的应力

圆轴扭转时横截面上的应力非均匀分布，因此仅知道横截面上的内力仍不足以确定各点的应力值。为了确定圆轴横截面上的应力，需从圆轴扭转时的变形几何关系、物理关系、静力学关系三个阶段进行推导。

（1）变形几何关系

在圆截面直杆的表面画等距离的平行于杆轴线方向的纵向线和垂直于杆轴线方向的圆周线，这些线条将圆杆表面分成多个矩形网格，如图 4.11（a）所示。在杆件两端施加外力偶矩 M_e，圆杆产生扭转变形，如图 4.11（b）所示。

在小变形的情况下，可以观察到：各圆周线的形状、大小和间距均未改变，只是绕杆轴线转动了一个角度；各纵向线倾斜了同一角度 γ。

根据以上的变形特征，可作出**平截面假设**：变形前为平面的横截面，变形后仍为平面，且各横截面不同程度地像刚性圆盘一样绕杆轴线转动。由于圆周线的距离不变，圆周的直径保持不变，且矩形网格发生相对错动，可推断在横截面上没有正应力，只有与圆周直径垂直的切应力。

如图 4.11（c）所示，在圆轴上取长为 dx 的微段。如图 4.11（d）所示，取 O_1O_2ABCD 楔形体为研究对象；右截面相对左截面转动 $d\varphi$ 角度，轴表面的纵向线 AC 变为 AC'，BD 变为 BD'。右截面上 C 点的位移 CC'，从圆轴表面观察 $CC'=\gamma dx$，从横截面上观察 $CC'=r d\varphi$，可得出

$$\gamma dx=r d\varphi$$

同理，在半径为 ρ 处周向位移 cc' 满足关系式

$$\gamma_\rho dx=\rho d\varphi$$

由上式可得半径为 ρ 处的切应变 γ_ρ。

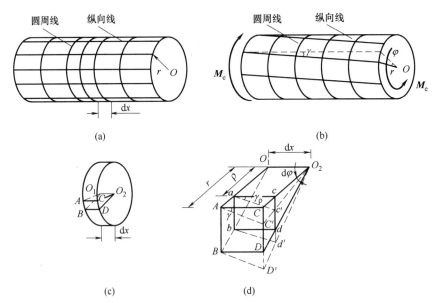

图 4.11 圆轴受扭变形

$$\gamma_\rho = \rho \frac{\mathrm{d}\varphi}{\mathrm{d}x} \tag{a}$$

式中，$\dfrac{\mathrm{d}\varphi}{\mathrm{d}x}$ 为相对扭转角沿杆长的变化率，对于给定的横截面为常量。因此，横截面上同一半径 ρ 处各点的切应变 γ_ρ 相同，且与 ρ 成正比。

（2）物理关系

当材料处于弹性阶段时，由剪切胡克定律得

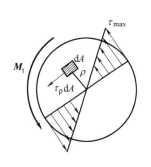

图 4.12 圆轴横截面切应力分布

$$\tau_\rho = G\gamma_\rho = G\rho \frac{\mathrm{d}\varphi}{\mathrm{d}x} \tag{b}$$

式（b）表示切应力与半径 ρ 成正比。最大切应力出现在圆周上，圆轴中心处 $\tau = 0$；切应力沿半径成线性分布，方向与半径垂直（图 4.12）。

（3）静力学关系

如图 4.12 所示，取圆轴横截面上的微面积 $\mathrm{d}A$，假设切应力 τ_ρ 在微面积 $\mathrm{d}A$ 上均匀分布，则微面积 $\mathrm{d}A$ 上切应力的合力为 $\tau_\rho\mathrm{d}A$，该力对圆心的力矩为 $\rho\tau_\rho\mathrm{d}A$。整个横截面上 $\tau_\rho\mathrm{d}A$ 对圆心的力矩之和等于圆轴横截面上的扭矩，即

$$M_t = \int_A \tau_\rho \rho\, \mathrm{d}A = \int_A G\rho^2\, \mathrm{d}A\, \frac{\mathrm{d}\varphi}{\mathrm{d}x} = G\frac{\mathrm{d}\varphi}{\mathrm{d}x} \int_A \rho^2\, \mathrm{d}A$$

由式（3.10）极惯性矩公式 $I_P = \int_A \rho^2\, \mathrm{d}A$，得

$$\frac{\mathrm{d}\varphi}{\mathrm{d}x} = \frac{M_t}{GI_P} \tag{4.9}$$

将式（4.9）代入式（b），可得横截面距圆心为 ρ 处的切应力计算公式

$$\tau_\rho = \frac{M_t}{I_P} \rho \tag{4.10}$$

当 $\rho = r$ 时切应力达到最大值 $\tau_{\max}$，令 $W_P = \dfrac{I_P}{r}$ 可得：

$$\tau_{\max} = \frac{M_t}{W_P} \tag{4.11}$$

式中，W_P 称为扭转截面系数，与截面的形状和几何尺寸有关，量纲为 [长度]^3。式 (4.10)、式 (4.11) 均仅适用于等直圆轴在线弹性范围内的扭转。扫描附录三的二维码可观看扭转实验视频。

（4）扭转截面系数 W_P 的计算

如图 4.13 (a) 所示，直径为 d 的实心圆截面的扭转截面系数 W_P 为

$$W_P = \frac{I_P}{\rho_{\max}} = \frac{\dfrac{\pi d^4}{32}}{\dfrac{d}{2}} = \frac{\pi d^3}{16}$$

如图 4.13 (b) 所示，内径与外径之比 $\alpha = d/D$ 的空心圆截面的扭转截面系数 W_P 为

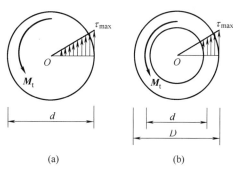

(a) (b)

图 4.13　切应力分布

$$W_P = \frac{I_P}{\rho_{\max}} = \frac{I_P}{\dfrac{D}{2}} = \frac{\dfrac{\pi D^4 (1 - \alpha^4)}{32}}{\dfrac{D}{2}} = \frac{\pi D^3}{16}(1 - \alpha^4)$$

实心圆轴和空心圆轴横截面上的切应力分布如图 4.13 所示。

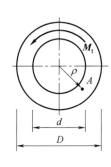

图 4.14　例 4.4 图

【**例 4.4**】　内径 $d = 60\text{mm}$、外径 $D = 100\text{mm}$ 的空心圆轴横截面如图 4.14 所示。在扭矩 $M_t = 8\text{kN} \cdot \text{m}$ 作用时，计算 $\rho = 40\text{mm}$ 处 A 点的切应力，及横截面上的最大、最小切应力。

解：

（1）计算截面的极惯性矩

$$I_P = \frac{\pi (D^4 - d^4)}{32} = \frac{\pi (100^4 - 60^4) \text{mm}^4}{32}$$
$$= 85.45 \times 10^5 \text{mm}^4 = 85.45 \times 10^{-7} \text{m}^4$$

（2）计算切应力

由式 (4.10)，A 点处的切应力 τ_A 为

$$\tau_A = \frac{M_t \rho}{I_P} = \frac{8 \times 10^3 \text{N} \cdot \text{m} \times 40 \times 10^{-3} \text{m}}{85.45 \times 10^{-7} \text{m}^4} = 37.4\text{MPa}$$

最大切应力发生在空心圆轴外表面，即 $\rho = \dfrac{D}{2}$ 处

$$\tau_{\max} = \frac{M_t \dfrac{D}{2}}{I_P} = \frac{8 \times 10^3 \text{N} \cdot \text{m} \times \dfrac{1}{2} \times 100 \times 10^{-3} \text{m}}{85.45 \times 10^{-7} \text{m}^4} = 46.8\text{MPa}$$

最小切应力发生在空心圆轴内表面，即 $\rho = \dfrac{d}{2}$ 处

$$\tau_{\min} = \frac{M_t \dfrac{d}{2}}{I_P} = \frac{8 \times 10^3 \text{N} \cdot \text{m} \times \dfrac{1}{2} \times 60 \times 10^{-3} \text{m}}{85.45 \times 10^{-7} \text{m}^4} = 28.1\text{MPa}$$

4.5.2 圆轴扭转时的强度计算

为了保证圆轴扭转时的强度，要求最大切应力不超出材料的许用切应力 $[\tau]$，故等截面圆轴的强度条件为

$$\tau_{\max}=\frac{M_{t,\max}}{W_P}\leqslant[\tau] \tag{4.12}$$

式中，$M_{t,\max}$ 为圆轴的最大扭矩，即危险截面上的扭矩；$[\tau]$ 为材料的许用切应力。

利用圆轴扭转时的强度条件可解决工程中强度校核、截面设计、确定许用荷载三类问题。

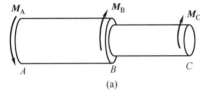

图 4.15 例 4.5 图

【例 4.5】 一钢制阶梯形圆轴如图 4.15（a）所示，AB、BC 段的直径 $D_{AB}=80\text{mm}$、$D_{BC}=60\text{mm}$，$M_A=5\text{kN}\cdot\text{m}$，$M_B=2\text{kN}\cdot\text{m}$，$M_C=3\text{kN}\cdot\text{m}$。若材料的许用切应力 $[\tau]=80\text{MPa}$，试校核该轴的强度。

解： （1）作圆轴的扭矩图，如图 4.15（b）所示

AB 段扭矩 $M_{tAB}=-5\text{kN}\cdot\text{m}$

BC 段扭矩 $M_{tBC}=-3\text{kN}\cdot\text{m}$

（2）扭转截面系数计算

AB 段轴的扭转截面系数

$$W_{PAB}=\frac{\pi D_{AB}^3}{16}=\frac{\pi(80\times10^{-3}\text{m})^3}{16}=10.05\times10^{-5}\text{m}^3$$

BC 段轴的扭转截面系数

$$W_{PBC}=\frac{\pi D_{BC}^3}{16}=\frac{\pi(60\times10^{-3}\text{m})^3}{16}=4.24\times10^{-5}\text{m}^3$$

（3）强度校核

AB 段轴的最大切应力

$$\tau_{\max 1}=\frac{|M_{tAB}|}{W_{PAB}}=\frac{5\times10^3\text{N}\cdot\text{m}}{10.05\times10^{-5}\text{m}^3}=49.75\text{MPa}$$

BC 段轴的最大切应力

$$\tau_{\max 2}=\frac{|M_{tBC}|}{W_{PBC}}=\frac{3\times10^3\text{N}\cdot\text{m}}{4.24\times10^{-5}\text{m}^3}=70.75\text{MPa}$$

$$\tau_{\max}=\tau_{\max 2}=70.75\text{MPa}<[\tau]=80\text{MPa}$$

故该轴满足强度要求。

【例 4.6】 已知 $M_t=2\text{kN}\cdot\text{m}$，$[\tau]=50\text{MPa}$。试根据强度条件设计实心圆轴和内外径之比 $\alpha=0.8$ 的空心圆轴，并进行重量比较。

解：

（1）设计实心圆轴直径 d_1

$$\tau_{\max}=\frac{M_t}{\dfrac{\pi d_1^3}{16}}\leqslant[\tau]$$

$$d_1\geqslant\sqrt[3]{\frac{16M_t}{\pi[\tau]}}=\sqrt[3]{\frac{16\times2\times10^3}{\pi\times50\times10^6}}=0.0588(\text{m})$$

取 $d_1 = 59\text{mm}$。

（2）设计空心圆轴的内径 d 与外径 D

$$\tau_{max} = \frac{M_t}{\dfrac{\pi D^3 (1-\alpha^4)}{16}} \leqslant [\tau]$$

$$D \geqslant \sqrt[3]{\frac{16M_t}{\pi(1-\alpha^4)[\tau]}} = \sqrt[3]{\frac{16 \times 2 \times 10^3}{\pi(1-0.8^4) \times 50 \times 10^6}} = 0.0701\,(\text{m})$$

$$d = \alpha D = 0.8 \times 0.0701 = 0.0561\,(\text{m})$$

取 $D = 70\text{mm}$，$d = 56\text{mm}$。

（3）重量比较

$$\beta = \frac{\dfrac{\pi}{4}(D^2 - d^2)}{\dfrac{\pi}{4}d_1^2} \times 100\% = 50.68\%$$

空心圆轴的重量是实心圆轴重量的 50.68%。

4.6 圆轴扭转时的变形与刚度计算

4.6.1 圆轴扭转时的变形

轴的扭转变形用两横截面绕轴线的相对扭转角 [图 4.11（b）中的 φ] 来衡量。由式（4.9）可知，当轴的扭矩为 M_t、极惯性矩为 I_P 时，相距为 $\mathrm{d}x$ 的两横截面间的相对扭转角为

$$\mathrm{d}\varphi = \frac{M_t}{GI_P}\mathrm{d}x$$

对于长为 l 的等直圆杆，若两横截面之间的扭矩 M_t 为常数，则

$$\varphi = \int_0^l \mathrm{d}\varphi = \frac{M_t l}{GI_P} \tag{4.13}$$

式中，φ 为扭转角，rad（弧度）；GI_P 为圆轴的抗扭刚度。GI_P 的值越大，φ 值越小。

圆轴单位长度扭转角 θ 为

$$\theta = \frac{\varphi}{l} = \frac{M_t}{GI_P}(\text{rad/m}) = \frac{M_t}{GI_P} \times \frac{180}{\pi}[(°)/\text{m}] \tag{4.14}$$

式（4.13）和式（4.14）仅适用于等直圆杆在线弹性范围内工作时。

4.6.2 圆轴扭转时的刚度计算

圆轴扭转时，除应满足强度条件外，还应满足刚度条件。工程上，通常是限制圆轴的最大单位长度扭转角 θ_{max} 不超过规定的单位长度许用扭转角 $[\theta]$，故圆轴扭转时的刚度条件为

$$\theta_{max} = \frac{M_{t,max}}{GI_P} \times \frac{180}{\pi} \leqslant [\theta] \tag{4.15}$$

式（4.15）中的单位长度许用扭转角 $[\theta]$ 可从有关工程规范中查到。

【例 4.7】 如图 4.16 所示，长 $L = 2\text{m}$ 的空心圆截面传动轴，受到 $M_e = 1\text{kN} \cdot \text{m}$ 的外力偶矩作用，杆的内外径之比 $\alpha = 0.8$，材料的许用切应力 $[\tau] = 40\text{MPa}$，切变模量 $G =$

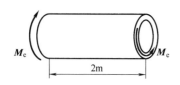

图 4.16　例 4.7 图

80GPa，单位长度许用扭转角 $[\theta]=1$ （°）/m。试：

① 设计该轴的直径；

② 求右端截面相对左端截面的扭转角。

解：

由图 4.16 可知，扭矩 $M_t=1\text{kN}\cdot\text{m}$

（1）按强度条件设计

由 $\tau_{\max}=\dfrac{M_{t,\max}}{W_P}\leqslant[\tau]$ 及 $W_P=\dfrac{\pi D^3}{16}(1-\alpha^4)$

得

$$D\geqslant\sqrt[3]{\frac{16M_{t,\max}}{\pi(1-\alpha^4)[\tau]}}=\sqrt[3]{\frac{16\times1\times10^3\text{N}\cdot\text{m}}{\pi(1-0.8^4)\times40\times10^6\text{Pa}}}=60\text{mm}$$

（2）按刚度条件设计

由 $\theta=\dfrac{M_{t,\max}}{GI_P}\times\dfrac{180}{\pi}\leqslant[\theta]$ 及 $I_P=\dfrac{\pi D^4}{32}(1-\alpha^4)$

得

$$D\geqslant\sqrt[4]{\frac{32M_{t,\max}\times180}{\pi^2(1-\alpha^4)G[\theta]}}=\sqrt[4]{\frac{32\times1\times10^3\text{N}\cdot\text{m}\times180}{\pi^2(1-0.8^4)\times80\times10^9\text{Pa}\times1(°)/\text{m}}}=59\text{mm}$$

为同时满足强度条件和刚度条件，传动轴的直径应取 $D=60\text{mm}$，$d=48\text{mm}$。

（3）右端相对于左端的扭转角

$$\varphi=\frac{M_tL}{GI_P}=\frac{32\times1\times10^3\times2\times180}{\pi^2\times80\times10^9\times0.06^4(1-0.8^4)}=1.91(°)$$

4.7　简单的扭转超静定问题

与求解轴向拉（压）超静定问题的方法相仿，在超静定扭转轴中，同样存在多余约束。对扭转超静定问题，除列出扭转轴的平衡方程外，还要由扭转轴的变形条件和物理关系列出补充方程，与平衡方程联立求解。

【例 4.8】　一组合杆由实心杆 1 插入空心管 2 内结合而成，如图 4.17 （a） 所示。杆和管的材料相同，切变模量为 G。试求组合杆承受外力偶矩 M_e 后，杆和管的最大切应力。

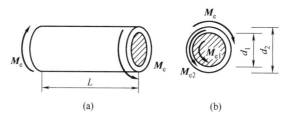

图 4.17　例 4.8 图

解：

（1）静力学关系见图 4.17 （b）

$$M_e=M_{e1}+M_{e2}$$

（2）变形协调条件

$$\varphi_1 = \varphi_2$$

（3）物理关系

$$\varphi_1 = \frac{M_{e1}L}{GI_{P1}} = \frac{32M_{e1}L}{G\pi d_1^4}, \quad \varphi_2 = \frac{M_{e2}L}{GI_{P2}} = \frac{32M_{e2}L}{G\pi(d_2^4 - d_1^4)}$$

代入变形协调条件，得补充方程

$$M_{e1} = M_{e2} \frac{d_1^4}{(d_2^4 - d_1^4)}$$

（4）联立求解静力平衡方程与补充方程

$$M_{e1} = M_e \frac{d_1^4}{d_2^4}, \quad M_{e2} = M_e \frac{(d_2^4 - d_1^4)}{d_2^4}$$

（5）最大切应力

实心杆最大切应力：$\tau_{1max} = \dfrac{M_{e1}}{W_{P1}} = \dfrac{M_e \dfrac{d_1^4}{d_2^4}}{\dfrac{\pi d_1^3}{16}} = \dfrac{16M_e d_1}{\pi d_2^4}$

空心管最大切应力：$\tau_{2max} = \dfrac{M_{e2}}{W_{P2}} = \dfrac{M_e \dfrac{d_2^4 - d_1^4}{d_2^4}}{\dfrac{\pi d_2^3}{16}\left[1 - \left(\dfrac{d_1}{d_2}\right)^4\right]} = \dfrac{16M_e}{\pi d_2^3}$

4.8　矩形截面杆件扭转简介

在工程实际中，经常会遇到一些非圆截面的受扭构件，如房屋建筑中的雨篷梁就受到扭矩的作用。试验表明，当非圆截面杆受扭时，其横截面将由平面变为曲面，产生所谓的"翘曲"现象。因此，根据平面假设建立的圆轴扭转公式，不再适用于非圆截面杆件。本节主要介绍矩形截面杆件自由扭转时的应力和变形。

取一矩形截面杆件，如图 4.18（a）所示。在杆件表面分别画上平行于轴线和垂直于轴线的等距离直线，形成正方形网格。在杆件两端垂直于轴线的平面内施加一对外力偶矩 $\boldsymbol{M_e}$，如图 4.18（b）所示。当杆件的变形在弹性范围内时，可以观察到如下现象：

① 所有横线（垂直于杆轴线）都变为曲线，原为平面的横截面已不再是一个平面。

② 相邻横截面的翘曲程度相同，纵向纤维的长度不变，故认为横截面上无正应力。

③ 由于小方格的直角发生了不同程度的改变，说明横截面上存在切应力。因矩形长边中点处网格的角变形最大，短边中点处网格的角变形也较大，而截面棱角处的网格直角无变化，可以推断矩形截面长边中点处的切应力最大，而棱角处的切应力为零，其他各点的切应力随其所在位置不同而变化。

由变形观察结果结合弹性力学分析，可得出矩形截面杆件扭转时，横截面上应力的分布规律［图 4.18（c）］：

① 截面周边的切应力方向与周边平行；

② 角点处的切应力为零；

③ 截面周边切应力呈二次抛物线分布；

④ 最大切应力出现在长边的中点。

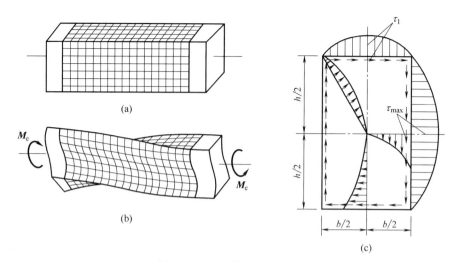

图 4.18 矩形截面自由扭转

根据研究结果，横截面长边中点处的切应力值为

$$\tau_{max}=\frac{M_t}{W_t}=\frac{M_t}{\alpha hb^2} \tag{4.16}$$

横截面短边中点处的切应力值为

$$\tau_1=\gamma\tau_{max} \tag{4.17}$$

截面相对扭转角为

$$\varphi=\frac{M_t l}{GI_t}=\frac{M_t l}{G\beta hb^3} \tag{4.18}$$

式中，W_t 为相当扭转截面系数；I_t 为相当极惯性矩；h 和 b 分别为矩形截面长边和短边的长度；系数 α、β、γ 与比值 h/b 有关，其值见表 4.1。

表 4.1 矩形截面杆自由扭转时的系数

$\dfrac{h}{b}$	1.0	1.2	1.5	1.75	2.0	2.5	3.0	4.0	5.0	6.0	8.0	10.0	∞
α	0.208	0.219	0.231	0.239	0.246	0.258	0.267	0.282	0.291	0.299	0.307	0.313	0.333
β	0.141	0.166	0.196	0.214	0.229	0.249	0.263	0.281	0.291	0.299	0.307	0.313	0.333
γ	1.00	0.93	0.86	0.80	0.77	0.75	0.74	0.74	0.74	0.74	0.74	0.74	0.74

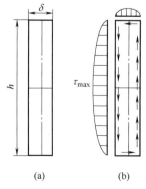

图 4.19 狭长矩形截面切应力分布

当矩形截面的 $\dfrac{h}{\delta}>10$ 时（狭长矩形），如图 4.19（a）所示，由表 4.1 可近似地认为 $\alpha=\beta=\dfrac{1}{3}$，于是横截面上长边中点处的最大切应力为

$$\tau_{max}=\frac{M_t}{\frac{1}{3}h\delta^2}=\frac{M_t}{I_t}\delta \tag{4.19}$$

横截面周边切应力分布如图 4.19（b）所示。

小结

① 工程中采用实用计算的方法，建立连接件的剪切强度条件和挤压强度条件，保证其正常工作，即

$$\tau = \frac{F_S}{A} \leqslant [\tau]$$

$$\sigma_{bs} = \frac{F_{bs}}{A_{bs}} \leqslant [\sigma_{bs}]$$

② 在单元体两个互相垂直的平面上，同时存在垂直于公共棱边且数值相等的切应力，其方向均指向或背离两垂直平面的交线。这种关系称为切应力互等定理。

③ 剪切胡克定律是指当切应力 τ 不超过材料的剪切比例极限 τ_P 时，切应力与切应变 γ 成正比，即 $\tau = G\gamma$。

④ 扭转圆轴横截面上任一点的切应力与该点到圆心的距离成正比，圆心处切应力为零，最大切应力发生在圆轴边缘各点处，即

$$\tau_\rho = \frac{M_t \rho}{I_P}, \quad \tau_{max} = \frac{M_t}{W_P}$$

⑤ 等直圆轴扭转时的强度条件为

$$\tau_{max} = \frac{M_{t,max}}{W_P} \leqslant [\tau]$$

利用圆轴扭转时的强度条件可解决强度校核、截面选择、承载力计算三类问题。

⑥ 在荷载相同的情况下，强度相等的空心圆轴的重量比实心圆轴轻得多，采用空心圆轴可节省材料。

⑦ 等直圆轴扭转时的变形，用两横截面间绕杆轴线的相对扭转角表示，其计算公式为

$$\varphi = \frac{M_t l}{GI_P}$$

⑧ 等直圆轴扭转时的刚度条件为

$$\theta_{max} = \frac{M_{t,max}}{GI_P} \times \frac{180°}{\pi} \leqslant [\theta]$$

⑨ 矩形截面杆受扭后，其横截面不再是平面，而发生明显的翘曲。因此，根据平面假设建立的圆轴扭转计算公式，不再适用于矩形截面杆件。矩形截面杆自由扭转时，横截面上没有正应力，只有切应力，且长边中点处的切应力最大，而棱角处的切应力为零。

思考题

4.1 剪切的受力特征和变形特征是什么？

4.2 试述圆轴扭转时的受力特点和变形特点。

4.3 如图 4.20 所示的各杆中，哪个杆将发生扭转变形？

4.4 圆轴扭转时横截面上切应力的分布有什么特征？

4.5 横截面面积相同的情况下，空心轴与实心轴哪个抗扭强度高？

4.6 找出图 4.21 所示受扭圆轴横截面上切应力分布图的错误并修正。

4.7 圆轴扭转时的变形怎样计算？在其他条件不变的情况下，若圆轴直径增大一倍，

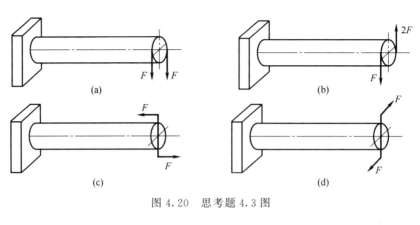

图 4.20 思考题 4.3 图

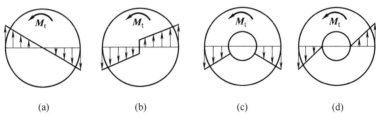

图 4.21 思考题 4.6 图

单位长度扭转角将怎样变化?

4.8 两根不同材料制成的等截面圆轴,它们的直径和承受的外力偶矩均相同,两轴的单位长度扭转角是否相同?为什么?

4.9 当圆轴的刚度条件不满足要求时,采用下面哪种措施更合理,为什么?

① 改用优质材料;

② 增大圆轴的直径。

习题

4.1 试画出图 4.22 所示轴的扭矩图。

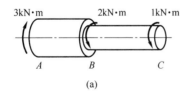

(a)

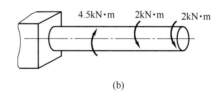

(b)

图 4.22 习题 4.1 图

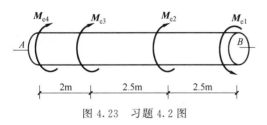

图 4.23 习题 4.2 图

4.2 某圆轴上作用有四个外力偶矩,如图 4.23 所示。已知 $M_{e1} = 2kN \cdot m$, $M_{e2} = 1.2 kN \cdot m$, $M_{e3} = 0.4kN \cdot m$, $M_{e4} = 0.4kN \cdot m$。

① 绘制该轴的扭矩图,计算最大扭矩;

② 若将外力偶矩 M_{e1} 和 M_{e2} 的位置对调,最大扭矩将如何变化?

4.3 传动轴如图 4.24 所示,已知转速为 $200r/min$,由主动轮 2 输入功率 $80kW$,由从动轮 1、3、4 和 5 分别输出功率为 25kW、15kW、30kW 和 10kW。试画出该轴的扭矩图。

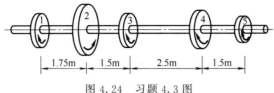

图 4.24　习题 4.3 图

4.4　实心圆轴两端作用 $M_e = 12\text{kN} \cdot \text{m}$ 的外力偶矩，如图 4.25 所示。已知圆轴的直径 $d = 100\text{mm}$，试求该轴的最大切应力及图示截面上 A 点处的切应力。

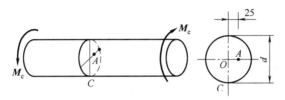

图 4.25　习题 4.4 图

4.5　某一阶梯轴 AB 如图 4.26 所示。已知 $d_1 = 40\text{mm}$，$d_2 = 70\text{mm}$，外力偶矩分别为 $M_B = 1500\text{N} \cdot \text{m}$、$M_A = 600\text{N} \cdot \text{m}$、$M_C = 900\text{N} \cdot \text{m}$，轴材料的许用切应力 $[\tau] = 60\text{MPa}$。试校核该轴的强度。

4.6　某传动轴及其所受外力偶如图 4.27 所示。轴材料的切变模量 $G = 80\text{GPa}$，直径 $d = 40\text{mm}$。试求该轴的总扭转角 φ_{AC}。

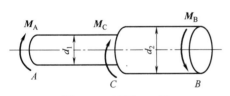

图 4.26　习题 4.5 图

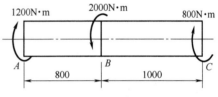

图 4.27　习题 4.6 图

4.7　某一阶梯轴 AB 如图 4.28 所示。AC 段直径 $d_1 = 40\text{mm}$，CB 段直径 $d_2 = 70\text{mm}$，外力偶矩 $M_{eB} = 1500\text{N} \cdot \text{m}$，$M_{eA} = 600\text{N} \cdot \text{m}$，$M_{eC} = 900\text{N} \cdot \text{m}$，轴材料的切变模量 $G = 80\text{GPa}$，许用切应力 $[\tau] = 60\text{MPa}$，许用单位长度扭转角 $[\theta] = 2 \; (°)/\text{m}$。试校核该轴的强度和刚度。

4.8　某一圆截面钢轴如图 4.29 所示。材料的切变模量 $G = 80\text{GPa}$，许用切应力 $[\tau] = 100\text{MPa}$，许用单位长度扭转角 $[\theta] = 0.5 \; (°)/\text{m}$。试设计该轴的直径。

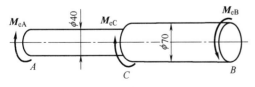

图 4.28　习题 4.7 图

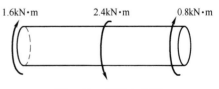

图 4.29　习题 4.8 图

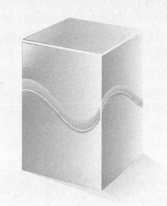

第5章

平面弯曲梁的内力

 学习目标

　　掌握平面弯曲的概念；掌握梁指定截面上剪力、弯矩的计算方法；熟悉用剪力方程和弯矩方程绘制剪力图和弯矩图；熟悉用叠加原理绘制剪力图和弯矩图；掌握荷载、剪力和弯矩间的微分关系，以及利用这些关系绘制剪力图和弯矩图。

 难点

　　利用荷载、剪力和弯矩间的微分关系绘制剪力图和弯矩图。

5.1　弯曲的概念

5.1.1　梁的平面弯曲

　　杆件的轴线在外力作用下由直线变为曲线，这种变形通常称为弯曲变形，简称为**弯曲**。以弯曲为主要变形的杆件称为**梁**。实际工程中存在大量受弯的杆件，如楼板梁、桥梁结构中

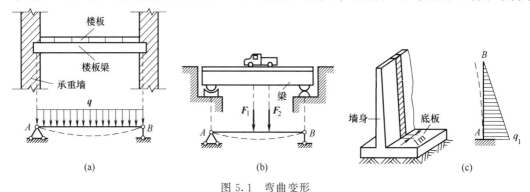

图 5.1　弯曲变形

的梁、单位长度的挡土墙等，分别如图 5.1（a）～（c）所示。

梁横截面一般都存在纵向对称轴，如图 5.2 中的 y 轴。纵向对称轴与梁轴线所组成的平面称为纵向对称面，如图 5.3 所示。如果作用在梁上的所有外力（或外力的合力）均作用在梁的纵向对称面内，则梁变形后的轴线是位于梁的纵向对称面内的一条平面曲线，这种弯曲称为**平面弯曲**，如图 5.3 所示。

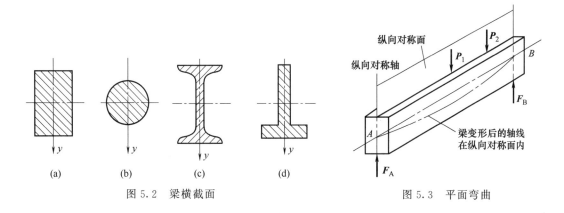

图 5.2　梁横截面

图 5.3　平面弯曲

5.1.2　梁的分类

梁在两支座之间的部分称为跨，其长度称为跨长或跨度。常见的静定梁大多是单跨的，根据支座的形式，单跨静定梁一般有三种类型。

① **简支梁**　梁的一端为活动铰支座，另一端为固定铰支座，如图 5.4（a）所示。

② **悬臂梁**　梁的一端为固定端支座，另一端为自由端，如图 5.4（b）所示。

③ **外伸梁**　一端或两端伸出支座以外的简支梁，如图 5.4（c）、（d）所示。

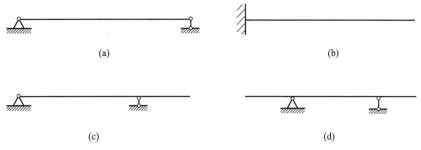

图 5.4　单跨静定梁的类型

5.2　平面弯曲梁的内力——剪力与弯矩

5.2.1　梁的内力分析

用截面法分析梁的内力。如图 5.5（a）所示的悬臂梁 AB，受有集中荷载 F 作用，现欲求该梁任意横截面 1—1 上的内力。根据梁的静力平衡条件，先求出梁固定端 B 处的支座反力为 $F_{Bx}=0$，$F_{By}=F$，$M_B=Fl$，如图 5.5（b）所示；然后用截面法求横截面 1—1 上的内力。假想在横截面 1—1 处将梁截开为左、右两段，若取左段为研究对象，如图 5.5（c）所示。由平衡条件可知，在横截面 1—1 上必有维持左段平衡的横向力 $\boldsymbol{F}_S$ 和力偶 $\boldsymbol{M}$。建立平衡方程如下。

由 $\sum F_y = 0$：$F - F_S = 0$

得

$$F_S = F$$

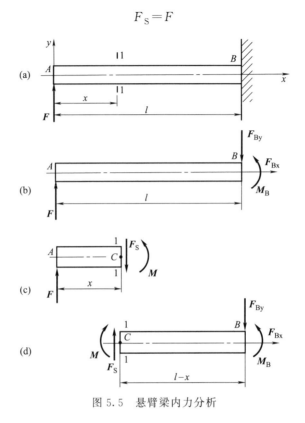

图 5.5　悬臂梁内力分析

以左段隔离体的截面形心 C 为矩心，建立平衡方程。

由 $\sum M_C = 0$：$M - Fx = 0$

得

$$M = Fx$$

如果取右段为研究对象，同样可以求得横截面 1—1 上的内力 F_S 和 M，二者数值相等，方向相反，如图 5.5（d）所示。

5.2.2　剪力与弯矩

图 5.5 所示的悬臂梁，任意横截面 1—1 上的内力 $\mathbf{F}_S$ 称为**剪力**，是横截面上切向分布内力分量的合力；内力 $\mathbf{M}$ 称为**弯矩**，是横截面上法向分布内力分量的合力偶矩。

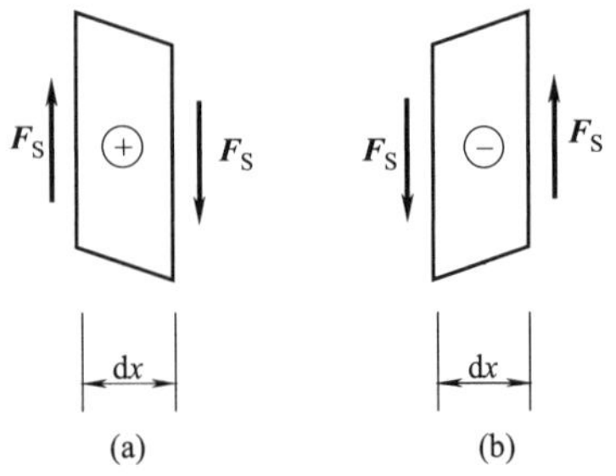

为了使同一截面左右两侧的剪力和弯矩正负号一致，关于**剪力和弯矩的正负号规定**如下：凡剪力对所取微元段梁内任一点的力矩是顺时针转向时为正，如图 5.6（a）所示；反之为负，如图 5.6（b）所示。凡弯矩使所取微元段梁产生上凹下凸弯曲变形的为正，如图 5.7（a）所示；反之为负，如图 5.7（b）所示。

在用截面法求弯曲内力时，横截面上剪力、弯矩的

图 5.6　剪力的正负号规定

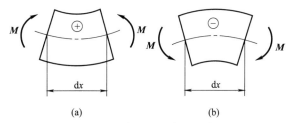

图 5.7　弯矩的正负号规定

方向一般按正方向假设，根据计算结果的正负确定它们的实际方向。

【例 5.1】　如图 5.8（a）所示的简支梁 AB，在 D 点处作用一集中力 F，求梁中点处截面 $m—m$ 上的剪力和弯矩。

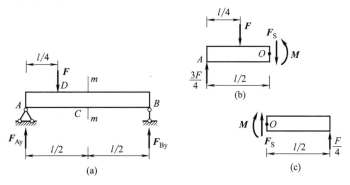

图 5.8　例 5.1 图

解：

（1）求支座反力

取梁整体为隔离体，由平衡方程得

$$\sum M_{\mathrm{B}}=0 \ ,\quad F_{\mathrm{Ay}}=\frac{3}{4}F$$

$$\sum F_{\mathrm{y}}=0 \ ,\quad F_{\mathrm{By}}=\frac{F}{4}$$

（2）求 $m—m$ 截面上的剪力和弯矩

假想地沿截面 $m—m$ 将梁 AB 截成两段，取左段为研究对象，如图 5.8（b）所示，建立平衡方程。

$$\sum F_{\mathrm{y}}=0：\ \frac{3}{4}F-F-F_{\mathrm{S}}=0 \ 得 \ F_{\mathrm{S}}=\frac{3}{4}F-F=-\frac{1}{4}F$$

$$\sum M_{\mathrm{O}}=0：\ -\frac{3}{4}F\ \frac{l}{2}+F\ \frac{l}{4}+M=0 \ 得 \ M=\frac{3}{4}F\times\frac{l}{2}-F\times\frac{l}{4}=\frac{Fl}{8}$$

如果取右段为研究对象，同样可以求得横截面 $m—m$ 上的内力 $F_{\mathrm{S}}=-\frac{1}{4}F$ 和 $M=\frac{Fl}{8}$，如图 5.8（c）所示。

由上面的计算过程，可以总结出**计算剪力与弯矩的规律**如下：

① 梁任一横截面上的剪力，其数值等于该截面任一侧（左侧或右侧）梁上所有横向外力的代数和。截面左侧梁上向上的外力或右侧梁上向下的外力为正；反之为负。

② 梁任一横截面上的弯矩，其数值等于该截面任一侧（左侧或右侧）梁上所有外力对截面形心的力矩代数和。截面左侧梁上的外力对该截面形心之矩为顺时针转向，或截面右侧

梁上的外力对该截面形心之矩为逆时针转向为正；反之为负。

应用这些规律求梁横截面上的剪力和弯矩时，可不列出平衡方程，直接根据该截面左侧或右侧梁上的外力求解。

【例5.2】 例5.1用求剪力、弯矩的规律直接根据截面左侧或右侧梁上的外力来确定 $m—m$ 截面上的剪力和弯矩。

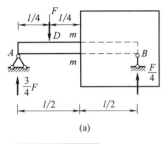

(a)

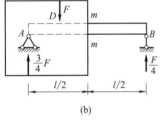

(b)

图5.9 例5.2图

解：

（1）求支座反力

$$F_{Ay}=\frac{3}{4}F \ , \ F_{By}=\frac{F}{4}$$

（2）求 $m—m$ 截面上的剪力和弯矩

如欲取 $m—m$ 截面左侧梁为研究对象，只需假想用一张纸将右侧梁盖住［图5.9（a）］。根据左侧梁上外力，即可直接写出：

$$F_S=\frac{3}{4}F-F=-\frac{F}{4} \ , \ M=\frac{3}{4}F\times\frac{l}{2}-F\frac{l}{4}=\frac{Fl}{8}$$

欲取 $m—m$ 截面右侧梁为研究对象，可假想地将左侧梁盖住［图5.9（b）］，也可直接得出：

$$F_S=-\frac{F}{4} \ , \ M=\frac{F}{4}\times\frac{l}{2}=\frac{Fl}{8}$$

对梁指定截面上剪力和弯矩的计算，可以取梁指定截面的左侧或右侧为研究对象来计算。一般的做法是看哪一侧梁上的外力比较简单，即取哪一侧梁为研究对象。

5.3 剪力图与弯矩图

5.3.1 利用内力方程绘制剪力图和弯矩图

由前面的分析可知，梁横截面上的剪力与弯矩值随截面位置变化而变化。如果沿梁轴线方向选取坐标 x 表示横截面的位置，则梁内各截面的剪力和弯矩都可表示为 x 的函数，有

$$\left.\begin{array}{l}F_S=F_S(x)\\ M=M(x)\end{array}\right\} \tag{5.1}$$

式（5.1）中的两式分别称为梁的**剪力方程**和**弯矩方程**。

梁各横截面上的剪力 F_S 和弯矩 M 沿梁轴线的变化情况可用图示的方法表示出来。以平行于梁轴线的 x 坐标表示横截面的位置，以垂直于梁轴线的坐标表示相应横截面上的剪力或弯矩值，利用剪力方程和弯矩方程，绘出梁各横截面上剪力和弯矩沿梁轴线变化情况的图线，这样的图线分别称为**剪力图**和**弯矩图**。

绘图时将**正值剪力画在 x 轴上侧，负值剪力画在 x 轴下侧；正值弯矩画在 x 轴下侧，负值弯矩画在 x 轴上侧**，即**弯矩图总是画在梁纵向纤维受拉的一侧**。因此在弯矩图上一般不必再标注正、负号。

【例5.3】 如图5.10（a）所示的悬臂梁，受均布荷载 q 作用。试列出该梁的剪力方程和弯矩方程，并绘制剪力图和弯矩图。

解：

（1）求剪力方程和弯矩方程

为计算方便，将坐标原点取在梁的右端 B 点。按计算剪力与弯矩的规律，求得梁上距 B 点为 x 的任意横截面的剪力方程和弯矩方程为

$$F_S(x)=qx \quad (0 \leqslant x < l) \tag{a}$$

$$M(x)=-qx\frac{x}{2}=-\frac{qx^2}{2} \quad (0 \leqslant x < l) \tag{b}$$

（2）绘制剪力图和弯矩图

由式（a）、式（b）可知，剪力图和弯矩图分别为在 $0 \leqslant x \leqslant l$ 范围内的斜直线和二次抛物线。根据剪力方程和弯矩方程绘制剪力图和弯矩图，如图 5.10（b）、（c）所示。

由图 5.10（b）、（c）可知，在固定端 A 右侧横截面上的剪力和弯矩均为最大，分别为

$$F_{S,\max}=ql \ , \ \ |M|_{\max}=\frac{ql^2}{2}$$

【例 5.4】　如图 5.11（a）所示，简支梁 AB 受均布荷载 q 作用。试列出该梁的剪力方程和弯矩方程，并绘制剪力图和弯矩图。

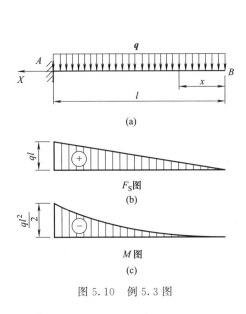

图 5.10　例 5.3 图

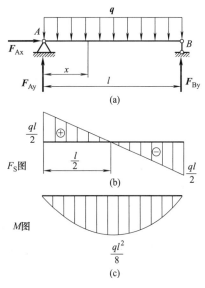

图 5.11　例 5.4 图

解：

（1）求支座反力

由梁 AB 的平衡方程，可求得支座反力。

$$F_{Ax}=0, \ F_{Ay}=\frac{ql}{2} \ (\uparrow), \ F_{By}=\frac{ql}{2} \ (\uparrow)$$

（2）求剪力方程和弯矩方程

设 A 点为坐标原点，按计算剪力与弯矩的规律，求得梁上距 A 点为 x 的任意横截面的剪力方程和弯矩方程为

$$F_S(x)=F_{Ay}-qx=\frac{ql}{2}-qx \quad (0 < x < l)$$

$$M(x)=F_{Ay}x-qx\frac{x}{2}=\frac{ql}{2}x-\frac{q}{2}x^2 \quad (0 \leqslant x \leqslant l)$$

（3）绘制剪力图和弯矩图

根据剪力方程和弯矩方程绘制剪力图和弯矩图，如图 5.11（b）、（c）所示。

由图 5.11（b）、（c）可知，梁跨中截面上的弯矩值为最大，$M_{max}=\dfrac{ql^2}{8}$，此截面上 $F_S=0$；而在梁的两个支座截面处剪力值为最大，$|F_S|_{max}=\dfrac{ql}{2}$。

【例 5.5】　如图 5.12（a）所示，简支梁 AB 的 C 点处受集中力 $\boldsymbol{F}$ 作用。试列出该梁的剪力方程和弯矩方程，并绘制剪力图和弯矩图。

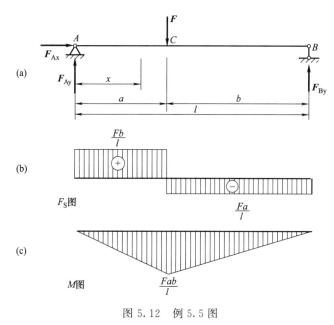

图 5.12　例 5.5 图

解：

（1）求支座反力

对于简支梁，首先要计算支座反力；这是因为计算横截面上的剪力和弯矩时，不论取截面的哪一侧为隔离体，其上外力均包括一个支座反力。由梁 AB 的平衡方程，可求得支座反力：

$$F_{Ax}=0,\ F_{Ay}=\frac{Fb}{l}\ (\uparrow),\ F_{By}=\frac{Fa}{l}\ (\uparrow)$$

（2）求剪力方程和弯矩方程

对于 AB 梁，由于在 C 点处受集中力 $\boldsymbol{F}$ 作用，梁在 AC 和 CB 段内的剪力不能用同一方程表示。将梁分为 AC 和 CB 两段，分别建立剪力方程和弯矩方程。

在 AC 段内取距 A 点为 x 的任意横截面，求得梁的剪力方程和弯矩方程分别为

$$F_S(x)=F_{Ay}=\frac{Fb}{l}\quad (0<x<a)\tag{a}$$

$$M(x)=F_{Ay}x=\frac{Fb}{l}x\quad (0\leqslant x\leqslant a)\tag{b}$$

在 CB 段内取距 A 点为 x 的任意横截面，求得梁的剪力方程和弯矩方程分别为

$$F_S(x)=F_{Ay}-F=\frac{Fb}{l}-F=-\frac{Fa}{l}\quad (a<x<l)\tag{c}$$

$$M(x)=F_{Ay}x-F(x-a)=\frac{Fb}{l}x-F(x-a)=\frac{Fa}{l}(l-x) \quad (a{\leqslant}x{\leqslant}l) \qquad (d)$$

（3）绘制剪力图和弯矩图

根据剪力方程式（a）、式（c）和弯矩方程式（b）、式（d）绘制剪力图和弯矩图，如图 5.12（b）、（c）所示。

由图 5.12（b）可知，在 $a{<}b$ 的情况下，梁 AC 段的任一截面上剪力值为最大，$F_{S,max}=\frac{Fb}{l}$；而在集中力 **F** 作用点处的横截面上弯矩值为最大，$M_{max}=\frac{Fab}{l}$，如图 5.12（c）所示。

在集中力作用处，其左、右两侧截面上的剪力值有突变，突变值等于集中力的值。

【例 5.6】 如图 5.13（a）所示，简支梁 AB 的 C 点处作用有集中力偶 **M**ₑ。试列出该梁的剪力方程和弯矩方程，并绘制剪力图和弯矩图。

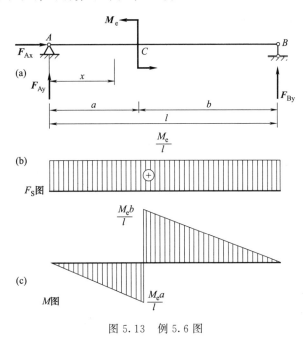

图 5.13 例 5.6 图

解：

（1）求支座反力

由梁 AB 的平衡方程，可求得支座反力

$$F_{Ax}=0, \quad F_{Ay}=\frac{M_e}{l} \ (\uparrow), \quad F_{By}=-\frac{M_e}{l} \ (\downarrow)$$

（2）求剪力方程和弯矩方程

由于在 C 点处受集中力偶 **M**ₑ 作用，梁在 AC 和 CB 段内的弯矩不能用同一方程表示。将梁分为 AC 和 CB 两段，分别建立剪力方程和弯矩方程。

在 AC 段内取距 A 点为 x 的任意横截面，求得梁的剪力方程和弯矩方程分别为

$$F_S(x)=F_{Ay}=\frac{M_e}{l} \quad (0{<}x{\leqslant}a) \qquad (a)$$

$$M(x)=F_{Ay}x=\frac{M_e}{l}x \quad (0{\leqslant}x{<}a) \qquad (b)$$

在 CB 段内取距 A 点为 x 的任意横截面，求得梁的剪力方程和弯矩方程分别为

$$F_S(x) = F_{Ay} = \frac{M_e}{l} \quad (a \leqslant x < l) \tag{c}$$

$$M(x) = F_{Ay}x - M_e = -\frac{M_e}{l}(l-x) \quad (a < x \leqslant l) \tag{d}$$

（3）绘制剪力图和弯矩图

根据剪力方程式（a）、式（c）和弯矩方程式（b）、式（d）绘制剪力图和弯矩图，如图 5.13（b）、（c）所示。由图 5.13（c）可知，在 $a<b$ 的情况下，集中力偶作用处的右侧截面上弯矩值为最大，$|M|_{\max} = \dfrac{M_e b}{l}$；在集中力偶作用处，其左、右两侧截面上的剪力没有变化，如图 5.13（b）所示。

在集中力偶作用处，其左、右两侧截面上的弯矩值有突变，突变值等于集中力偶的值。

5.3.2 利用剪力、弯矩与分布荷载集度间的微分关系绘制剪力图和弯矩图

设图 5.14（a）所示梁上作用有任意分布荷载 $q=q(x)$，$q(x)$ 是 x 的连续函数，并规定向上为正。选取坐标系如图 5.14（a）所示。截取梁上长度为 dx 的微段进行分析，如图 5.14（b）所示。由微段的平衡方程

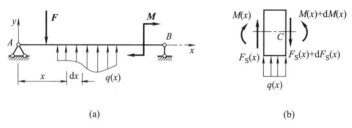

图 5.14 剪力、弯矩与分布荷载集度间的关系

$$\sum F_y = 0, \quad F_S(x) + q(x)dx - [F_S(x) + dF_S(x)] = 0$$

得

$$\frac{dF_S(x)}{dx} = q(x) \tag{5.2}$$

$$\sum M_C = 0, \quad [M(x) + dM(x)] - M(x) - F_S(x)dx - \frac{1}{2}q(x)dx^2 = 0$$

略去二阶微量，得

$$\frac{dM(x)}{dx} = F_S(x) \tag{5.3}$$

由式（5.2）和式（5.3）还可得到

$$\frac{d^2 M(x)}{dx^2} = q(x) \tag{5.4}$$

式（5.2）～式（5.4）称为**剪力、弯矩与分布荷载集度间的微分关系式**，它们有助于校核和绘制剪力图和弯矩图。

根据弯矩、剪力和分布荷载集度之间的微分关系，可以得出**剪力图与弯矩图**的一些规律：

① 梁上某段无荷载作用（$q=0$）时，该梁段的剪力 F_S 为常数，剪力图为水平线；弯

矩 M 为 x 的一次函数，弯矩图为斜直线。

② 梁上某段受均布荷载作用（q 为常数）时，该梁段的剪力 F_S 为 x 的一次函数，剪力图为斜直线；弯矩 M 为 x 的二次函数，弯矩图为二次抛物线。在剪力 $F_S=0$ 处，弯矩图的斜率为零，此处的弯矩为极值。

③ 在集中力作用处，剪力图有突变，突变值即为作用于该处集中力的值；此处弯矩图的斜率也发生变化，所以弯矩图在这里有一折角。

④ 在集中力偶作用处，弯矩图有突变，突变值即为作用于该处集中力偶的值；剪力图没有变化，在集中力偶作用处两侧剪力值相同。

上述内力图的形状特征可归纳为表 5.1。利用内力图的规律，不仅有助于检查剪力图和弯矩图的正确性，还可以更加简捷而迅速地作出剪力图和弯矩图。其步骤如下：

① 求支座反力；

② 根据梁上荷载和支承情况将梁分为若干段，集中力和集中力偶作用处、分布荷载的起点和终点、梁的支承处以及梁的端面均视为分段点；

③ 根据各段梁的荷载情况，确定各段剪力图和弯矩图的形状；

④ 根据各段剪力图和弯矩图的形状，求出有关控制截面上的剪力值和弯矩值，逐段绘制梁的剪力图和弯矩图。

表 5.1　几种荷载下 F_S 图与 M 图特征

最大弯矩可能出现的截面：

① 剪力 $F_S=0$ 的截面；

② 集中力作用的截面；

③ 集中力偶作用的截面。

【例 5.7】　简支梁 AB 的受力如图 5.15（a）所示。试作该梁的剪力图和弯矩图。

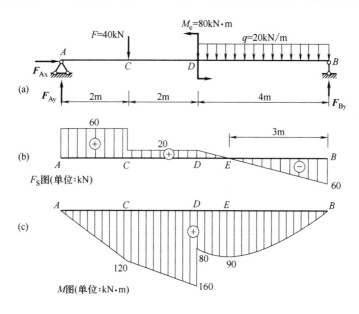

图 5.15　例 5.7 图

解：

（1）求支座反力

$$F_{Ax}=0, \ F_{Ay}=60kN（\uparrow）, \ F_{By}=60kN（\uparrow）$$

（2）作剪力图

① 分段。把梁 AB 分为 AC、CD、DB 三段。

② 初步判断各段图形形状。

AC 段为水平直线（—）；CD 段为水平直线（—）；DB 段为下倾斜直线（\）；C 点处 F_S 图突变 $F=40kN$。

③ 求控制截面上的剪力。

$F_{SA}^{R}=F_{Ay}=60kN$

$F_{SC}^{R}=F_{Ay}-F=60kN-40kN=20kN$

$F_{SD}=F_{SC}^{R}=20kN$

$F_{SB}^{L}=-F_{By}=-60kN$

④ 作图：以直线连接各控制截面上剪力的坐标，作出剪力图，如图 5.15（b）所示。

（3）作弯矩图

① 分段，初步判断各段图形形状。

把梁 AB 仍分 AC、CD、DB 三段。

AC 段为下倾斜直线（\）；CD 段为下倾斜直线（\）；DB 段为下凸二次抛物线（∪）；D 点处 M 图突变 $M_e=80kN·m$。

② 求控制截面上的弯矩。

$M_A=0, \ M_C=F_{Ay}×2m=120kN·m, \ M_B=0$

$M_D^{L}=F_{Ay}×4m-F×2m=160kN·m$

$M_D^{R}=F_{Ay}×4m-F×2m-M_e=80kN·m$

在 DB 段，M 图为下凸的二次抛物线。由于该段内有 $F_S = 0$ 的截面，故需确定极值弯矩。

首先设 E 截面的剪力 $F_S = 0$，由 F_S 图中相似三角形的比例关系有：$20：60 = DE：EB$，得 $EB = 3m$。E 截面弯矩即为极值弯矩，其值为

$$M_E = F_{By} \times 3m - q \times 3m \times 1.5m = 60kN \times 3m - 20kN/m \times 3m \times 1.5m = 90kN \cdot m$$

③ 作图。以直线连接 M_A、M_C 和 M_D^L 的坐标，可得 AC 及 CD 段的弯矩图；按下凸的二次抛物线将 M_D^R、M_E 和 M_B 的坐标相连，即可得 DB 段的弯矩图。全梁弯矩图如图 5.15（c）所示。

（4）确定 $|F_S|_{max}$、$|M|_{max}$

由图 5.15（b）可知 $|F_S|_{max} = 60kN$，发生在 A 点稍右至 C 点稍左区间和 B 点稍左截面上。

由图 5.15（c）可知 $|M|_{max} = 160kN \cdot m$，发生在 D 点稍左截面上。

5.3.3 叠加法作梁的弯矩图

叠加法作梁的弯矩图采用的是叠加原理。**叠加原理**是指梁受多个荷载共同作用时，某一横截面上的弯矩等于梁在各个荷载单独作用下同一横截面上弯矩的代数和。如图 5.16（a）所示的简支梁 AB，同时承受均布荷载 q 和端部力偶 M_A、M_B 的作用，其弯矩图 [图 5.16（d）] 可由简支梁受端部力偶 M_A、M_B 单独作用下的弯矩图 [图 5.16（b）] 与简支梁受均布荷载 q 单独作用下的弯矩图 [图 5.16（c）] 叠加得到。

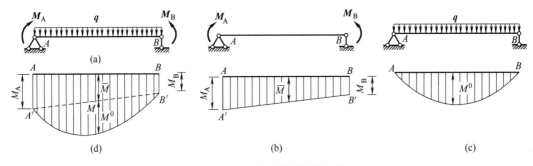

图 5.16 叠加法作梁的弯矩图

应该注意，**弯矩图的叠加是指弯矩图纵坐标的叠加**。因此，图 5.16（d）中的纵坐标 M^0 必须沿垂直于杆轴 AB 的方向量取，而不是垂直于图中的虚线 $A'B'$。

【例 5.8】 试用叠加法作图 5.17（a）所示简支梁的弯矩图。

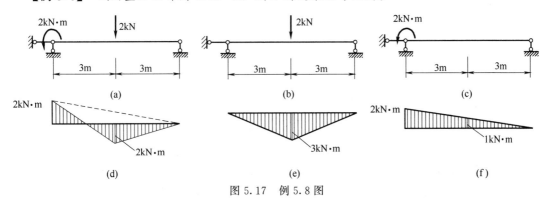

图 5.17 例 5.8 图

解：

（1）将梁上作用的复杂荷载分解为简单荷载

将图 5.17（a）所示梁上作用的荷载分解为在集中力作用时［图 5.17（b）］和在集中力偶作用时［图 5.17（c）］。

（2）绘制梁在简单荷载作用时的弯矩图

在集中力作用时［图 5.17（b）］对应的弯矩图如图 5.17（e）所示，在集中力偶作用时［图 5.17（c）］对应的弯矩图如图 5.17（f）所示。

（3）利用叠加原理绘制弯矩图

将在集中力作用时的弯矩图［图 5.17（e）］和在集中力偶作用时的弯矩图［图 5.17（f）］叠加，得到图 5.17（d），即为图 5.17（a）所示梁的弯矩图。

小结

① 平面弯曲是指作用在梁上的所有外力（或外力的合力）均作用在梁的纵向对称面内，梁变形后的轴线仍位于梁的纵向对称面内。

② 单跨静定梁的基本形式有简支梁、悬臂梁和外伸梁。

③ 平面弯曲梁横截面上的内力有剪力 F_S 和弯矩 M。利用求剪力和弯矩的规律，不用列出平衡方程，可直接根据某截面左侧或右侧梁上的外力求解该截面的剪力和弯矩。

④ 绘制剪力图和弯矩图可利用的方法有：剪力方程和弯矩方程；剪力、弯矩和分布荷载集度间的微分关系；叠加原理。

⑤ 剪力、弯矩和荷载集度之间的微分关系有：

$$\frac{\mathrm{d}F_S(x)}{\mathrm{d}x}=q(x),\ \frac{\mathrm{d}M(x)}{\mathrm{d}x}=F_S(x),\ \frac{\mathrm{d}^2M(x)}{\mathrm{d}x^2}=q(x)$$

利用上述关系可以初步判断内力图的形状特征，利用内力图的这些特征便于简捷而迅速地作出剪力图和弯矩图。

⑥ 用叠加法作弯矩图时，应注意弯矩图的叠加是指弯矩图纵坐标的叠加，而不是弯矩图的简单拼合。

⑦ 画弯矩图时应注意将正值弯矩画在 x 轴下侧，负值弯矩画在 x 轴上侧，即弯矩图总是画在梁纵向纤维受拉的一侧。

⑧ 最大弯矩可能出现的截面有：剪力 $F_S=0$ 的截面；集中力作用的截面；集中力偶作用的截面。

思考题

5.1 试述平面弯曲杆件的受力特点和变形特点。

5.2 在集中力和集中力偶作用处，为何其相应的剪力图和弯矩图会发生突变？

5.3 用剪力、弯矩和荷载集度之间的关系绘制内力图时，控制截面如何选取？

5.4 用剪力、弯矩和荷载集度之间的关系绘制内力图时，将梁分为若干段的分界点如何选取？

5.5 若某简支梁的弯矩图如图 5.18 所示，试确定梁上的荷载及剪力图。

5.6 若某简支梁的剪力图如图 5.19 所示，试确定梁上的荷载及弯矩图。已知梁上没有集中力偶作用。

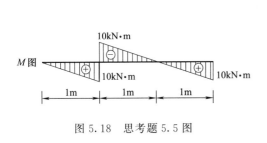

图 5.18　思考题 5.5 图

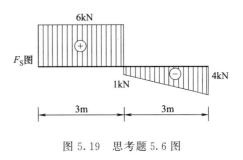

图 5.19　思考题 5.6 图

5.7　如图 5.20 所示为各梁的弯矩图和剪力图，试利用 M、F_S 和 q 的关系以及内力的突变规律，检查其正确性并加以改正。

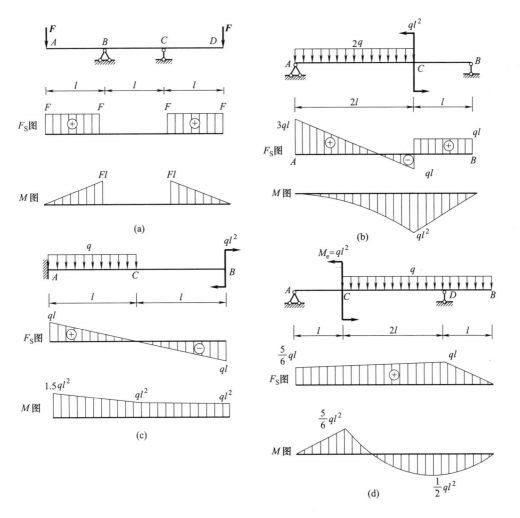

图 5.20　思考题 5.7 图

5.8　工程施工中经常需要起吊重物，起吊图 5.21 所示长为 l 的梁时，钢绳绑扎处离梁端部的距离 x 为何设置为 $0.207l$？

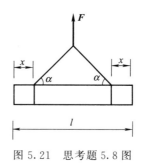

图 5.21 思考题 5.8 图

习题

5.1 求图 5.22 所示各梁指定截面上的剪力和弯矩。

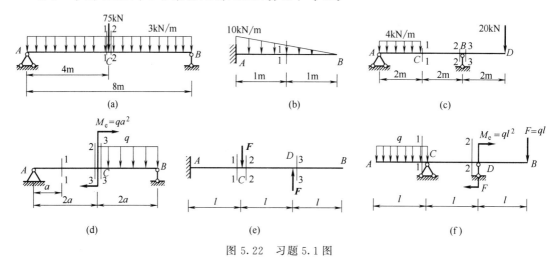

图 5.22 习题 5.1 图

5.2 写出图 5.23 所示各梁的剪力方程和弯矩方程，绘制剪力图和弯矩图，并求出绝对值最大的剪力值和弯矩值。

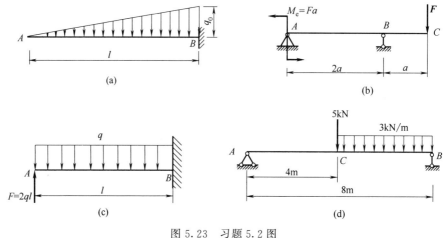

图 5.23 习题 5.2 图

5.3 用剪力、弯矩和荷载集度之间的微分关系作图 5.24 所示各梁的剪力图和弯矩图。

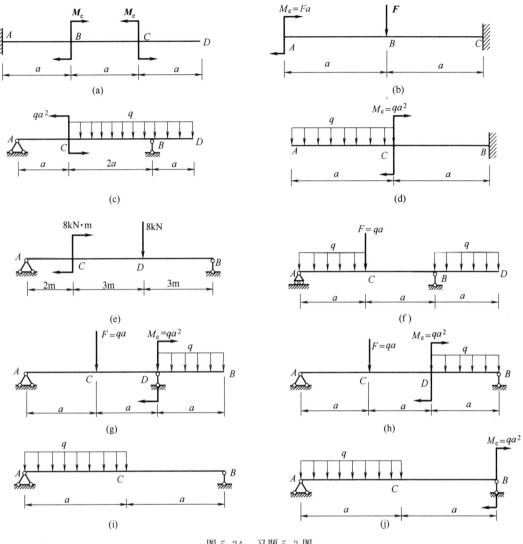

图 5.24 习题 5.3 图

5.4 用叠加法作图 5.25 所示各梁的弯矩图。

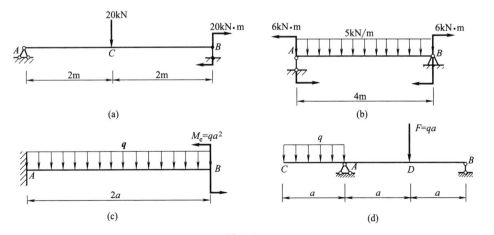

图 5.25

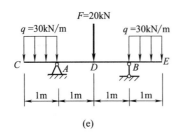

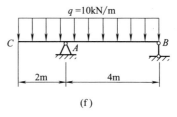

(e)

(f)

图 5.25 习题 5.4 图

第6章

平面弯曲梁的应力与强度计算

学习目标

　　掌握纯弯曲和横力弯曲的概念；掌握平面弯曲梁横截面上正应力和切应力的分布规律；掌握平面弯曲梁横截面上正应力和切应力的计算；掌握平面弯曲梁正应力和切应力的强度条件及其应用；熟悉提高梁弯曲强度的措施；了解弯曲中心的概念。

难点

　　平面弯曲梁横截面上正应力和切应力的分布规律。

6.1　弯曲正应力

6.1.1　纯弯曲时梁横截面上的正应力

　　实践证明，内力相同、材料和横截面面积相同，但截面的形状不同［图 6.1（a）、（b）］或放置方式不同［图 6.1（c）、（d）］的两根梁，其强度均不相同。这说明，梁的强度与横截面上的内力分布情况，即内力在一点处的集度（应力）有关。

　　如图 6.2（a）所示的平面弯曲梁，其受力简图如图 6.2（b）所示，其内力图如图 6.2（c）、（d）所示。根据其内力图可知，该简支梁的 AB 段和 CD

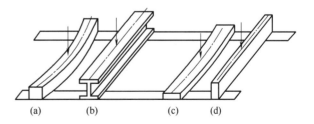

图 6.1　梁的强度与截面形状及放置方式有关

段同时存在剪力和弯矩，而 BC 段只有弯矩没有剪力。这种只有弯矩而没有剪力的情况称为**纯弯曲**；既有弯矩又有剪力的情况称为**横力弯曲**。

　　上一章曾指出，剪力 F_S 是梁横截面上切向分布内力的合力，弯矩 M 是梁横截面上法

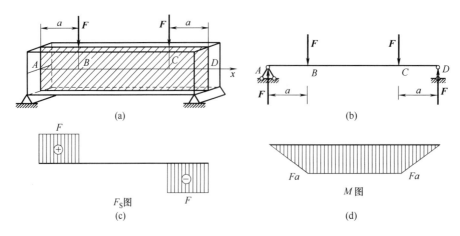

图 6.2 平面弯曲简支梁受力简图及内力图

向分布内力的合力偶矩。因此，梁横截面上的正应力只与弯矩 M 有关，而横截面上的切应力只与剪力 F_S 有关。由此可知，纯弯曲梁横截面上只有正应力没有切应力，而横力弯曲梁横截面上既有正应力又有切应力。下面我们先研究纯弯曲梁横截面上的正应力。

（1）几何方面

首先通过试验观察纯弯曲梁变形时几何方面的规律。取一根等直的矩形截面梁，分别在其侧表面画两条相邻的横向线 mm 和 nn 代表横截面的位置，并在两横向线之间靠近梁上边缘和下边缘处分别画两条纵向线 ab 和 cd 表示纵向纤维，如图 6.3 所示。

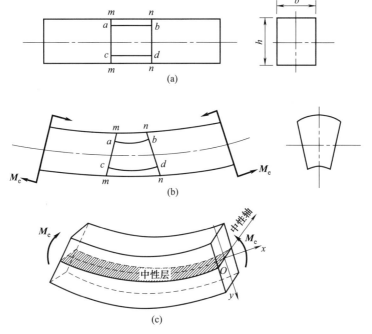

图 6.3 矩形截面梁纯弯曲时的变形

在梁的两端施加力矩为 M_e 的外力偶，使梁处于纯弯曲状态。梁受弯后的变形如图 6.3（b）所示。可以看到，两横向线 mm 和 nn 仍为直线，两纵向线 ab 和 cd 变为弧线且与两横向线 mm 和 nn 保持正交；靠近梁下边缘的纵向线 cd 伸长，靠近梁上边缘的纵向线 ab 缩短。由以上变形特征可得到以下推论：

① 梁在纯弯曲时，其原来的横截面变形后仍保持为平面，且与弯曲后的轴线垂直，只是绕横截面上某一轴转过一个角度。通常将这一结论称为梁弯曲时的**平面假设**。

② 若假设梁由一层层纵向纤维组成，同一层纤维变形后的长度相同。上部的纵向纤维缩短，产生负的纵向线应变；下部的纵向纤维伸长，产生正的纵向线应变。横截面的上、下边缘各点分别产生最大缩短线应变和最大伸长线应变。根据连续性假设可知，梁中一定存在有既不伸长也不缩短的纤维层，这样的纵向纤维层称为**中性层**。中性层与梁横截面的交线称为**中性轴**，如图 6.3（c）所示。中性轴上各点的纵向线应变一定为零。

下面分析梁纯弯曲时变形的几何关系。

若从图 6.3（b）所示的梁中截取长度为 $\mathrm{d}x$ 的微段来研究，将梁的轴线取为 x 轴，横截面的纵向对称轴为 y 轴，中性轴取为 z 轴，如图 6.4 所示。设中性层 $\overset{\frown}{O_1O_2}$ 的曲率半径为 ρ，两横截面间的相对转角为 $\mathrm{d}\theta$，那么距中性层为 y 处的纵向纤维的变形为

$$\Delta l = \overset{\frown}{B'B} = y\,\mathrm{d}\theta$$

该处的线应变为

$$\varepsilon = \frac{\Delta l}{\mathrm{d}x} = \frac{y\,\mathrm{d}\theta}{\rho\,\mathrm{d}\theta} = \frac{y}{\rho} \tag{a}$$

因为同一截面的 $\dfrac{1}{\rho}$ 是一常数，所以式（a）表明，梁横截面上任一点处的纵向线应变与该点到中性轴的距离 y 成正比。

（2）物理方面

纯弯曲梁的横截面上无剪力，因此横截面上各点没有切应力。纯弯曲梁段无横向荷载，可假设各层纵向纤维之间互不挤压。因此，纯弯曲梁横截面上任一点均处于单向拉（压）受力状态，在线弹性范围内，满足胡克定律 $\sigma = E\varepsilon$。

将式（a）代入上式得

$$\sigma = E\varepsilon = E\,\frac{y}{\rho} \tag{b}$$

由式（b）可知，横截面上任一点处的正应力与该点到中性轴的距离 y 成正比。正应力的大小沿截面高度线性变化，截面上、下边缘处的正应力绝对值最大，中性轴上各点的正应力为零。在距中性轴等距离的同一横线上各点处的正应力相同，与 z 坐标无关，如图 6.5 所示。

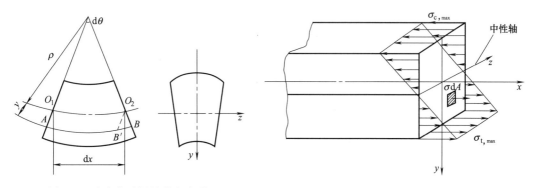

图 6.4 纯弯曲时梁的微段变形　　　　图 6.5 矩形截面梁横截面上正应力分布规律

（3）静力学方面

如图 6.5 所示，在梁的横截面上取微面积 $\mathrm{d}A$，其上的法向微内力为 $\sigma\mathrm{d}A$，此微内力沿

梁轴线方向的合力为 $\int_A \sigma \mathrm{d}A$，它应等于该横截面上的轴力 F_N；同时它对 z 轴的合力偶矩为 $\int_A y \sigma \mathrm{d}A$，应等于该横截面上的弯矩 M。即

$$F_N = \int_A \sigma \mathrm{d}A = 0 \tag{c}$$

$$M = \int_A y \sigma \mathrm{d}A \tag{d}$$

将式（b）代入式（c），得

$$F_N = \frac{E}{\rho} \int_A y \mathrm{d}A = \frac{E}{\rho} S_z = 0$$

于是，有

$$S_z = 0$$

S_z 是横截面对中性轴 z 轴的静矩，$S_z = 0$ 说明梁横截面的中性轴 z 轴必为形心轴。

将式（b）代入式（d），得

$$M = \frac{E}{\rho} \int_A y^2 \mathrm{d}A = \frac{E}{\rho} I_z$$

于是，有

$$\frac{1}{\rho} = \frac{M}{EI_z} \tag{6.1}$$

由式（6.1）可知，中性层的曲率 $\frac{1}{\rho}$ 与 EI_z 成反比。所以，EI_z 反映了梁抵抗弯曲变形的能力，称为**抗弯刚度**。

将式（6.1）代入式（b），可得纯弯曲梁横截面上任一点处的正应力计算公式为

$$\sigma = \frac{My}{I_z} \tag{6.2}$$

式中，M 为横截面上的弯矩；y 为所求正应力点相对中性轴的坐标；I_z 为横截面对中性轴 z 的惯性矩。

应用式（6.2）计算正应力时，公式中的惯性矩 I_z 恒为正值，弯矩 M 和坐标 y 均按代数值代入，这样计算出的结果为正即表示正应力 σ 为拉应力，结果为负则表示为压应力。另外，也可以不考虑 M 和 y 的正负号，而以其绝对值代入，正应力 σ 的正负号可根据梁的截面弯矩情况直接判断，以中性轴为界，若截面弯矩为正弯矩，则中性轴以下各点为拉应力，中性轴以上各点为压应力；若截面弯矩为负弯矩，则中性轴以上各点为拉应力，中性轴以下各点为压应力。弯曲正应力实验视频可通过扫描附录三的二维码观看。

由式（6.2）可知，梁在纯弯曲时，横截面中性轴上各点的 y 坐标为 0，因此中性轴上各点的正应力均为 0。在同一横截面上，弯矩 M 和惯性矩 I_z 为定值，正应力随坐标 y 的增大而增大，呈线性分布。当 $y = y_{\max}$（即横截面上离中性轴距离最远的各点处）时，弯曲正应力达到最大值，即

$$\sigma_{\max} = \frac{M y_{\max}}{I_z} = \frac{M}{\dfrac{I_z}{y_{\max}}}$$

令 $W_z = \dfrac{I_z}{y_{\max}}$，则上式可改写为

$$\sigma_{\max} = \frac{M}{W_z} \qquad\qquad (6.3)$$

式（6.3）即为梁横截面上的最大正应力计算公式。式中，W_z 称为**弯曲截面系数**，是只与横截面的形状、尺寸有关的截面几何性质参数，常用单位为 mm^3 或 m^3。

工程中常见的简单形状截面如矩形、圆形和圆环形截面的 W_z 值从表 3.1 中查出 I_z 值后分别计算如下：

矩形截面［图 6.6（a）］：

$$W_z = \frac{I_z}{y_{\max}} = \frac{\dfrac{bh^3}{12}}{\dfrac{h}{2}} = \frac{bh^2}{6}$$

圆形截面［图 6.6（b）］：

$$W_z = \frac{I_z}{y_{\max}} = \frac{\dfrac{\pi d^4}{64}}{\dfrac{d}{2}} = \frac{\pi d^3}{32}$$

圆环形截面［图 6.6（c），设内外径之比 $\alpha = \dfrac{d}{D}$］：

$$W_z = \frac{I_z}{y_{\max}} = \frac{\dfrac{\pi d^4}{64}(1-\alpha^4)}{\dfrac{d}{2}} = \frac{\pi d^3}{32}(1-\alpha^4)$$

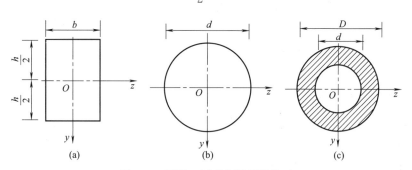

图 6.6 矩形、圆形和圆环形截面

角钢、槽钢、工字钢等型钢的截面几何性质参数可从型钢规格表（见附录一）中查出。式（6.1）～式（6.3）只适用于线弹性范围内（$\sigma_{\max} < \sigma_p$）的平面弯曲。

6.1.2 横力弯曲时梁横截面上的正应力

工程实践中，真正的纯弯曲情况并不常见，最常见的是横力弯曲。梁在横力弯曲时，横截面上既有剪力又有弯矩，因此横截面上同时存在正应力和切应力。在切应力存在的情况下，梁的截面会发生翘曲，平面假设不再成立；同时，横向荷载又导致各水平层之间存在相互挤压。严格来说，纯弯曲条件下推导出的正应力公式并不适用于横力弯曲。但按照弹性力学分析表明，对于横力弯曲梁，当梁的跨度与横截面高度之比 l/h 大于 5 时，用式（6.2）计算的正应力足够精确，误差不超过 1%；且跨高比 l/h 越大，误差越小。因此，工程中仍采用纯弯曲梁的正应力计算公式来近似计算细长梁横力弯曲时的正应力。但由于横力弯曲时，梁各横截面上的弯矩不是定值，可将式（6.2）中的弯矩 M 用 $M(x)$ 表示，即

$$\sigma = \frac{M(x)y}{I_z} \qquad (6.4)$$

横力弯曲时，梁各横截面上的最大正应力为

$$\sigma_{max} = \frac{M(x)}{W_z}$$

如果梁的截面形状上下对称，如矩形、圆形、圆环形、箱形、上下翼缘对称的工字形等截面（图6.7），其中性轴也是截面的对称轴。这类横截面的上、下边缘到中性轴的距离相等，因此，横截面最上边缘各点和最下边缘各点的弯曲截面系数相同，即 $W_z^{上} = W_z^{下}$，只有一个 W_z 值；横截面上的最大拉应力和最大压应力数值相等。这类形状的截面适用于拉、压性能相同的材料做成的梁。

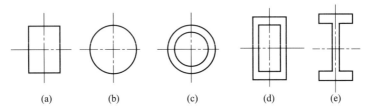

(a)　　　(b)　　　(c)　　　(d)　　　(e)

图6.7　中性轴是对称轴的截面

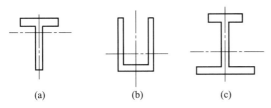

(a)　　　(b)　　　(c)

图6.8　中性轴不是对称轴的截面

但如果梁的截面形状上下不对称，如T形、槽形、上下翼缘不对称的工字形等截面（图6.8），其中性轴不是截面的对称轴。这类横截面的上、下边缘到中性轴的距离 $y_{max}^{上}$、$y_{max}^{下}$ 不相等，因此横截面有两个不同的弯曲截面系数：$W_{max}^{上} = \dfrac{I_z}{y_{max}^{上}}$，$W_{max}^{下} = $

$\dfrac{I_z}{y_{max}^{下}}$。这种情况下，横截面上的最大拉应力和最大压应力数值也不相等。当梁采用拉、压性能不同的材料（如铸铁）时，常采用这类形状的截面，并应将翼缘（或最大翼缘）放置在梁受拉的一侧。

【例6.1】　横截面为矩形的简支梁 AB，跨中受集中力 $F=20kN$ 作用，如图6.9（a）、（b）所示。试计算梁的最大弯曲正应力和危险截面上 K 点的弯曲正应力。

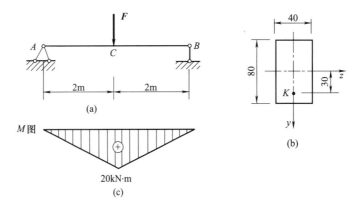

图6.9　例6.1图

解：

（1）作简支梁的弯矩图

作简支梁的弯矩图，如图 6.9（c）所示。弯矩图显示跨中 C 截面弯矩最大，为危险截面。最大弯矩为

$$M_{max} = \frac{1}{4}Fl = \frac{1}{4} \times 20 \times 4 = 20(\text{kN} \cdot \text{m})$$

（2）计算梁跨中截面上的最大弯曲正应力

梁的弯曲截面系数为

$$W_z = \frac{bh^2}{6} = \frac{40 \times 80^2}{6} = 426.7 \times 10^2(\text{mm}^3)$$

由式（6.3）得

$$\sigma_{max} = \frac{M_{max}}{W_z} = \frac{20 \times 10^3}{426.7 \times 10^2 \times 10^{-9}} = 468.7(\text{MPa})$$

由于该梁为矩形截面，中性轴 z 轴为截面的对称轴，故最大拉应力和最大压应力绝对值相等。根据内力图可判断，最大压应力位于截面上边缘各点处，最大拉应力位于截面下边缘各点处。

（3）计算梁跨中截面上 K 点处的弯曲正应力 σ_K

梁的惯性矩为

$$I_z = \frac{bh^3}{12} = \frac{40 \times 80^3}{12} = 170.7 \times 10^4(\text{mm}^4)$$

$$y_K = 30\text{mm}$$

由式（6.2）得

$$\sigma_{max} = \frac{M_{max}y_K}{I_z} = \frac{20 \times 10^3 \times 30 \times 10^{-3}}{170.7 \times 10^4 \times 10^{-12}} = 351.5(\text{MPa})$$

6.2 弯曲切应力

6.2.1 矩形截面梁的切应力

如图 6.10 所示的矩形截面简支梁，横截面宽度为 b，高度为 h，$h > b$；在图示荷载作用下发生平面弯曲，横截面上有沿 y 轴作用的剪力 $\boldsymbol{F}_S$，相应地将有切应力 $\boldsymbol{\tau}$。

对矩形截面梁，可做出如下假设：

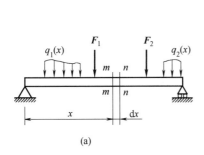

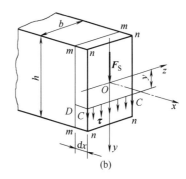

图 6.10 简支梁横截面上的切应力

① 截面上每一点处切应力 τ 的方向都平行于截面上剪力 $\boldsymbol{F}_S$ 的方向；

② 距中性轴等距离的各点处的切应力 τ 相等。

由弹性力学可知，对于截面高度大于截面宽度的一般矩形截面梁，以上述假设为基础得到的解在工程应用上是足够精确的。

如图 6.10（a）所示，在横力弯曲的区段内用两个距离很近的横截面 $m—m$ 和 $n—n$ 截取出长为 dx 的微段。该微段左侧横截面 $m—m$ 上有剪力 $\boldsymbol{F}_S$ 和弯矩 M，右侧横截面 $n—n$ 上有剪力 $\boldsymbol{F}_S$ 和弯矩 $M+dM$，如图 6.11（a）所示。横截面上的正应力分布已知，切应力的方向已知，如图 6.11（b）所示。用一水平截面将微段截开，取出下半部分，并对其进行平衡分析。设该水平截面距中性层的距离为 y，与 $m—m$ 截面的交线为 DD，与 $n—n$ 截面的交线为 CC，如图 6.11（c）所示。交线 CC 与中性轴平行，到中性轴的距离为 y。根据前面假设可知，交线 CC 上所有点在横截面上的切应力 τ 大小相等，方向均竖直向下。CC 既在横截面上，又在水平截面上。由切应力互等定律 $\tau'=\tau$ 可知，CC 上所有点在水平截面上的切应力 τ' 大小相等，方向均水平向左。因左、右侧截面距离很近，可认为 τ' 在整个水平截面上均匀分布，方向均水平向左。

设分离体的左侧截面（即 $mmDD$）上所有正应力的合力为 F_{N1}，右侧截面（即 $nnCC$）上所有正应力的合力为 F_{N2}，上侧截面（即 $CCDD$）上所有切应力 τ' 的合力为 dF_S，如图 6.11（d）所示。设分离体左、右侧面的面积均为 A^*，对分离体进行平衡分析，由 $\sum F_x=0$，有

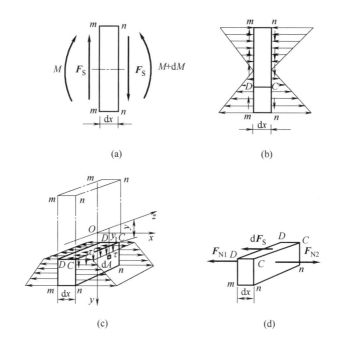

图 6.11　梁微段分离体受力分析

$$F_{N2}-F_{N1}-dF_S=0 \tag{a}$$

根据正应力公式，有

$$F_{N2}=\int_{A^*}\frac{(M+dM)y_1}{I_z}dA=\frac{M+dM}{I_z}\int_{A^*}y_1dA=\frac{M+dM}{I_z}S_z^* \tag{b}$$

式中，$S_z^*=\displaystyle\int_{A^*}y_1dA$ 为分离体的侧面 $ccnn$ 对中性轴的静矩。

同理，可得

$$F_{N1} = \frac{M}{I_z} S_z^* \qquad\qquad (c)$$

$$dF_S = \tau' b \, dx \qquad\qquad (d)$$

将式（b）~式（d）代入式（a），同时注意到 $\dfrac{dM}{dx} = F_S$，于是得

$$\tau' = \frac{F_S S_z^*}{I_z b}$$

又因 $\tau' = \tau$，所以矩形截面梁横截面上任一点处的切应力计算公式为

$$\tau = \frac{F_S S_z^*}{I_z b} \qquad\qquad (6.5)$$

式中，F_S 为梁横截面上的剪力；S_z^* 为横截面上所求切应力点（距中性轴的距离为 y）横线以外部分的面积（A^*）对中性轴的静矩；I_z 为整个横截面对中性轴 z 轴的惯性矩；b 为横截面上所求切应力点处的截面宽度。

关于 S_z^*，过所求切应力的点作一条与中性轴平行的直线，将横截面分为上半部分 A_1 和下半部分 A_2。由静矩的定义可知，整个横截面面积 A 对中性轴的静矩一定等于上、下两部分对中性轴的静矩之和，即

$$S_z = S_z^{(1)} + S_z^{(2)}$$

由于中性轴是截面的形心轴，故 $S_z = 0$。代入上式可得

$$S_z^{(1)} = -S_z^{(2)}$$

$$即 \ |S_z^{(1)}| = |S_z^{(2)}|$$

在具体计算时，可视计算方便灵活选取 $S^{(1)}$ 或 $S^{(2)}$ 来进行计算，并取其绝对值作为 S_z^*。

对于图 6.12（b）所示的横截面，根据静矩的计算公式，有：

$$S_z^* = \left(\frac{h}{2} - y\right) b \left[y + \frac{1}{2}\left(\frac{h}{2} - y\right)\right] = \frac{b}{2}\left(\frac{h^2}{4} - y^2\right)$$

将上式代入式（6.5），得

$$\tau = \frac{F_S}{2I_z}\left(\frac{h^2}{4} - y^2\right)$$

对于同一截面，剪力 F_S、惯性矩 I_z 和高度 h 均为定值；于是可知，矩形截面梁横截面上的切应力 τ 沿截面高度按二次抛物线规律分布，如图 6.12（c）所示。

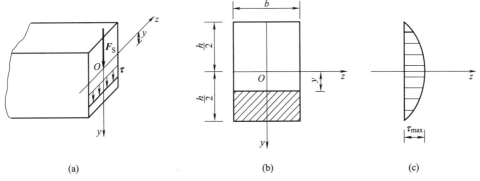

图 6.12　矩形横截面切应力分布规律

将矩形截面上、下边缘各点的 y 坐标 $\pm\dfrac{h}{2}$ 代入上式，可得 $\tau=0$，即矩形截面上、下边缘各点的切应力为零。中性轴上各点的 y 坐标为 0，代入上式，可得切应力的最大值为

$$\tau_{\max}=1.5\frac{F_S}{A}=1.5\frac{F_S}{bh} \tag{6.6}$$

式（6.6）表明，矩形截面梁中性轴上各点处的切应力最大，最大切应力 $\tau_{\max}$ 是截面平均切应力的 1.5 倍。

6.2.2 其他常见截面梁的切应力

（1）工字形截面

工字形截面是由上、下翼缘和中间腹板组成的，如图 6.13（a）所示。由于腹板是一个狭长矩形，仍可采用前面矩形截面梁的两条假设，根据式（6.5）计算腹板上任一点的切应力。腹板上切应力的分布图形仍是二次抛物线［图 6.13（b）］，切应力的最大值 $\tau_{\max}$ 仍发生在工字形截面的中性轴（$y=0$ 处）上，切应力的最小值 $\tau_{\min}$ 发生在腹板和翼缘交界处（$y=\pm\dfrac{h}{2}$ 处）。

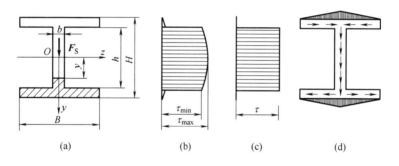

图 6.13　工字形截面上的切应力

由图 6.13（b）所示的切应力分布图计算出的腹板上的剪力与横截面上的总剪力 F_S 相差很小。说明整个工字形截面上的剪力主要由腹板承担，翼缘只承担了很小一部分，可以忽略不计。计算表明，腹板上的切应力最大值 $\tau_{\max}$ 和最小值 $\tau_{\min}$ 之间相差很小，在实际工程中，可近似认为腹板上的切应力是均匀分布的，如图 6.13（c）所示。即

$$\tau\approx\frac{F_S}{A_{腹板}} \tag{6.7}$$

翼缘内各点的切应力分布较复杂，沿 y 轴和 z 轴方向均有切应力分量。由于翼缘上、下表面没有切应力，翼缘厚度又很小，故沿 y 轴的切应力分量是次要的；翼缘上的切应力主要考虑与长边平行的 z 方向的切应力分量，但数值也较小。可认为沿翼缘厚度方向均匀分布，沿 z 方向呈线性分布，如图 6.13（d）所示。

从图 6.13（d）中可以看出，横截面上表示切应力方向的小箭头好似水流，从上翼缘两端开始流向腹板再流向下翼缘两端，这种现象称为切应力流。所有的开口薄壁截面梁，其横截面上切应力的方向均有切应力流的特点。

对于型钢截面梁，可在型钢规格表（见附录一）中查得 $I_z/S_{z,\max}^*$ 的值，其最大切应力为

$$\tau_{max} = \frac{F_S}{(I_z / S^*_{z,max})b} \tag{6.8}$$

工程中很多类似截面，如槽钢截面、箱形截面和 T 形截面，横截面的翼缘几乎不承担剪力，腹板承担了绝大部分的剪力。腹板均为高大于宽的狭长矩形，腹板上点的切应力仍可用式（6.5）计算，最大值 τ_{max} 仍位于中性轴上，如图 6.14 所示。

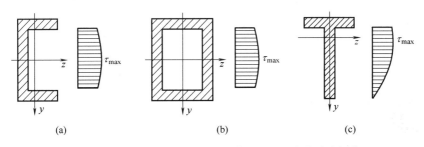

图 6.14　槽钢、箱形梁和 T 形梁横截面上切应力分布规律

（2）圆形截面和薄壁环形截面

圆形截面和薄壁环形截面上的切应力分布较为复杂。由于其外表面自由，根据切应力互等定理可以推断，其横截面边缘上各点处的切应力必与圆周相切。

对于圆形截面，由对称性可以推断，沿与中性轴平行的任意一条弦 AB 上各点处的切应力均汇交于 k 点，如图 6.15（a）所示。理论研究表明，圆形截面上最大切应力仍发生在中性轴上，且沿中性轴均匀分布，方向与剪力 F_S 方向平行，如图 6.15（a）所示。其最大切应力仍可按式（6.5）计算，其计算结果为

$$\tau_{max} = \frac{4F_S}{3A} \tag{6.9}$$

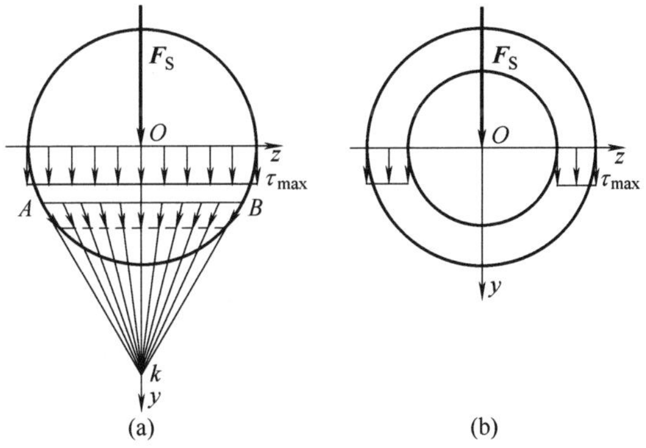

图 6.15　圆形截面和薄壁环形截面切应力分布规律

式中，A 为圆截面的面积。式（6.9）表明，圆形截面梁横截面上的最大切应力为平均切应力的 $\frac{4}{3}$ 倍。

薄壁环形截面的最大切应力也发生在中性轴上，中性轴上各点处切应力均匀分布，方向与剪力 F_S 方向平行，如图 6.15（b）所示。其最大切应力为

$$\tau_{max} = 2\frac{F_S}{A} \tag{6.10}$$

式中，A 为环形截面的面积。式（6.10）表明，薄壁环形截面梁横截面上的最大切应力为平均切应力的 2 倍。

6.3　梁的强度计算

梁在横力弯曲时，横截面上既有剪力又有弯矩，横截面上同时存在正应力和切应力。因此，梁必须同时满足正应力强度条件和切应力强度条件。

6.3.1 正应力强度条件

由前面分析可知，等直梁的最大正应力发生在最大弯矩所在横截面上，距中性轴最远的点处，而此处的切应力为零，或与正应力相比很小。因此，最大正应力所在的点，可按受单向拉（压）应力建立正应力强度条件。

对于塑性材料，由于其许用拉应力 $[\sigma_t]$ 与许用压应力 $[\sigma_c]$ 相等，即 $[\sigma_t]=[\sigma_c]=[\sigma]$，因此，梁的正应力强度条件为

$$\sigma_{\max}=\frac{M_{\max}}{W_z}\leqslant[\sigma] \tag{6.11}$$

对于脆性材料，由于其许用拉应力 $[\sigma_t]$ 与许用压应力 $[\sigma_c]$ 不相等，因此，应分别验算梁的最大拉应力和最大压应力，梁的正应力强度条件为

$$\left.\begin{array}{c}\sigma_{t,\max}\leqslant[\sigma_t]\\\sigma_{c,\max}\leqslant[\sigma_c]\end{array}\right\} \tag{6.12}$$

根据弯曲正应力强度条件，可进行强度校核、截面设计、许用荷载计算。

【例6.2】 矩形截面悬臂木梁受均布荷载作用，如图6.16（a）所示。梁横截面尺寸为 $b\times h=120\text{mm}\times180\text{mm}$，材料的许用正应力 $[\sigma]=10\text{MPa}$。试校核此梁的弯曲正应力强度。

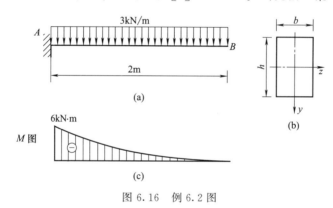

图 6.16　例 6.2 图

解：

（1）作梁的弯矩图

梁 AB 的弯矩图如图 6.16（c）所示，最大弯矩发生在固定端截面上，其值为

$$M_{\max}=6\text{kN}\cdot\text{m}$$

（2）计算截面的弯曲截面系数 W_z

$$W_z=\frac{bh^2}{6}=\frac{120\times180^2}{6}\text{mm}^3=64.8\times10^4\text{mm}^3$$

（3）正应力强度校核

$$\sigma_{\max}=\frac{M_{\max}}{W_z}=\frac{6\times10^3\text{N}\cdot\text{m}}{64.8\times10^4\times10^{-9}\text{m}^3}=9.26\text{MPa}<[\sigma]=10\text{MPa}$$

所以，梁的弯曲正应力强度条件能够满足。

【例6.3】 如图6.17（a）所示的简支梁 AB 选用工字钢，已知钢材的许用正应力 $[\sigma]=170\text{MPa}$。试根据正应力强度条件选择工字钢的型号。

解：

（1）作梁的弯矩图

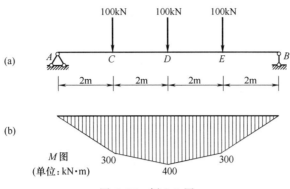

图 6.17 例 6.3 图

梁 AB 的弯矩图如图 6.17（b）所示，其最大弯矩为

$$M_{\max}=400\text{kN}\cdot\text{m}$$

（2）计算截面的弯曲截面系数

根据梁的正应力强度条件，工字钢截面的弯曲截面系数 W_z 应满足

$$W_z\geqslant\frac{|M|_{\max}}{[\sigma]}=\frac{400\times10^3\text{N}\cdot\text{m}}{170\times10^6\text{Pa}}=2352.94\times10^{-6}\text{m}^3=2352.94\text{cm}^3$$

（3）选择工字钢的型号

查型钢表可知，弯曲截面系数最为接近 2352.94cm^3 的工字钢型号为 56a，弯曲截面系数为 2342.31cm^3。代入最大正应力公式验算，得

$$\sigma_{\max}=\frac{M_{\max}}{W_z}=\frac{400\times10^6\text{N}\cdot\text{mm}}{2342.31\times10^3\text{mm}^3}=170.77\text{MPa}$$

最大正应力超过了许用应力，但 $\dfrac{\sigma_{\max}-[\sigma]}{[\sigma]}\times100\%=\dfrac{170.77-170}{170}\times100\%=0.45\%$，未超过 5% 的允许范围，实际工程中可认为满足要求。故可选 56a 工字钢。

【例 6.4】 T 形截面铸铁梁如图 6.18（a）所示。已知形心坐标 $y_C=30\text{mm}$，材料的许用拉应力为 $[\sigma_t]=30\text{MPa}$，许用压应力为 $[\sigma_c]=60\text{MPa}$。试校核该梁的强度。

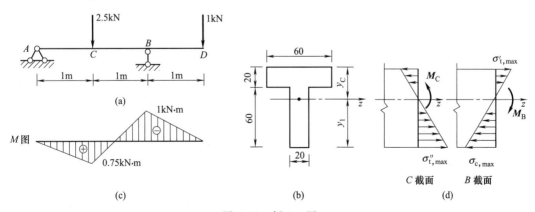

图 6.18 例 6.4 图

解：

（1）作梁的弯矩图

作梁的弯矩图，如图 6.18（c）所示。由弯矩图可知，梁的最大正弯矩位于 C 截面，梁

的最大负弯矩位于 B 截面，其值分别为

$$M_C = 0.75 \text{kN} \cdot \text{m}, \quad M_B = -1 \text{kN} \cdot \text{m}$$

（2）计算所需截面几何参数

该 T 形截面对其中性轴 z 轴的惯性矩 I_z 已在第 3 章例 3.4 中求出，为

$$I_z = 136 \times 10^4 \text{mm}^4$$

（3）强度校核

由于中性轴不是 T 形截面的对称轴，同一截面上最大拉应力和最大压应力的绝对值不相等。图 6.18（d）为 C 截面和 B 截面的正应力分布图。因为 $|M_B| > |M_C|$，故最大压应力发生在 B 截面的下边缘处，最大拉应力发生在 C 截面下边缘还是 B 截面上边缘处，需要通过计算判断。

最大压应力：

$$\sigma_{c,max} = \frac{|M_B| y_1}{I_z} = \frac{1 \times 10^3 \text{N} \cdot \text{m} \times 50 \times 10^{-3} \text{m}}{136 \times 10^{-8} \text{m}^4} = 37 \text{MPa} < [\sigma_c] = 60 \text{MPa}$$

最大拉应力：

B 截面

$$\sigma'_{t,max} = \frac{|M_B| y_C}{I_z} = \frac{1 \times 10^3 \text{N} \cdot \text{m} \times 30 \times 10^{-3} \text{m}}{136 \times 10^{-8} \text{m}^4} = 22 \text{MPa}$$

C 截面

$$\sigma''_{t,max} = \frac{M_C y_1}{I_z} = \frac{0.75 \times 10^3 \text{N} \cdot \text{m} \times 50 \times 10^{-3} \text{m}}{136 \times 10^{-8} \text{m}^4} = 28 \text{MPa}$$

故最大拉应力发生在 C 截面下边缘处，其值为

$$\sigma_{t,max} = 28 \text{MPa} < [\sigma_t] = 30 \text{MPa}$$

因此，该梁满足强度要求。

6.3.2 切应力强度条件

由前面分析可知，等直梁的最大切应力发生在剪力最大横截面的中性轴上各点处，而中性轴上各点处的正应力为零，且前面曾假设梁各水平层之间无相互挤压。因此，中性轴上各点处于纯剪切应力状态。按照纯剪切应力状态下的强度条件，可得梁的切应力强度条件为

$$\tau_{max} = \frac{F_{S,max} S^*_{z,max}}{I_z b} \leqslant [\tau] \tag{6.13}$$

对于矩形、热轧工字钢（型钢）、圆形和薄壁环形截面，可分别按式（6.6）、式（6.8）、式（6.9）和式（6.10）计算 τ_{max}。

一般情况下，梁的弯曲正应力比切应力大得多，梁的正应力是决定梁强度的主要因素。因此在工程实际中通常先按正应力强度条件来设计截面，再用切应力强度条件进行校核。大多数情况下，按正应力强度条件设计或校核过的梁，一般也满足切应力强度条件。但对于下列情况，切应力强度条件可能占主要因素，必须进行切应力强度校核：

① 当梁的跨度较小或支座附近作用有较大集中力时，会导致梁的最大弯矩较小，而最大剪力相对较大。

② 对于一些焊接或铆接而成的组合截面（如工字形、槽形）钢梁，当其腹板设计较薄而高度较大时，会导致腹板厚高比小于型钢的相应比值，腹板上的切应力可能较大。

③ 对于各向异性材料（如木材、竹材等）做成的梁，沿不同方向的许用切应力相差较大，可能沿中性层发生剪切破坏；一些由多层材料胶合而成的梁，当胶合面切应力较大时，可能沿胶合面发生剪切破坏。

【例6.5】　矩形截面简支木梁受均布荷载作用，如图 6.19 （a）所示。梁横截面尺寸为 $b \times h = 120\text{mm} \times 180\text{mm}$，材料的许用正应力为 $[\sigma] = 10\text{MPa}$，许用切应力为 $[\tau] = 1\text{MPa}$。试校核此梁的强度。

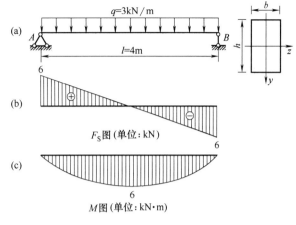

图 6.19　例 6.5 图

解：

（1）作梁的剪力图、弯矩图

梁 AB 的剪力图、弯矩图如图 6.19 （b）、（c）所示，最大剪力和最大弯矩分别为

$$F_{\text{S,max}} = 6\text{kN}, \quad M_{\text{max}} = 6\text{kN} \cdot \text{m}$$

（2）梁的正应力强度校核

$$\sigma_{\text{max}} = \frac{M_{\text{max}}}{W_z} = \frac{6M_{\text{max}}}{bh^2} = \frac{6 \times 6 \times 10^6 \text{N} \cdot \text{mm}}{120\text{mm} \times 180\text{mm} \times 180\text{mm}} = 9.26\text{MPa} < [\sigma] = 10\text{MPa}$$

（3）梁的切应力强度校核

$$\tau_{\text{max}} \frac{3F_{\text{S,max}}}{2A} = \frac{3 \times 6 \times 10^3 \text{N}}{2 \times 120\text{mm} \times 180\text{mm}} = 0.42\text{MPa} < [\tau] = 1\text{MPa}$$

所以，梁的正应力、切应力强度条件均能满足。

【例6.6】　由普通热轧工字钢制成的外伸梁，如图 6.20 （a）所示。已知钢材的许用正应力 $[\sigma] = 150\text{MPa}$，许用切应力 $[\tau] = 100\text{MPa}$。试选择工字钢的型号。

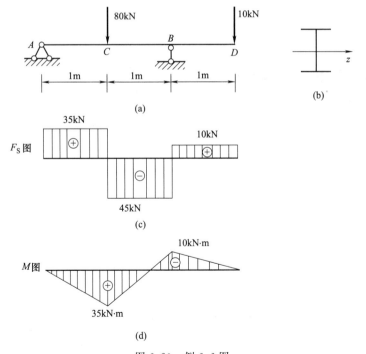

图 6.20　例 6.6 图

解：

（1）作梁的剪力图、弯矩图

作外伸梁的剪力图、弯矩图，如图 6.20（c）、（d）所示。梁内最大剪力和最大弯矩分别为

$$F_{S,max}=45kN,\ M_{max}=35kN\cdot m$$

（2）按正应力强度条件选择截面

根据正应力强度条件，梁的弯曲截面系数应满足

$$W_z\geqslant\frac{M_{max}}{[\sigma]}=\frac{35\times10^3 N\cdot m}{150\times10^6 Pa}=233.3\times10^{-6}m^3=233.3cm^3$$

查型钢表，20a 工字钢其弯曲截面系数 $W_z=237cm^3$，比计算所需 $W_z=233.3cm^3$ 略大，故可选用 20a 工字钢。

（3）按切应力强度条件校核

查型钢表得 20a 工字钢的截面几何性质 $\dfrac{I_z}{S^*_{z,max}}=17.2cm$，腹板厚度 $d=7mm$。校核梁的切应力强度：

$$\tau_{max}=\frac{F_{S,max}S^*_{z,max}}{I_z d}=\frac{F_{S,max}}{\dfrac{I_z}{S^*_{z,max}}d}=\frac{45\times10^3 N}{17.2\times10^{-2}m\times7\times10^{-3}m}=37.4MPa<[\tau]=100MPa$$

满足切应力强度条件，故该梁可选用 20a 工字钢。

6.3.3　提高梁弯曲强度的主要措施

由前述分析可知，按强度要求对梁进行设计时，主要考虑弯曲正应力强度条件，即

$$\sigma_{max}=\frac{M_{max}}{W_z}\leqslant[\sigma]$$

从这一条件可知，降低梁内的最大弯矩 M_{max}，增大梁的弯曲截面系数 W_z，是提高梁承载能力的主要途径。

（1）合理布置梁的荷载和支座

在条件允许的情况下，合理分散荷载也能有效地降低梁上的最大弯矩值。如图 6.21（a）所示的简支梁 AB，受集中荷载 F 作用，梁跨长 l，梁中的最大弯矩值为 $\dfrac{Fl}{4}$。若在梁的中部增设一根辅助梁 CD，使 F 通过辅助梁 CD 作用到简支梁 AB 上 [图 6.21（b）]，则梁的最大弯矩值为 $\dfrac{Fl}{8}$，减小到原来的一半。

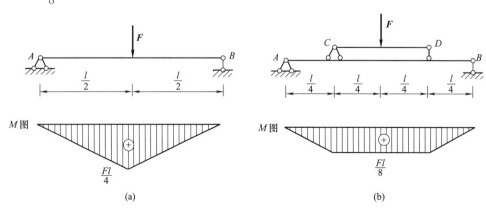

图 6.21　合理布置梁的荷载

另外，合理安排梁的支座位置，也能有效降低梁的最大弯矩值。如图 6.22（a）所示的简支梁 AB，受均布荷载 q 作用，梁跨长 l，梁中的最大弯矩值为 $\dfrac{ql^2}{8}$。若将梁的两个支座对称地向跨中移动 $0.2l$，使之变为两端外伸梁，如图 6.22（b）所示。由于外伸段的均布荷载会引起梁内的负弯矩，梁的弯矩分布将会发生变化，最大正弯矩仍发生在梁的跨中截面，大小为 $\dfrac{ql^2}{40}$；最大负弯矩发生在两个支座处，大小为 $\dfrac{ql^2}{50}$。此时，梁的最大弯矩仅为原来的 $1/5$。

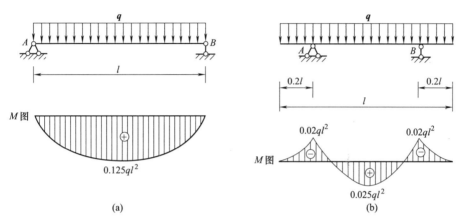

图 6.22　合理安排梁的支座

（2）合理选择梁的截面

由弯曲正应力强度条件可知，梁的弯曲截面系数越大，梁能承受的弯矩就越大。增大梁的横截面尺寸可以达到增大弯曲截面系数的目的，但纯粹增大横截面尺寸会导致体积增大、自重增加，梁的最大弯矩值也增大，同时还会增加材料用量，导致成本增加。因此，在不改变横截面面积的情况下增大弯曲系数才是解决问题的关键，也就是说，应当使弯曲截面系数和截面面积的比值 W_z/A 尽可能大。工程中常用 W_z/A 来衡量截面的合理性。表 6.1 列出了几种常用截面的 W_z 与 A 的比值。由此可知，工字形或槽形截面较经济合理，矩形截面次之，圆形截面最差。

表 6.1　常用截面的 W_z 与 A 的比值

截面形状	圆形	矩形	工字形、槽形
W_z/A	$0.125d$	$0.167h$	$(0.27\sim0.31)h$

注：d 为截面直径，h 为截面高度。

由于梁横截面上的最大正应力位于截面的上、下边缘，为充分发挥材料作用，可将截面面积尽量布置在远离中性轴的地方。例如，横截面面积相同的矩形截面，采用竖放时的弯曲截面系数明显大于平放时，因此竖放的矩形截面较平放合理。如图 6.23 所示，将矩形截面中性轴附近的材料移至上、下边缘附近而得到工字形截面，在横截面面积不变的情况下，弯曲截面系数将显著增大，箱形或槽形截面也是同样的道理。而圆形截面则在中性轴附

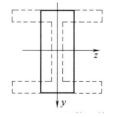

图 6.23　工字形截面简图

近聚集了较多材料，W_z/A 的值较小，不能充分发挥材料的强度；为了将材料移至距中性轴较远处，可将实心圆截面改为空心圆截面。

合理选择梁的截面形状时，还应考虑材料的特性。对于由塑性材料制成的梁，由于塑性材料抗拉、抗压强度相同，可采用以中性轴为对称轴的截面形式，如工字形、矩形、圆形等；对于由脆性材料制成的梁，由于脆性材料的抗拉强度远低于抗压强度，可采用形心轴（中性轴）偏于受拉一侧的截面形式（如图 6.24 所示的几种截面），充分利用材料的力学性能，而且最合理的设计为 y_t 与 y_c 接近下列关系：

$$\frac{\sigma_{t,max}}{\sigma_{c,max}} = \frac{M_{max}y_t}{I_z} \Big/ \frac{M_{max}y_c}{I_z} = \frac{y_t}{y_c} = \frac{[\sigma_t]}{[\sigma_c]}$$

从而可使最大拉应力和最大压应力同时接近其许用值。

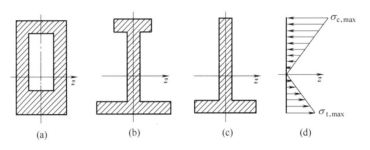

图 6.24   中性轴不是对称轴的几种截面正应力分布

（3）采用变截面梁

等截面梁是根据梁危险截面上的最大弯矩值进行设计的，整个梁横截面的 W_z 为常数，只有在最大弯矩截面上，最大正应力 σ_{max} 才接近许用应力；其他截面的弯矩值一般比最大弯矩值小，正应力也较小，大部分截面的材料性能未得到充分利用。为了充分发挥材料性能，实际工程中常将梁设计成变截面的，在弯矩较大处采用较大的截面，在弯矩较小处采用较小的截面，称为变截面梁。这样就能充分发挥材料性能，达到节约材料并减小梁的自重目的。

最合理的变截面梁是等强度梁，即梁各横截面上的最大正应力都等于材料的许用正应力 $[\sigma]$，有

$$\sigma_{max} = \frac{M(x)}{W_z(x)} = [\sigma]$$

即

$$W_z(x) = \frac{M(x)}{[\sigma]}$$

由于等强度梁在加工制造中存在一定的困难，工程实际中采用较多的是近似等强度的变截面梁，如房屋阳台下的挑梁 [图 6.25 (a)]、鱼腹式吊车梁 [图 6.25 (b)] 等。

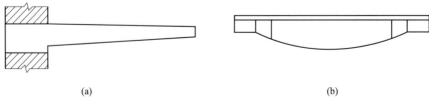

图 6.25   变截面梁

6.4　弯曲中心的概念

对于具有纵向对称面的薄壁梁，如图 6.26（a）所示，当荷载作用在纵向对称面（形心主惯性平面）内时，梁产生平面弯曲。但当薄壁梁没有纵向对称面时，如果荷载作用在形心主惯性平面内，则梁不仅产生弯曲变形，同时还将产生扭转变形 ［图 6.26（b）］。研究表明，只有当荷载作用在与形心主惯性平面平行的纵向平面内，并且作用线通过截面上的某一特定点 A 时，薄壁梁才只产生弯曲而不产生扭转，这一特定点 A 称为截面的**弯曲中心**或剪切中心 ［图 6.26（c）］。

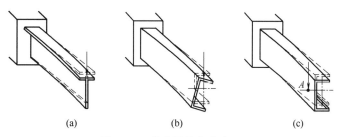

图 6.26　薄壁梁的弯曲中心

开口薄壁截面杆的抗扭刚度较小，如横向力不通过弯曲中心，将引起比较严重的扭转变形，这对梁十分不利。

当截面有两个对称轴时，两个对称轴的交点即为弯曲中心，此时弯曲中心与形心重合 ［图 6.27（b）、（c）］。当截面有一个对称轴时，弯曲中心在对称轴上 ［图 6.27（a）、（d）］。如截面是由中心线相交的两个狭长矩形组成，则此交点即是弯曲中心 ［图 6.27（d）、（e）］。如果截面是关于形心反对称的形式，则形心即是弯曲中心 ［图 6.27（f）］。

弯曲中心的位置与荷载无关，只与截面的形状和尺寸有关。截面的弯曲中心也属于截面图形的几何性质之一。图 6.27 中的 A 点为常见薄壁截面的弯曲中心。

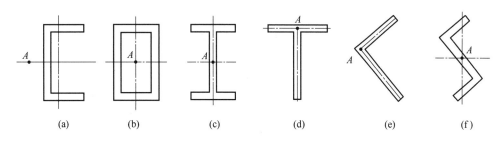

图 6.27　常见薄壁截面的弯曲中心

小结

① 平面弯曲梁上既有正应力 $\boldsymbol{\sigma}$，又有切应力 $\boldsymbol{\tau}$，其计算公式分别为：

$$\sigma=\frac{My}{I_z}; \quad \tau=\frac{F_S S_z^*}{I_z b}$$

② 最大正应力发生在横截面的上、下边缘处，中性轴上的正应力为零；最大切应力发生在中性轴上，横截面的上、下边缘处切应力为零。

③ 常见截面梁的最大切应力为：

矩形截面：$\tau_{max} = 1.5\dfrac{F_S}{A}$

工字型钢截面：$\tau_{max} = \dfrac{F_S}{(I_z/S^*_{z,max})b}$

圆形截面：$\tau_{max} = \dfrac{4F_S}{3A}$

薄壁环形截面：$\tau_{max} = 2\dfrac{F_S}{A}$

④ 平面弯曲梁应同时满足正应力及切应力强度条件，一般情况下正应力强度条件决定梁的强度。等直梁强度条件分别为：

$$\sigma_{max} = \dfrac{M_{max}}{W_z} \leqslant [\sigma] \ ; \quad \tau_{max} = \dfrac{F_{S,max}S^*_{z,max}}{I_z b} \leqslant [\tau]$$

⑤ 作用在杆件上的横向力与形心主惯性轴平行并且通过弯曲中心时，杆件只产生弯曲变形而不产生扭转变形。

⑥ 提高梁弯曲强度的主要措施有：合理布置梁的荷载和支座；合理选择梁的截面；采用变截面梁。

思考题

6.1 什么是中性层？什么是中性轴？如何确定中性轴的位置？

6.2 弯曲正应力沿梁截面高度是如何分布的？试画出图 6.28 所示各横截面的弯曲正应力沿截面高度的分布图。

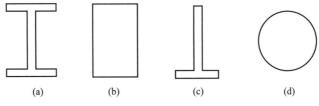

(a)　　　　(b)　　　　(c)　　　　(d)

图 6.28　思考题 6.2 图

6.3 梁横截面上的最大弯曲正应力、最大弯曲切应力各发生在横截面上的什么位置？

6.4 试讨论当面积均为 A 时，以下各种不同形状的横截面的 I_z、W_z 各为多少（均以面积 A 表示）？①正方形；②高宽比为 $3:2$ 的矩形（横放）；③高宽比为 $3:2$ 的矩形（竖放）；④圆形；⑤内外径比为 $1:2$ 的环形；⑥内外边长之比为 $1:2$ 的正方形空心截面。

6.5 什么情况下等截面梁中最大拉应力和最大压应力在同一个截面上？什么情况下可能不在同一个截面上？

6.6 如图 6.29 所示，某梁由两个形状尺寸完全相同的矩形截面梁组合而成。当两者牢固结合和光滑叠合时，梁中的内力和应力情况分别是怎样的？为什么？

图 6.29　思考题 6.6 图

6.7 为提高梁的强度，可采取哪些措施？

6.8 由四根 $100mm \times 80mm \times 10mm$ 不等边角钢焊成一体的梁，在纯弯曲条件下按图 6.30 所示的四种方式组合。试问哪一种强度最高？哪一种强度最低？

图 6.30 思考题 6.8 图

习题

6.1 横截面为矩形的简支梁，如图 6.31 所示。试计算梁的最大弯曲正应力和危险截面上 a 点、b 点的弯曲正应力。

6.2 跨度为 2m 的简支梁，承受满跨均布荷载，其分布集度为 2kN/m。采用：① 直径为 40mm 的圆截面；②面积与上述圆截面相同的环形截面，内外径之比为 3：5。试求解采用两种不同截面的梁内最大正应力值。

6.3 某简支梁采用由两根工字钢组成的截面，受力如图 6.32 所示。材料的许用应力为 $[\sigma]=200$MPa，试根据正应力强度条件选择工字钢的型号。

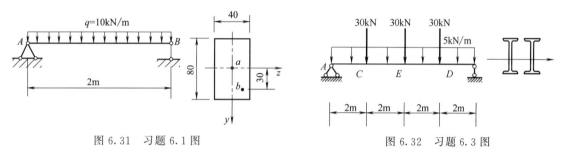

图 6.31 习题 6.1 图   图 6.32 习题 6.3 图

6.4 某简支梁受力和尺寸如图 6.33 所示。材料的许用应力 $[\sigma]=160$MPa，试按正应力强度条件设计三种形状截面尺寸：①圆形截面直径 d；②$h/b=2$ 的矩形截面的 b、h；③工字形截面。并比较三种截面的耗材量。

6.5 一矩形截面梁如图 6.34 所示。计算梁的最大切应力和危险截面上 a 点、b 点的切应力。

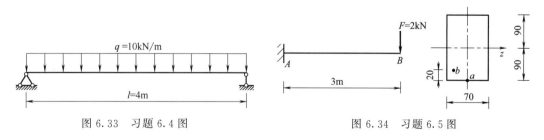

图 6.33 习题 6.4 图   图 6.34 习题 6.5 图

6.6 一矩形截面外伸木梁，如图 6.35 所示。已知材料的许用正应力 $[\sigma]=10$MPa，许用切应力 $[\tau]=2$MPa。试校核该梁的强度。

6.7 由工字钢制成的外伸梁，如图 6.36 所示。在外伸端 C 处作用有集中力 $F=20$kN，若已知 $[\sigma]=160$MPa，$[\tau]=100$MPa。试选择工字钢的型号。

6.8 铸铁梁的横截面尺寸和所受荷载如图 6.37 所示。材料的许用拉应力 $[\sigma_t]=40$MPa，许用压应力 $[\sigma_c]=100$MPa。试按正应力强度条件校核梁的强度。

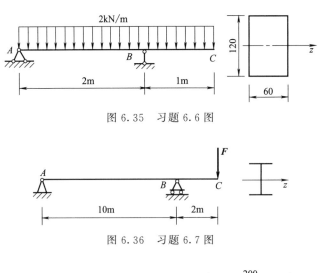

图 6.35 习题 6.6 图

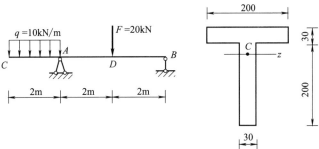

图 6.36 习题 6.7 图

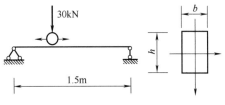

图 6.37 习题 6.8 图

6.9 图 6.38 所示的简支梁上作用有一个可移动荷载 $F=30\text{kN}$。材料的 $[\sigma]=10\text{MPa}$、$[\tau]=2\text{MPa}$，横截面为一高宽比为 $h/b=3/2$ 的矩形。试确定该梁的横截面尺寸。

图 6.38 习题 6.9 图

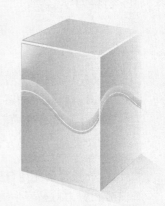

第7章

平面弯曲梁的变形与刚度计算

 学习目标

掌握梁弯曲变形时截面挠度和转角的概念；熟悉梁的挠曲线近似微分方程；掌握用积分法和叠加法计算梁的挠度和转角；掌握梁的刚度计算；熟悉一次超静定梁的计算。

 难点

分段积分法求梁的变形；简单超静定梁的计算。

7.1 梁的挠曲线近似微分方程

如图 7.1 所示的简支梁，在集中力作用下产生平面弯曲变形，其轴线由直线变为平面曲线。弯曲变形后的轴线仍在梁的纵向对称平面内，是一根光滑的平面曲线，该曲线称为梁的**挠曲线**。

梁的变形，可以用梁中各个横截面的位移来度量。横截面形心在 v 方向的线位移，称为该截面的**挠度**，用 v 表示。横截面绕其中性轴转过的角度，称为该截面的**转角**，用 θ 表示。规定：挠度向下为正；转角以顺时针转向为正。在小变形条件下，横截面在 x 方向的线位移与 v 相比很小，可略去不计。所以，**挠度和转角可作为度量梁变形的两个基本量。**

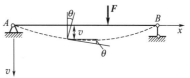

图 7.1 挠度和转角

一般情况下，梁的各横截面的挠度、转角是不相同的，挠度、转角均为 x 的函数，即

$$v = v(x) \tag{a}$$

$$\theta = \theta(x) \tag{b}$$

式（a）和式（b）分别称为梁的**挠曲线方程**和**转角方程**。

在小变形条件下，转角 θ 很小，所以转角与挠度的关系为

$$v' = \frac{\mathrm{d}v}{\mathrm{d}x} = \tan\theta \approx \theta \tag{7.1}$$

式（7.1）表示了转角与挠度之间的微分关系。显然，只要求出梁的挠度方程，就可利用式（7.1）得到梁的转角方程。

在第 6.1 节推导梁的正应力计算公式过程中，曾得到挠曲线曲率的表达式（6.1），即

$$\frac{1}{\rho} = \frac{M}{EI} \tag{c}$$

式（c）是梁在纯弯曲情况下推导出的。一般梁的跨度 l 与高度 h 之比大于 10，在横力弯曲时，剪力对梁变形的影响可忽略不计，仍可用式（c）计算。但此时 ρ、M 均为 x 的函数，即

$$\frac{1}{\rho(x)} = \frac{M(x)}{EI} \tag{d}$$

高等数学中，平面曲线的曲率与曲线方程导数之间的关系为

$$\frac{1}{\rho(x)} = \pm \frac{v''}{(1+v'^2)^{\frac{3}{2}}} \tag{e}$$

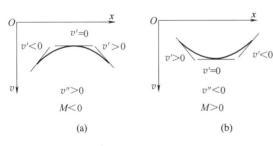

图 7.2　v'' 与 M 之间的正负号关系

上式中的正负号与坐标轴的选取有关。在 x 轴水平向右为正、v 轴竖直向下为正时，图 7.2（a）上凸曲线的 v'' 为正值（v'' 的物理意义是 v' 对于 x 的变化率，由左至右，曲线的切线斜率 v' 由负变为正，故其变化率为正值），能够使梁轴线产生上凸变形的弯矩一定是负弯矩；图 7.2（b）中下凸曲线的 v'' 为负值，而使梁轴线产生这种下凸变形的弯矩一定是正弯矩。综上所述，在图 7.2 所示的坐标系中，v'' 和 M 总是正负号相反。

式（d）、式（e）联合得

$$\frac{M(x)}{EI} = -\frac{v''}{(1+v'^2)^{\frac{3}{2}}} \tag{f}$$

在小变形情形下，式（f）中的 $v' = \theta$ 是非常微小的量，v'^2 和 1 相比可以忽略不计，故上式可近似写成

$$v'' = -\frac{M(x)}{EI} \tag{7.2}$$

式（7.2）是在不计剪力影响和小变形假设下，略去 v'^2 项得到的，故称为**梁的挠曲线近似微分方程**。该方程适用于在线弹性范围内工作的杆件。

7.2　积分法求梁的变形

为计算梁的变形，可以直接对式（7.2）进行积分。对等直梁，积分一次得转角方程为

$$\theta = v' = -\frac{1}{EI}\left[\int M(x)\mathrm{d}x + C\right] \tag{7.3}$$

再积分一次，得挠曲线方程为

$$v = -\frac{1}{EI}\left[\iint\left(\int M(x)\mathrm{d}x\right)\mathrm{d}x + Cx + D\right] \tag{7.4}$$

式中，C、D 为积分常数，其值可根据梁的边界条件确定。梁的**边界条件**是指梁的某些截面变形受限制的条件。例如图 7.3（a）所示的悬臂梁，在固定端 A 处的截面既不能转动也不能移动，则此梁的边界条件为 $\theta_A = 0$，$v_A = 0$；图 7.3（b）所示的简支梁，在支座 A 和支座 B 处不会发生竖向位移，此梁的边界条件为 $v_A = 0$，$v_B = 0$。

当外力将梁分为若干段时，各段梁将有不同的挠曲线方程和转角方程。在确定各方程的积分常数时，除利用边界条件外，还要用到变形连续条件。**变形连续条件**是指两段梁的交界处变形是连续的。例如，图 7.3

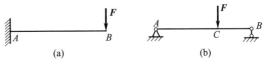

图 7.3　梁的边界条件

（b）所示简支梁的变形连续条件为 AC、CB 两段梁在 C 截面处有相同的挠度和转角值。

【**例 7.1**】　如图 7.4 所示的等截面悬臂梁，受均布荷载 q 作用，设 EI 为常数。求梁自由端 B 截面的挠度和转角。

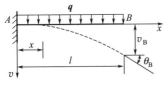

图 7.4　例 7.1 图

解：

（1）求梁的挠曲线近似微分方程

建立坐标系，如图 7.4 所示。梁 AB 的弯矩方程为

$$M(x) = qlx - \frac{ql^2}{2} - \frac{qx^2}{2} \quad (0 < x \le l)$$

梁 AB 的挠曲线近似微分方程为

$$v''(x) = -\frac{M(x)}{EI} = -\frac{1}{EI}\left(qlx - \frac{ql^2}{2} - \frac{qx^2}{2}\right) \tag{a}$$

（2）求梁的转角方程和挠曲线方程

对式（a）积分有

$$\theta(x) = v'(x) = -\frac{1}{EI}\left(\frac{qlx^2}{2} - \frac{ql^2 x}{2} - \frac{qx^3}{6} + C\right) \tag{b}$$

$$v(x) = -\frac{1}{EI}\left(\frac{qlx^3}{6} - \frac{ql^2 x^2}{4} - \frac{qx^4}{24} + Cx + D\right) \tag{c}$$

（3）确定积分常数

将边界条件 $x = 0$ 时 $v'(0) = 0$，$v(0) = 0$ 分别代入式（b）、式（c），得

$$C = 0, \quad D = 0$$

（4）求 B 截面的挠度和转角

将 C、D 的值及 $x = l$ 代入式（b）、式（c），得梁自由端 B 截面的转角和挠度

$$\theta_B = \theta(l) = \frac{ql^3}{6EI}$$

$$v_B = v(l) = \frac{ql^4}{8EI}$$

【**例 7.2**】　用积分法求图 7.5 所示简支梁 C 截面的挠度和转角。

解：

（1）求梁的挠曲线近似微分方程

建立坐标系，如图 7.5 所示。分段建立弯矩方程和

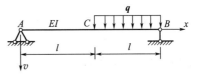

图 7.5　例 7.2 图

挠曲线近似微分方程。

AC 段 （$0 \leqslant x \leqslant l$）：

$$M_1(x) = \frac{ql}{4}x$$

$$v_1''(x) = -\frac{M_1(x)}{EI} = -\frac{1}{EI} \times \frac{ql}{4}x$$

CB 段 （$l \leqslant x \leqslant 2l$）：

$$M_2(x) = \frac{ql}{4}x - \frac{q}{2}(x-l)^2$$

$$v_2''(x) = -\frac{M_2(x)}{EI} = -\frac{1}{EI} \times \frac{ql}{4}x + \frac{1}{EI} \times \frac{q}{2}(x-l)^2$$

（2）求梁的转角方程和挠曲线方程

分别对两段梁的挠曲线近似微分方程积分。

AC 段：

$$\theta_1(x) = v'_1(x) = -\frac{1}{EI} \times \frac{ql}{8}x^2 + C_1 \tag{a}$$

$$v_1(x) = -\frac{1}{EI} \times \frac{ql}{24}x^3 + C_1 x + D_1 \tag{b}$$

CB 段：

$$\theta_2(x) = v'_2(x) = -\frac{1}{EI} \times \frac{ql}{8}x^2 + \frac{1}{EI} \times \frac{q}{6}(x-l)^3 + C_2 \tag{c}$$

$$v_2(x) = -\frac{1}{EI} \times \frac{ql}{24}x^3 + \frac{1}{EI} \times \frac{q}{24}(x-l)^4 + C_2 x + D_2 \tag{d}$$

（3）确定积分常数

边界条件：$x = 0$ 时，$v_1(0) = 0$；$x = 2l$ 时，$v_2(2l) = 0$。变形连续条件：$x = l$ 时，$v'_1(l) = v'_2(l)$，$v_1(l) = v_2(l)$。将边界条件和变形连续条件代入式 （a）~式 （d）得

$$C_1 = C_2 = \frac{7ql^3}{48EI} \quad D_1 = D_2 = 0$$

（4）计算 C 截面的挠度 v_C 和转角 θ_C

将 C_1、C_2、D_1、D_2 的值及 $x = l$ 代入式 （a）、式 （b）得

$$\theta_C = -\frac{1}{EI} \times \frac{ql}{8}l^2 + \frac{7ql^3}{48EI} = \frac{ql^3}{48EI}$$

$$v_C = -\frac{1}{EI} \times \frac{ql}{24}l^3 + \frac{7ql^3}{48EI}l = \frac{5ql^4}{48EI}$$

7.3　叠加法求梁的变形

从积分法计算梁的变形可知，在梁的变形微小并且梁的材料在线弹性范围内工作时，梁的变形与作用于梁上的荷载呈线性关系。当梁上同时受到多个荷载作用时，每个荷载引起的梁的变形不受其他荷载的影响。梁的变形满足线性叠加原理，即**在多个荷载共同作用时引起的梁的变形，等于各个荷载单独作用时引起的梁的变形的代数和**。

几种常用梁在简单荷载作用下的变形见表 7.1。

表 7.1 梁在简单荷载作用下的挠曲线方程、端截面转角和最大挠度

梁的简图	挠曲线方程	端截面转角	最大挠度
	$v = \dfrac{M_e x^2}{2EI_z}$	$\theta_B = \dfrac{M_e l}{EI_z}$	$v_B = \dfrac{M_e l^2}{2EI_z}$
	$v = \dfrac{F x^2}{6EI_z}(3l - x)$	$\theta_B = \dfrac{F l^2}{2EI_z}$	$v_B = \dfrac{F l^3}{3EI_z}$
	$v = \dfrac{F x^2}{6EI_z}(3a - x)$ $0 \leqslant x \leqslant a$ $v = \dfrac{F a^2}{6EI_z}(3x - a)$ $a \leqslant x \leqslant l$	$\theta_B = \dfrac{F a^2}{2EI_z}$	$v_B = \dfrac{F a^2}{6EI_z}(3l - a)$
	$v = \dfrac{q x^2}{24EI_z}(x^2 - 4lx + 6l^2)$	$\theta_B = \dfrac{q l^3}{6EI_z}$	$v_B = \dfrac{q l^4}{8EI_z}$
	$v = \dfrac{M_e x}{6EI_z l}(l - x)(2l - x)$	$\theta_A = \dfrac{M_e l}{3EI_z}$ $\theta_B = -\dfrac{M_e l}{6EI_z}$	在 $x = \left(1 - \dfrac{1}{\sqrt{3}}\right)l$ 处, $v_{max} = \dfrac{M_e l^2}{9\sqrt{3}EI_z}$ 在 $x = \dfrac{l}{2}$ 处, $v = \dfrac{M_e l^2}{16EI_z}$
	$v = -\dfrac{M_e x}{6EI_z l}(l^2 - 3b^2 - x^2)$ $0 \leqslant x \leqslant a$ $v = \dfrac{M_e}{6EI_z l}[-x^3 + 3l(x - a)^2 + (l^2 - 3b^2)x]$ $a \leqslant x \leqslant l$	$\theta_A = -\dfrac{M_e}{6EI_z l}(l^2 - 3b^2)$ $\theta_B = -\dfrac{M_e}{6EI_z l}(l^2 - 3a^2)$	在 $x = \sqrt{\dfrac{l^2 - 3b^2}{3}}$ 处, $v_{max} = -\dfrac{M_e}{9\sqrt{3}EI/l}(l^2 - 3b^2)^{3/2}$ 在 $x = \sqrt{\dfrac{l^2 - 3a^2}{3}}$ 处, $v_{max} = -\dfrac{M_e}{9\sqrt{3}EI/l}(l^2 - 3a^2)^{3/2}$

梁的简图	挠曲线方程	端截面转角	最大挠度
	$v = \dfrac{Fx}{48EI_z}(3l^2 - 4x^2)$ $0 \leqslant x \leqslant \dfrac{1}{2}$	$\theta_A = -\theta_B = \dfrac{Fl^2}{16EI_z}$	$v_{max} = \dfrac{Fl^3}{48EI_z}$
	$v = \dfrac{Fbx}{6EI_z l}(l^2 - x^2 - b^2)$ $0 \leqslant x \leqslant a$ $v = \dfrac{Fb}{6EI_z l}\left[\dfrac{l}{b}(x-a)^3 + (l^2 - b^2)x - x^3 \right]$ $a \leqslant x \leqslant l$	$\theta_A = \dfrac{Fab(l+b)}{6EI_z l}$ $\theta_B = -\dfrac{Fab(l+a)}{6EI_z l}$	设 $a > b$, $x = \sqrt{\dfrac{l^2 - b^2}{3}}$ 处, $v_{max} = \dfrac{Fb\sqrt{(l^2-b^2)^3}}{9\sqrt{3}EI_z l}$ 在 $x = \dfrac{l}{2}$ 处, $v_{1/2} = \dfrac{Fb(3l^2 - 4b^2)}{48EI_z}$
	$v = \dfrac{qx}{24EI_z}(l^3 - 2lx^2 + x^3)$	$\theta_A = -\theta_B = \dfrac{ql^3}{24EI_z}$	$v_{max} = \dfrac{5ql^4}{384EI_z}$
	$v = -\dfrac{Fax}{6EI_z}(l^2 - x^2)$ $0 \leqslant x \leqslant l$ $v = \dfrac{F(x-l)}{6EI_z}[a(3x - l) - (x-l)^2]$ $l \leqslant x \leqslant (l+a)$	$\theta_A = -\dfrac{1}{2}\theta_B = -\dfrac{Fal}{6EI_z}$ $\theta_C = \dfrac{Fa}{6EI_z}(2l+3a)$	$v_C = \dfrac{Fa^2}{3EI_z}(l+a)$
	$v = -\dfrac{M_e x}{6EI_z l}(x^2 - l^2)$ $0 \leqslant x \leqslant l$ $v = \dfrac{M_e}{6EI_z}(3x^2 - 4xl + l^2)$ $l \leqslant x \leqslant (l+a)$	$\theta_A = -\dfrac{1}{2}\theta_B = -\dfrac{M_e l}{6EI_z}$ $\theta_C = \dfrac{M_e}{3EI_z}(l+3a)$	$v_C = \dfrac{M_e a}{6EI_z}(2l+3a)$
	$v = -\dfrac{qa^2}{12EI_z}\left(lx - \dfrac{x^3}{l} \right)$ $0 \leqslant x \leqslant l$ $v = \dfrac{qa^2}{12EI_z}\left[\dfrac{x^3}{l} - \dfrac{(2l+a)(x-l)^3}{al} + \dfrac{(x-l)^4}{2a^2} - lx \right]$ $l \leqslant x \leqslant (l+a)$	$\theta_A = -\dfrac{1}{2}\theta_B = -\dfrac{qa^2 l}{6EI_z}$ $\theta_C = \dfrac{qa^2}{6EI_z}(l+a)$	$v_C = \dfrac{qa^3}{24EI_z}(3a+4l)$

【**例 7.3**】　某简支梁如图 7.6（a）所示。试用叠加法求跨中 C 截面的挠度和支座 B 截面的转角。设 EI 为常数。

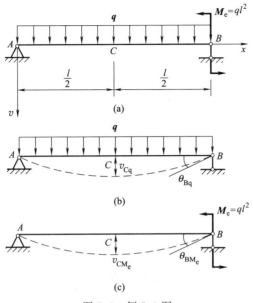

图 7.6　例 7.3 图

解：

将梁上的荷载分解为均布荷载 q 和集中力偶 M_e 两种简单荷载，如图 7.6（b）、（c）所示。

由表 7-1 分别查出简支梁在均布荷载 q 单独作用时，C 截面的挠度 v_{Cq} 和 B 截面的转角 θ_{Bq}；在集中力偶 M_e 单独作用时，C 截面的挠度 v_{CM_e} 和 B 截面的转角 θ_{BM_e}。

$$v_{Cq} = \frac{5ql^4}{384EI}, \quad \theta_{Bq} = -\frac{ql^3}{24EI}$$

$$v_{CM_e} = \frac{M_e l^2}{16EI} = \frac{ql^4}{16EI}, \quad \theta_{BM_e} = -\frac{M_e l}{3EI} = -\frac{ql^3}{3EI}$$

根据叠加原理，两种荷载共同作用下的挠度 v_C 和转角 θ_B 为

$$v_C = v_{Cq} + v_{CM_e} = \frac{5ql^4}{384EI} + \frac{ql^4}{16EI} = \frac{29ql^4}{384EI}$$

$$\theta_B = \theta_{Bq} + \theta_{BM_e} = -\frac{ql^3}{24EI} - \frac{ql^3}{3EI} = -\frac{3ql^3}{8}$$

【**例 7.4**】　试用叠加法求图 7.7 所示悬臂梁 C 截面的挠度 v_C。已知 EI 为常数。

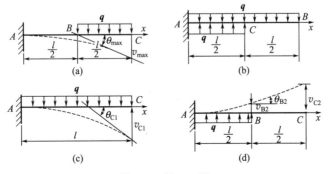

图 7.7　例 7.4 图

解：

为了利用表 7.1，先将梁上的均布荷载延长至梁的左端，并在延长段上增加等值反向的均布荷载，如图 7.7（b）所示。再将图 7.7（b）所示梁的受力分解为两种情况，如图 7.7（c）、（d）所示。

由表 7.1 分别查出图 7.7（c）所示受力情况下梁 C 截面的挠度 v_{C1} 和图 7.7（d）所示受力情况下梁 B 截面的挠度 v_{B2} 和转角 θ_{B2}：

$$v_{C1} = \frac{ql^4}{8EI}, \quad v_{B2} = -\frac{q\left(\frac{l}{2}\right)^4}{8EI} = -\frac{ql^4}{128EI}, \quad \theta_{B2} = -\frac{q\left(\frac{l}{2}\right)^3}{6EI} = -\frac{ql^3}{48EI}$$

在图 7.7（d）所示受力情况下，梁 C 截面的挠度 v_{C2} 为：

$$v_{C2} = v_{B2} + \theta_{B2}\frac{l}{2} = -\frac{ql^4}{128EI} - \frac{ql^3}{48EI} \times \frac{l}{2} = -\frac{7ql^4}{384EI}$$

根据叠加原理，两种荷载共同作用时，梁 C 截面的挠度 v_C 为

$$v_C = v_{C1} + v_{C2} = \frac{ql^4}{8EI} - \frac{7ql^4}{384EI} = \frac{41ql^4}{384EI}$$

7.4 梁的刚度计算

在梁的设计中，不仅要求梁有足够的强度，还要求梁有足够的刚度，即要把梁的变形控制在工程许可的范围内。在土木工程中，通常对梁的挠度加以限制，例如房屋或桥梁结构中的梁若挠度过大，均会影响其正常使用。

梁的**刚度条件**为，在荷载作用下产生的最大挠度 $v_{\max}$ 与跨长 l 的比值不超过许可挠度 $[f]$ 与跨长 l 的比值 $\left[\frac{f}{l}\right]$，即：

$$\frac{v_{\max}}{l} \leqslant \left[\frac{f}{l}\right] \tag{7.5}$$

$\left[\frac{f}{l}\right]$ 的值根据工程用途不同，可在有关规范中查到。

【例 7.5】 承受均布荷载的工字钢梁，如图 7.8（a）所示。跨长 $l = 6\mathrm{m}$，均布荷载 $q = 10\mathrm{kN/m}$，钢材的许用应力 $[\sigma] = 160\mathrm{MPa}$，弹性模量 $E = 2 \times 10^5\mathrm{MPa}$，$\left[\frac{f}{l}\right] = \frac{1}{200}$。试选择工字钢的型号。

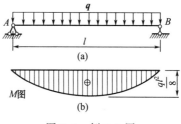

图 7.8 例 7.5 图

解：

（1）选择工字钢型号

作简支梁的弯矩图，如图 7.8（b）所示。梁跨中最大弯矩为

$$M_{max} = \frac{1}{8}ql^2 = \frac{1}{8} \times 10\text{kN/m} \times (6\text{m})^2 = 45\text{kN} \cdot \text{m}$$

按强度条件，该梁所需的弯曲截面系数为

$$W_z \geqslant \frac{M_{max}}{[\sigma]} = \frac{45 \times 10^3 \text{N} \cdot \text{m}}{160 \times 10^6 \text{Pa}} = 2.81 \times 10^{-4} \text{m}^3 = 281\text{cm}^3$$

查附录型钢规格表，选用 22a 工字钢，其弯曲截面系数及惯性矩分别为

$$W_z = 309\text{cm}^3 , \quad I_z = 3400\text{cm}^4$$

（2）校核梁的刚度

简支梁的最大挠度发生在跨中，查表 7.1 得 $v_{max} = \dfrac{5ql^4}{384EI}$，故有

$$\frac{v_{max}}{l} = \frac{5ql^3}{384EI} = \frac{5 \times 10\text{kN/m} \times (6\text{m})^3}{384 \times 2 \times 10^5 \times 10^6 \text{Pa} \times 3400 \times 10^{-8} \text{m}^4}$$

$$= \frac{1}{242} < \left[\frac{f}{l}\right] = \left[\frac{1}{400}\right]$$

所以，选用 22a 工字钢可满足强度和刚度要求。

7.5　简单超静定梁的计算

与轴向拉（压）、扭转超静定问题相仿，在超静定梁中，同样存在多余约束。求解超静定梁时，除列出梁的平衡方程外，还要由梁的变形条件和物理关系得到补充方程，与平衡方程联立求出所有的未知力。

【例 7.6】　求图 7.9（a）所示超静定梁的约束力。设 EI 为常数。

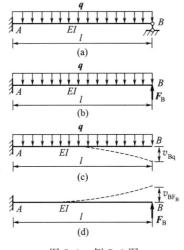

图 7.9　例 7.6 图

解：

该梁为一次超静定梁，可将 B 处的活动铰支座视为多余约束，F_B 视为多余约束力，如图 7.9（b）所示。

要使图 7.9（b）所示的结构与原结构等效，必须满足 B 截面的挠度为零这个变形协调条件。利用叠加原理可得

$$v_B = v_{Bq} + v_{BF_B} = 0 \tag{a}$$

根据图 7.9（c）、（d），查表 7.1 得

$$v_{Bq} = \frac{ql^4}{8EI}, \quad v_{BF_B} = -\frac{F_B l^3}{3EI}$$

代入式（a）得

$$F_B = \frac{3}{8}ql$$

利用静力平衡条件，可得 A 支座的约束力为

$$F_{Ax} = 0; \quad F_{Ay} = \frac{5}{8}ql \ (\uparrow); \quad M_A = \frac{ql^2}{8} \ (\curvearrowleft)$$

小结

① 梁的变形用横截面的挠度 v 和转角 θ 来衡量。挠度向下为正；转角以顺时针转向为正。在小变形条件下，转角 θ 很小，转角与挠度的关系为

$$v = \tan\theta \approx \theta$$

② 积分法是计算梁变形的基本方法，用到梁的挠曲线近似微分方程，其表达式为

$$v'' = -\frac{M(x)}{EI}$$

积分一次得转角方程为

$$\theta = v' = -\frac{1}{EI}\left[\int M(x)\,\mathrm{d}x + C\right]$$

积分两次，得挠曲线方程为

$$v = -\frac{1}{EI}\left[\int\left(\int M(x)\,\mathrm{d}x\right)\mathrm{d}x + Cx + D\right]$$

积分常数 C、D 利用梁的边界条件和变形连续条件确定。

③ 叠加法在工程计算中有实用意义，在多个荷载共同作用时梁的变形（挠度 v 和转角 θ），等于各个荷载单独作用时引起的梁的变形（挠度 v 和转角 θ）的代数和。

④ 梁的刚度条件为

$$\frac{v_{\max}}{l} \leqslant \left[\frac{f}{l}\right]$$

在梁的设计中，一般先按强度条件选择截面，然后按刚度条件校核；若不满足刚度条件再按刚度条件重新选择截面。

⑤ 计算超静定梁时，要用静力平衡方程与补充方程联立求解。补充方程是由变形协调方程和反映力与变形之间关系的物理方程得到的。

思考题

7.1 梁的变形是用哪些量来度量的？什么是梁的挠度和转角？二者之间的关系是什么？

7.2 边界条件和变形连续条件有何区别？

7.3 图 7.10 所示的等截面悬臂梁弯曲刚度 EI 为已知，梁下有一曲面，方程为 $y = -Ax^3$。欲使梁变形后与该曲面密合（曲面不受力），试求梁自由端处应施加的荷载。

7.4 在用积分法求梁的变形时，积分常数如何确定？如图 7.11 所示的梁，$EI=$ 常数，用积分法求变形时是否必须分两段积分？试写出确定积分常数的条件。

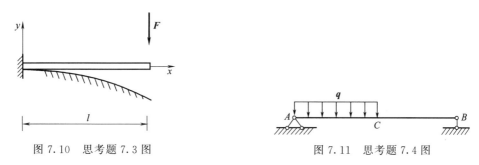

图 7.10 思考题 7.3 图　　　　　　　图 7.11 思考题 7.4 图

7.5 不同材料制成的两根梁，它们的形状、尺寸、支承及承受的荷载均相同，梁的变形是否相同？为什么？

7.6 在什么样的前提下能用叠加法求梁的变形？

7.7 观察表 7.1，梁横截面的挠度和转角与荷载成正比吗？与梁长成正比？与弯矩成正比吗？请举例说明。

7.8 比较图 7.12 所示简支梁跨度中点 C 点的挠度值。

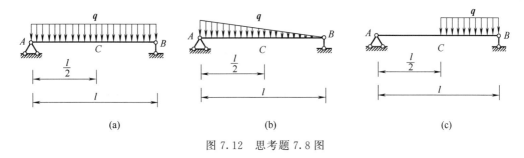

(a)　　　　　　　　　　(b)　　　　　　　　　　(c)

图 7.12 思考题 7.8 图

习题

7.1 用积分法求图 7.13 所示各梁 A 截面的转角和 C 截面的挠度。已知 $EI=$ 常数。

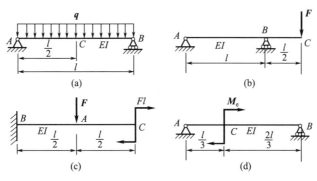

图 7.13 习题 7.1 图

7.2 已知图 7.14 所示外伸梁的抗弯刚度为 EI，试用积分法求解梁中 D 截面和 B 截面的挠度。

7.3 已知图 7.15 所示两端外伸梁的抗弯刚度为 EI，试用积分法求解梁中 C 截面、D

截面和 E 截面的挠度。

7.4 用积分法求解图 7.16 所示变截面梁的转角方程和挠度方程，并求出梁的最大挠度值。

7.5 利用积分法求解图 7.17 所示变截面简支梁的转角方程和挠度方程，并求出梁的最大挠度值（注意利用对称性）。

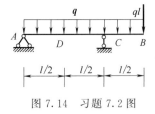

图 7.14 习题 7.2 图

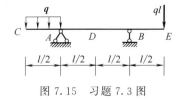

图 7.15 习题 7.3 图

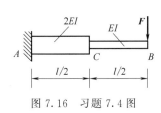

图 7.16 习题 7.4 图

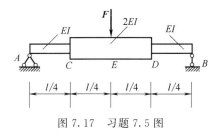

图 7.17 习题 7.5 图

7.6 用叠加法求图 7.18 所示各梁 C 截面的挠度和 B 截面的转角。已知 $EI=$ 常数。

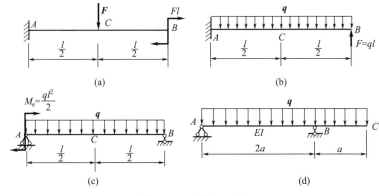

图 7.18 习题 7.6 图

7.7 某工字钢悬臂梁如图 7.19 所示。已知 $q=15\text{kN/m}$，$l=2\text{m}$，$E=200\text{GPa}$，$[\sigma]=160\text{MPa}$，$\left[\dfrac{f}{l}\right]=\dfrac{1}{500}$。试选择工字钢的型号。

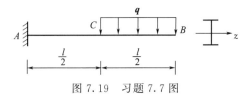

图 7.19 习题 7.7 图

7.8 由工字钢制成的简支梁，受集中荷载 F 作用，如图 7.20 所示。已知钢材的许用正应力 $[\sigma]=160\text{MPa}$，弹性模量 $E=2\times10^{5}\text{MPa}$，$\left[\dfrac{f}{l}\right]=\dfrac{1}{400}$。试选择工字钢的型号。

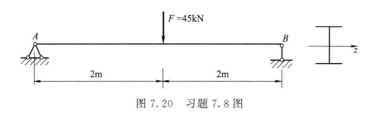

图 7.20 习题 7.8 图

7.9 由 22a 工字钢制成的简支梁，承受均布荷载作用，如图 7.21 所示。已知跨长 $l =$ 6m，均布荷载 $q = 10\text{kN/m}$，钢材的许用正应力 $[\sigma] = 160\text{MPa}$，弹性模量 $E = 2 \times 10^5 \text{MPa}$，$\left[\dfrac{f}{l}\right] = \dfrac{1}{200}$。试校核梁的强度和刚度。

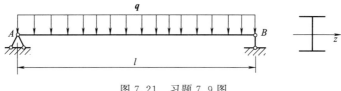

图 7.21 习题 7.9 图

7.10 试求图 7.22 所示超静定梁的支座反力，并作出各梁的剪力图、弯矩图。设 EI 为常数。

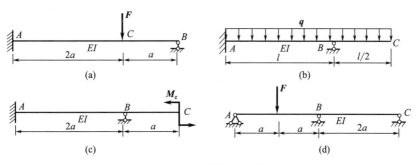

图 7.22 习题 7.10 图

第8章

应力状态和强度理论

8.1 应力状态的概念

8.1.1 一点处的应力状态

在前面章节研究轴向拉（压）杆、圆扭转轴及梁弯曲的强度问题时，强度计算都是根据杆件横截面上的最大应力建立强度条件来进行的；而实际上杆件的破坏不一定都发生在横截面上，有时也发生在斜截面上。例如铸铁试件压缩时，沿与轴线大约成 $45°\sim55°$ 角的斜截面破坏；铸铁圆轴扭转时，沿 $45°$ 螺旋面破坏。这些破坏现象表明，斜截面上存在着可能引起杆件破坏的应力。从前面章节梁横截面上各点的应力分析可知，同一截面上各点的应力一般是不同的，并且在某些点处可能同时存在较大的正应力和切应力。根据轴向拉（压）杆斜截面上的应力公式可知，同一点处的应力，会随着所截取的截面方位不同而变化。为了分析各种破坏现象，建立复杂受力情况下的强度条件，必须研究受力构件内一点处不同方位截面上的应力情况。受力构件内某一点处沿各个不同方位截面上应力的集合（即应力的全部情况），称为**一点处的应力状态**。

8.1.2 应力状态的表示方法

为了研究构件内某点的应力状态，可以围绕该点截取一个微小的正六面体进行研究，称为**单元体**。由于单元体各边边长均很小，故可以认为单元体各面上的应力是均匀分布的，并且每对相互平行的平面上应力大小相等。在知道了单元体三个互相垂直平面上的应力后，单元体任一截面上的应力都可以利用截面法求出，则该点处的应力状态就可以确定了。因此，**可以用单元体三对相互垂直平面上的应力来表示一点处的应力状态**。

如图 8.1（a）所示轴向拉（压）杆 A 点处的应力状态，可以用图 8.1（b）所示的单元体表示。由于该单元体上、下与前、后四个面上均没有应力，因此可以简化为平面图形，如图 8.1（c）所示。

圆轴扭转时一点处的应力状态如图 8.2 所示。从圆轴上截取一个单元体，该单元体上只有切应力，处于**纯剪切应力状态**。

图 8.3（a）所示为一悬臂梁，梁 $m—m$ 截面上 A、B、C、D 四点的应力状态可以用图 8.3（c）所示的单元体表示，图 8.3（d）为单元体的简化图形。

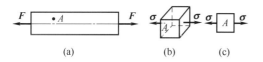

图 8.1　轴向拉（压）杆 A 点处的应力状态

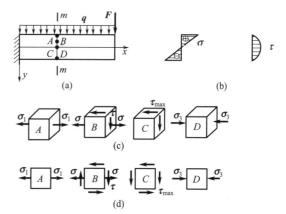

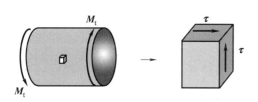

图 8.2　扭转轴一点处的应力状态

图 8.3　悬臂梁上一点处的应力状态

8.1.3　应力状态的分类

可以证明，对于受力构件内任一点，总可以找到三个互相垂直的平面，其上只有正应力而没有切应力，这些切应力为零的平面称为**主平面**。作用在主平面上的正应力称为**主应力**。它们用符号 σ_1、σ_2、σ_3 表示，并按代数值大小排序，即 $\sigma_1 \geqslant \sigma_2 \geqslant \sigma_3$。由三对互相垂直的主平面组成的单元体，称为**主单元体**。图 8.1（b）所示的单元体和图 8.3（c）所示的 A、D 两单元体均为主单元体。

一点处的应力状态可以用该点处的三个主应力来表示，根据主应力不为零的数目，可将应力状态分为三类。

① **单向应力状态**：三个主应力中只有一个主应力不为零。如图 8.1（b）所示的单元体和图 8.3（c）中的 A、D 两个单元体。

② **二向应力状态**：三个主应力中有两个主应力不为零。如图 8.3（c）中的 B、C 两个单元体。

③ **三向应力状态**：三个主应力都不等于零。如图 8.4 所示车轮与钢轨接触处的应力状态。

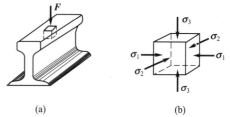

图 8.4　车轮与钢轨接触处的应力状态

通常将单向应力状态称为简单应力状态，二向和三向应力状态称为复杂应力状态。其中，二向应力状态也称为平面应力状态，三向应力状态又称为空间应力状态。工程中许多受力构件的危险点都是处于平面应力状态。因此，本章主要分析平面应力状态。

8.2 平面应力状态分析

8.2.1 解析法

8.2.1.1 任意斜截面上的应力

图 8.5（a）所示单元体是平面应力状态的一般形式。在外法线沿 x 轴的平面（简称 x 平面）上作用有 $\boldsymbol{\sigma}_x$、$\boldsymbol{\tau}_x$；在外法线沿 y 轴的平面（简称 y 平面）上作用有 $\boldsymbol{\sigma}_y$、$\boldsymbol{\tau}_y$。设任一斜截面 ef 的外法线 n 与 x 轴的夹角为 α，该斜截面简称 α 截面，用 σ_α、τ_α 分别表示 α 截面上的正应力和切应力。并规定从 x 轴正向转到外法线 n 为逆时针转向时，α 角为正，反之为负；正应力以拉应力为正，压应力为负；切应力以对单元体内任一点产生顺时针转向的力矩时为正，反之为负。

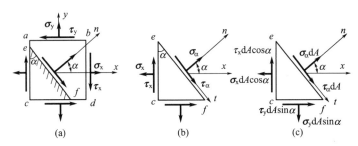

图 8.5 任意斜截面上的应力

利用截面法，取 ecf 为研究对象，如图 8.5（b）所示。设 α 截面的面积为 dA，则 ec 和 cf 平面的面积分别为 $dA\cos\alpha$、$dA\sin\alpha$，研究对象的受力情况如图 8.5（c）所示。

将作用在研究对象 ecf 上的所有力对 α 斜截面的法线 n 和切线 t 列出平衡方程：

$\sum F_n = 0: \sigma_\alpha dA + (\tau_x dA\cos\alpha)\sin\alpha - (\sigma_x dA\cos\alpha)\cos\alpha + (\tau_y dA\sin\alpha)\cos\alpha - (\sigma_y dA\sin\alpha)\sin\alpha = 0$

$\sum F_t = 0: \tau_\alpha dA - (\tau_x dA\cos\alpha)\cos\alpha - (\sigma_x dA\cos\alpha)\sin\alpha + (\tau_y dA\sin\alpha)\sin\alpha + (\sigma_y dA\sin\alpha)\cos\alpha = 0$

由切应力互等定理，$\tau_x = \tau_y$，由此可解得任一 α 斜截面上的应力一般公式：

$$\sigma_\alpha = \frac{\sigma_x + \sigma_y}{2} + \frac{\sigma_x - \sigma_y}{2}\cos2\alpha - \tau_x\sin2\alpha \tag{8.1}$$

$$\tau_\alpha = \frac{\sigma_x - \sigma_y}{2}\sin2\alpha + \tau_x\cos2\alpha \tag{8.2}$$

对于平面应力状态，只要已知单元体一对互相垂直平面上的应力，就可以求出任意 α 斜截面上的应力。

关于平面应力状态的两个特例：

① 当 $\sigma_x = \sigma$，$\sigma_y = 0$，$\tau_x = 0$ 时，对应单向应力状态，即

$$\sigma_\alpha = \frac{\sigma_x}{2}(1 + \cos2\alpha)$$

$$\tau_\alpha = \frac{\sigma_x}{2}\sin2\alpha$$

当 $\cos2\alpha = 1$，$\alpha = 0°$ 时，$\sigma_{0°} = \sigma_{max} = \sigma$

当 $\sin 2\alpha = 1$，$\alpha = 45°$时，$\tau_{45°} = \tau_{max} = \dfrac{\sigma}{2}$

② 当 $\sigma_x = \sigma_y = 0$ 时，对应纯剪切应力状态，即

$$\sigma_\alpha = -\tau_x \sin 2\alpha$$
$$\tau_\alpha = \tau_x \cos 2\alpha$$

当 $\alpha = \pm 45°$时，σ_α 取得极值 $\sigma_{max} = \sigma_{-45°} = +\tau$，$\sigma_{min} = \sigma_{+45°} = -\tau$，且有 $\tau_{\pm 45°} = 0$；当 $\alpha = 0°$或 $90°$时，τ_α 取得极值，且有 $\tau_{0°} = \tau$，$\tau_{90°} = -\tau$。

8.2.1.2 主平面位置及主应力数值

上述表明，任一斜截面上的应力随 α 角的改变而改变，即 σ_α 和 τ_α 都是 α 的函数。因此可以利用式（8.1）和式（8.2）确定正应力和切应力的极值，并确定它们所在的平面位置。将式（8.1）和式（8.2）分别对 α 取一阶导数，得

$$\frac{d\sigma_\alpha}{d\alpha} = -2\left(\frac{\sigma_x - \sigma_y}{2}\sin 2\alpha + \tau_x \cos 2\alpha\right) \tag{a}$$

$$\frac{d\tau_\alpha}{d\alpha} = (\sigma_x - \sigma_y)\cos 2\alpha - 2\tau_x \sin 2\alpha \tag{b}$$

分别令式（a）、式（b）两式等于零，设 $\alpha = \alpha_0$ 时，$\dfrac{d\sigma_\alpha}{d\alpha} = 0$，则由 α_0 所确定的截面上，正应力取得极值。将 α_0 代入式（a）并令其等于零，得

$$\frac{\sigma_x - \sigma_y}{2}\sin 2\alpha_0 + \tau_x \cos 2\alpha_0 = 0 \tag{c}$$

$$\tan 2\alpha_0 = \frac{-2\tau_x}{\sigma_x - \sigma_y} \tag{8.3}$$

满足式（8.3）的 α_0 角有 α_0 和 $\alpha_0 \pm 90°$。它们确定两个相互垂直的平面，在这两个平面上，正应力都取得极值，一个是最大正应力，一个是最小正应力。

比较式（c）和式（8.2），得知满足式（c）的 α_0 刚好使得 τ_α 等于零。也就是说，在切应力为零的平面上，正应力取得极值，因为切应力为零的平面为主平面，所以取得极值的 α_0 平面就是主平面，而且这两个主平面相互垂直，两个极值正应力就是主应力，即主应力就是最大和最小的正应力。由式（8.3）求出 $\sin 2\alpha_0$ 和 $\cos 2\alpha_0$，代入式（8.1）求得最大及最小正应力为

$$\left.\begin{aligned} \sigma_{max} &= \frac{\sigma_x + \sigma_y}{2} + \sqrt{\left(\frac{\sigma_x - \sigma_y}{2}\right)^2 + \tau_x^2} \\ \sigma_{min} &= \frac{\sigma_x + \sigma_y}{2} - \sqrt{\left(\frac{\sigma_x - \sigma_y}{2}\right)^2 + \tau_x^2} \end{aligned}\right\} \tag{8.4}$$

上式为**平面应力状态下的主应力计算公式**，根据上式可计算得到最大主应力。

可以证明，**σ_{max} 的作用线在 τ_x 和 τ_y 矢量箭头共同指向的象限内**，据此可以作出平面应力状态下的单元体，如图 8.6 所示。

由式（8.4）将 σ_{max} 和 σ_{min} 相加得

$$\sigma_{max} + \sigma_{min} = \sigma_x + \sigma_y = 常数 \tag{8.5}$$

由此可知，任意两相互垂直平面上的正应力之和保持不

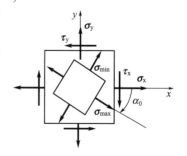

图 8.6 平面应力状态下的单元体

变，这对任一对相互垂直的斜截面上的正应力同样适用。

同理，对 τ_α 求导，并令

$$\frac{d\tau_\alpha}{d\alpha} = (\sigma_x - \sigma_y)\cos 2\alpha - 2\tau_{xy}\sin 2\alpha = 0$$

若用 α_1 表示最大切应力所在平面外法线 n 与 x 轴之间的夹角，则由上式得出

$$\tan 2\alpha_1 = \frac{(\sigma_x - \sigma_y)}{2\tau_x} \tag{8.6}$$

由式（8.6）也可得两个角度，即 α_1 和 $\alpha_1 + 90°$，从而可确定两个互相垂直的平面，分别作用着最大和最小切应力。把 α_1 的值代入式（8.2），化简后得最大和最小切应力的值为

$$\left.\begin{array}{l}\tau_{max} = \sqrt{\left(\dfrac{\sigma_x - \sigma_y}{2}\right)^2 + \tau_x^2} \\[3mm] \tau_{min} = -\sqrt{\left(\dfrac{\sigma_x - \sigma_y}{2}\right)^2 + \tau_x^2}\end{array}\right\} \tag{8.7}$$

比较式（8.3）与式（8.6），可得

$$\tan 2\alpha_0 = -\frac{1}{\tan 2\alpha_1}$$

故有

$$\alpha_1 = \alpha_0 + 45°$$

说明最大切应力所在平面与主平面夹角成 $45°$。

【例 8.1】 试利用应力状态理论，分析铸铁圆轴扭转时沿 $45°$ 螺旋面破坏的原因。

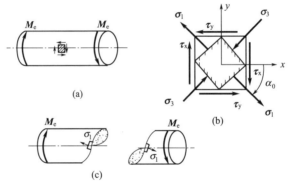

图 8.7 例 8.1 图

解：

圆轴扭转时，最大切应力发生在圆轴的外表面，表面上的点处于纯剪切应力状态，且 $\tau_x = -\tau_y = \dfrac{M_t}{W_P}$，如图 8.7（b）所示。

由式（8.4）可得

$$\sigma_{max} = \frac{\sigma_x + \sigma_y}{2} + \sqrt{\left(\frac{\sigma_x - \sigma_y}{2}\right)^2 + \tau_x^2} = +\tau_x$$

$$\sigma_{min} = \frac{\sigma_x + \sigma_y}{2} - \sqrt{\left(\frac{\sigma_x - \sigma_y}{2}\right)^2 + \tau_x^2} = -\tau_x$$

故有

$$\sigma_1 = \tau_x, \quad \sigma_2 = 0, \quad \sigma_3 = -\tau_x$$

由式（8.3）可得

$$\tan 2\alpha_0 = \frac{-2\tau_x}{\sigma_x - \sigma_y} = -\infty$$

所以

$$\alpha_0 = -45°, \quad \alpha_0 + 90° = 45°$$

主单元体如图 8.7（b）所示。由以上分析可知，圆轴扭转时主应力 $\boldsymbol{\sigma}_1$ 的方向与轴线成 $-45°$ 角。由于铸铁的抗拉强度低于抗剪强度，故铸铁圆轴扭转时沿 $45°$ 螺旋面破坏，如图 8.7（c）所示。

【例 8.2】 图 8.8（a）所示的单元体，应力单位为 MPa。试用解析法求 $\alpha = -60°$ 时斜截面上的应力和主应力值及主平面方位，并画出主单元体。

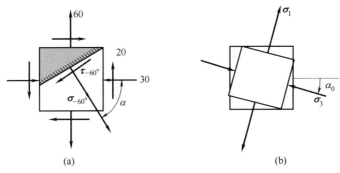

图 8.8 例 8.2 图

解：

（1）斜截面上的应力

由式（8.1）、式（8.2），得

$$
\begin{aligned}
\sigma_{-60°} &= \frac{\sigma_x + \sigma_y}{2} + \frac{\sigma_x - \sigma_y}{2} \cos 2\alpha - \tau_x \sin 2\alpha \\
&= \frac{-30 + 60}{2} + \frac{-30 - 60}{2} \cos(-2 \times 60°) - (-20)\sin(-2 \times 60°) \\
&= 15 - 45\cos(-120°) + 20\sin(-120°) = 20.18 \ (\text{MPa})
\end{aligned}
$$

$$
\begin{aligned}
\tau_{-60°} &= \frac{\sigma_x - \sigma_y}{2} \sin 2\alpha + \tau_x \cos 2\alpha \\
&= \frac{-30 - 60}{2} \sin(-2 \times 60°) + (-20)\cos(-2 \times 60°) \\
&= -45\sin(-120°) - 20\cos(-120°) = 48.97 \ (\text{MPa})
\end{aligned}
$$

（2）主应力值及主平面方位

由式（8.4）得

$$
\begin{aligned}
\sigma_{\max} &= \frac{\sigma_x + \sigma_y}{2} + \sqrt{\left(\frac{\sigma_x - \sigma_y}{2}\right)^2 + \tau_x^2} \\
&= \frac{-30 + 60}{2} \pm \sqrt{\left(\frac{-30 - 60}{2}\right)^2 + (-20)^2} = 64.24 \ (\text{MPa})
\end{aligned}
$$

$$
\sigma_{\min} = \frac{\sigma_x + \sigma_y}{2} - \sqrt{\left(\frac{\sigma_x - \sigma_y}{2}\right)^2 + \tau_x^2}
$$

$$= \frac{-30+60}{2} - \sqrt{\left(\frac{-30-60}{2}\right)^2 + (-20)^2} = -34.24(\text{MPa})$$

按主应力排序规则有 $\sigma_1 = 64.24\text{MPa}$，$\sigma_2 = 0$，$\sigma_3 = -34.24\text{MPa}$。

由式（8.3）得

$$\tan 2\alpha_0 = -\frac{2\tau_x}{\sigma_x - \sigma_y} = -\frac{2 \times (-20)}{-30-60} = -0.444$$

$$2\alpha_0 = -23.96°$$

$$\alpha_0 = -11.98°$$

由此作出主单元体，如图 8.8（b）所示。

8.2.2 图解法——应力圆法

8.2.2.1 应力圆及其作法

对图 8.9（a）所示的单元体，由式（8.1）和式（8.2）可知，σ_α 和 τ_α 均为 α 的函数，可将两式分别改写为

$$\sigma_\alpha - \frac{\sigma_x + \sigma_y}{2} = \frac{\sigma_x - \sigma_y}{2}\cos 2\alpha - \tau_x \sin 2\alpha$$

$$\tau_\alpha - 0 = \frac{\sigma_x - \sigma_y}{2}\sin 2\alpha + \tau_x \cos 2\alpha$$

将上述两式两边分别平方并相加消去参数，得

$$\left(\sigma_\alpha - \frac{\sigma_x + \sigma_y}{2}\right)^2 + (\tau_\alpha - 0)^2 = \left(\frac{\sigma_x - \sigma_y}{2}\right)^2 + \tau_x^2 \tag{8.8}$$

由于 σ_x、σ_y、τ_x 均为已知量，故式（8.8）表示以 σ_α、τ_α 为变量的一个圆周方程。在以 σ 为横坐标、τ 为纵坐标的直角坐标系中，该圆的圆心坐标为 $\left(\frac{\sigma_x + \sigma_y}{2}, 0\right)$，半径为 $\sqrt{\left(\frac{\sigma_x - \sigma_y}{2}\right)^2 + \tau_x^2}$。这个圆称为**应力圆**或**莫尔**（O. Mohr）圆。

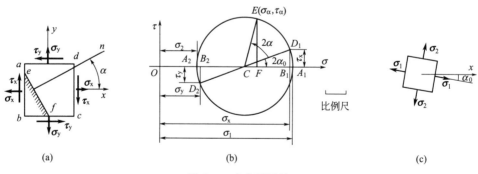

图 8.9 应力圆画法

应力圆的作法 [图 8.9（b）] 如下：

第一步，以横坐标代表 σ（向右为正）、以纵坐标代表 τ（向上为正）建立 $\sigma O\tau$ 直角坐标系，选取比例尺。

第二步，按选取的比例尺量取 $OB_1 = \sigma_x$，$B_1 D_1 = \tau_x$ 得 D_1 点；量取 $OB_2 = \sigma_y$，$B_2 D_2 = \tau_y$ 得 D_2 点。

第三步，作直线连接 D_1、D_2 点交 σ 轴于 C 点。

第四步，以 C 点为圆心、CD_1 或 CD_2 长为半径作圆，此圆即为平面应力状态单元体对应的应力圆。

验证如下：

圆心的横坐标为

$$OC = \frac{1}{2}(OB_1 + OB_2) = \frac{\sigma_x + \sigma_y}{2}$$

圆的半径为

$$CD_1 = \sqrt{CB_1{}^2 + B_1D_1{}^2} = \sqrt{\left(\frac{\sigma_x - \sigma_y}{2}\right)^2 + \tau_x^2}$$

8.2.2.2 应力圆的应用

（1）求任意斜截面上的应力

由前面分析可知，图 8.9（a）所示单元体任意斜截面上应力 $\boldsymbol{\sigma}_u$、$\boldsymbol{\tau}_u$ 的轨迹是一个圆，即应力圆。应力圆上的一点对应着单元体上的某个截面。例如应力圆上的 D_1 点，对应单元体上的 x 平面，D_2 点对应单元体上的 y 平面。在单元体上，x 平面与 y 平面的夹角为 $90°$；在应力圆上，D_1 点与 D_2 点所夹的圆心角为 $180°$。可见，单元体上的 α 角对应着应力圆上的 2α 角。应力圆与单元体的对应关系可总结为：

① **点面对应**：应力圆上一点的坐标与单元体某个截面上的应力值相对应。

② **夹角对应**：应力圆周上任意两点所夹的圆心角是单元体上相应的两个截面之间夹角的 2 倍，且两夹角转向相同。

由以上对应关系可知，求图 8.9（a）所示单元体 α 斜截面上的应力 σ_α、τ_α 时，可从图 8.9（b）所示应力圆上的 D_1 点，按 α 角的转向转动 2α 圆心角，得到 E 点；E 点的 σ、τ 坐标就是 σ_α、τ_α 的值。可以证明，该 σ_α、τ_α 的值与解析法算得的值相同。

证明：由图 8.9（b）应力圆的几何关系计算 E 点坐标，有

$$
\begin{aligned}
\sigma_\alpha = OF &= OC + CF = OC + CE\cos(2\alpha_0 + 2\alpha) \\
&= OC + CE\cos2\alpha_0\cos2\alpha - CE\sin2\alpha_0\sin2\alpha \\
&= OC + (CD_1\cos2\alpha_0)\cos2\alpha - (CD_1\sin2\alpha_0)\sin2\alpha \\
&= OC + CB_1\cos2\alpha - B_1D_1\sin2\alpha \\
&= \frac{\sigma_x + \sigma_y}{2} + \frac{\sigma_x - \sigma_y}{2}\cos2\alpha - \tau_x\sin2\alpha
\end{aligned}
$$

同理

$$
\begin{aligned}
\tau_\alpha = EF &= CE\sin(2\alpha_0 + 2\alpha) \\
&= CE(\sin2\alpha_0\cos2\alpha + \cos2\alpha_0\sin2\alpha) \\
&= (CD_1\sin2\alpha_0)\cos2\alpha + (CD_1\cos2\alpha_0)\sin2\alpha \\
&= \tau_x\cos2\alpha + \frac{\sigma_x - \sigma_y}{2}\sin2\alpha
\end{aligned}
$$

上述二式结果与式（8.1）、式（8.2）完全相同，故应力圆圆周上点 E 的坐标即代表 ef 斜截面上的应力情况。

（2）求主平面位置及主应力数值

应力圆可以直观地反映一点处平面应力状态下任意斜截面上的应力随截面方位角变化的规律，可以很容易确定单元体上主平面的位置和主应力数值，反映一点处应力状态的特征。

由图 8.9（b）所示的应力圆可见，A_1 和 A_2 两点的横坐标分别为该单元体各截面上正应力中的最大值和最小值，也是主应力值 σ_1 和 σ_2。σ_1 和 σ_2 具体值的大小可由选定比例尺直接量得。

由于 D_1 点对应 x 平面，设 D_1 点转到 A_1 点的圆心角为 $2\alpha_0$（顺时针），从应力圆上直接量得 $2\alpha_0$ 角，则在单元体上从 x 平面顺时针转 α_0 角即得 σ_1 所在的主平面，如图 8.9（c）所示。

【例 8.3】 试用图解法求图 8.10（a）所示单元体（应力单位为 MPa）$\alpha = 45°$ 斜截面上的应力及主应力值与主平面位置，并画出主单元体。

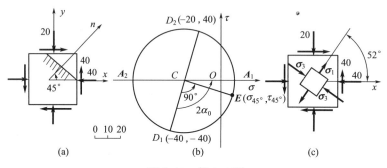

图 8.10 例 8.3 图

解：

（1）由图 8.10（a）可知

$\sigma_x = -40\text{MPa}$；$\tau_x = -40\text{MPa}$

$\sigma_y = -20\text{MPa}$；$\tau_y = 40\text{MPa}$；$\alpha = 45°$

① 建立 σ-τ 直角坐标系，选取比例尺，如图 8.10（b）所示。

② 按选取的比例尺，由 σ_x、τ_x、σ_y、τ_y 定出 D_1 点的坐标为（-40，-40），D_2 点的坐标为（-20，40）。

③ 连接 D_1、D_2 点交 σ 轴于 C 点，以 C 点为圆心、CD_1 为半径作出应力圆。

④ 从 D_1 点逆时针转 $2\alpha = 90°$ 的圆心角得 E 点，E 点的坐标即为 $\alpha = 45°$ 斜截面上的应力。

按选取的比例尺量测 E 点的坐标，得到

$$\sigma_{45°} = 10\text{MPa}；\tau_{45°} = -10\text{MPa}$$

（2）从应力圆上按选取的比例尺量得 A_1 和 A_2 两点的横坐标，即为主应力 σ_1 和 σ_3，则

$$\sigma_1 = 11\text{MPa}；\sigma_2 = 0；\sigma_3 = -71\text{MPa}$$

量得 D_1 点与 A_1 点所夹的圆心角 $2\alpha_0 = 104°$（逆时针），则在单元体上从 x 平面逆时针转 $\alpha_0 = 52°$ 即得 σ_1 所在平面，据此可作出单元体，如图 8.10（c）所示。

（3）梁的主应力迹线

图 8.11（a）所示受均布荷载作用的矩形截面简支梁，在 m—m 截面上围绕五个点各取出一个单元体，如图 8.11（b）所示。1、5 点分别处于梁的上、下边缘处，分别为单向压缩和单向拉伸应力状态，其他各点均处于平面应力状态。根据单元体上的应力，可作出相应的应力圆，如图 8.11（c）所示。由这些应力圆确定的主平面位置，已在相应的单元体上绘出 [图 8.11（b）]。

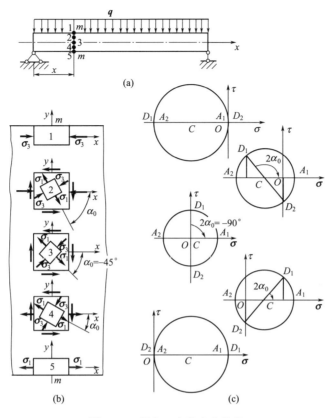

图 8.11　梁上一点的应力状态

　　根据上述分析可知，除梁的上、下边缘点外，其他各点处的两个主应力必然一个为主拉应力，另一个为主压应力，两者的方向互相垂直。主拉应力 σ_1 的方位角沿截面高度从上到下自 90°连续减至 0°，在中性轴处为 45°。在梁的 xy 平面内可以绘制两组正交的曲线，一组称为主拉应力迹线，其上各点的切线方向为该点处主拉应力 σ_1 的方向；另一组称为主压应力迹线，其上各点的切线方向为该点处主压应力 σ_3 的方向，如图 8.12（a）所示。图中实线表示主拉应力迹线；虚线表示主压应力迹线。在钢筋混凝土梁内主要承受拉力的纵向钢筋，应大

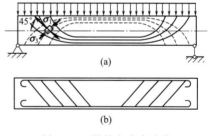

图 8.12　梁的主应力迹线

致按照主拉应力迹线来配置，以承担梁内各点处的最大拉应力 ［图 8.12（b）］。

8.3　空间应力状态的最大应力、广义胡克定律

8.3.1　空间应力状态的最大应力

　　对构件进行强度计算时，需要确定危险点处的最大正应力和最大切应力。空间应力状态的最大正应力和最大切应力，可由三向应力圆求得。如图 8.13（a）所示，设单元体的三个主应力 σ_1、σ_2 和 σ_3 均为已知，首先研究与 σ_3 所在主平面垂直的各斜截面上的应力。为此，

沿斜截面 $abcd$ 将单元体截开，并研究左边部分的平衡［图 8.13（b）］。由于主应力 σ_3 在两平面上自相平衡，因此该斜截面上的应力 σ_α、τ_α 与 σ_3 无关，仅由 σ_1 和 σ_2 决定。于是该斜截面上的应力，可按平面应力状态由 σ_1 和 σ_2 作出的应力圆上的点表示［图 8.13（c）］。同理，与 σ_1（或 σ_2）所在主平面垂直的斜截面上的应力，可由 σ_2、σ_3（或 σ_1、σ_3）作出的应力圆上的点表示［图 8.13（c）］。可以证明，对于与三个主平面斜交的任意斜截面上的应力，必可以用上述三个应力圆所围成的阴影线内的点表示［图 8.13（c）］。

由上述分析可知，在图 8.13（a）所示的空间应力状态下，单元体的最大正应力等于最大应力圆上 A 点的横坐标［图 8.13（c）］，即

$$\sigma_{\max} = \sigma_1 \tag{8.9}$$

而最大切应力等于最大应力圆上 B 点的纵坐标，即

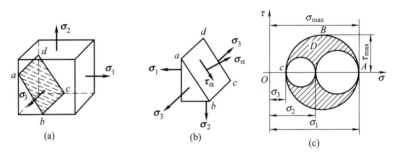

图 8.13　空间应力状态的最大应力

$$\tau_{\max} = \frac{\sigma_1 - \sigma_3}{2} \tag{8.10}$$

由于最大切应力在 σ_1 和 σ_3 所决定的应力圆上，因此最大切应力所在截面与 σ_2 所在主平面垂直，并与 σ_1 和 σ_3 所在的主平面各成 45°角。

8.3.2　广义胡克定律

对图 8.14 所示的空间应力状态，由于有正应力和切应力的共同作用，将同时产生线应变 ε 和切应变 γ。可以证明，在小变形情况下，切应力引起的线应变很微小，可以忽略不计。因此认为，正应力只产生线应变，切应力只产生切应变。这样，可利用叠加原理计算三向应力状态下的应变。图 8.14 中的切应力均有两个下标，第一个下标表示切应力所在平面，第二个下标表示切应力的方向。

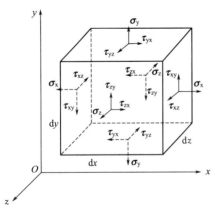

图 8.14　空间应力状态

由式（2.11）、式（2.8）可知，在 σ_x、σ_y、σ_z 单独作用时，沿 x 方向产生的线应变分别为

$$\varepsilon_x' = \frac{\sigma_x}{E}、\quad \varepsilon_x'' = -\nu \frac{\sigma_y}{E}、\quad \varepsilon_x''' = -\nu \frac{\sigma_z}{E}$$

在 σ_x、σ_y 和 σ_z 共同作用时，沿 x 方向产生的线应变为

$$\varepsilon_x = \varepsilon_x' + \varepsilon_x'' + \varepsilon_x''' = \frac{\sigma_x}{E} - \nu \frac{\sigma_y}{E} - \nu \frac{\sigma_z}{E} = \frac{1}{E}[\sigma_x - \nu(\sigma_y + \sigma_z)]$$

同理可求出沿 y 方向和 z 方向的线应变 ε_y 和 ε_z，即

$$\begin{cases} \varepsilon_x = \dfrac{1}{E}\big[\sigma_x - \nu(\sigma_y + \sigma_z)\big] \\[2mm] \varepsilon_y = \dfrac{1}{E}\big[\sigma_y - \nu(\sigma_x + \sigma_z)\big] \\[2mm] \varepsilon_z = \dfrac{1}{E}\big[\sigma_z - \nu(\sigma_x + \sigma_y)\big] \end{cases} \tag{8.11}$$

由式（4.7），切应变与切应力之间的关系可表示为

$$\begin{cases} \gamma_{xy} = \dfrac{\tau_{xy}}{G} \\[2mm] \gamma_{yz} = \dfrac{\tau_{yz}}{G} \\[2mm] \gamma_{zx} = \dfrac{\tau_{zx}}{G} \end{cases} \tag{8.12}$$

式（8.11）和（8.12）表示了在线弹性范围内、小变形条件下各向同性材料的广义胡克定律。三个正应力分量和三个线应变分量的正负号规定同前，即拉应力为正、压应力为负，线应变以伸长为正、缩短为负；三个切应变 γ_{xy}、γ_{yz} 和 γ_{zx} 分别表示 $\angle xOy$、$\angle yOz$ 和 $\angle zOx$ 的变化，均以使直角减小者为正，反之为负。三个切应力分量 τ_{xy}、τ_{yz} 和 τ_{zx} 均以正面（外法线与坐标轴正向一致的平面）上切应力矢量的指向与坐标轴正向一致或负面（外法线与坐标轴负向一致的平面）上切应力矢量的指向与坐标轴负向一致时为正，反之为负。

广义胡克定律也可以用主应力和主应变表示，即

$$\begin{cases} \varepsilon_1 = \dfrac{1}{E}\big[\sigma_1 - \nu(\sigma_2 + \sigma_3)\big] \\[2mm] \varepsilon_2 = \dfrac{1}{E}\big[\sigma_2 - \nu(\sigma_1 + \sigma_3)\big] \\[2mm] \varepsilon_3 = \dfrac{1}{E}\big[\sigma_3 - \nu(\sigma_1 + \sigma_2)\big] \end{cases} \tag{8.13}$$

【例 8.4】　正立方体钢块无空隙地放置在刚性槽内，如图 8.15（a）所示。在钢块的顶面上作用 $p = 150\text{MPa}$ 的均布压力，已知材料的泊松比 $\nu = 0.3$。试求钢块内的主应力。

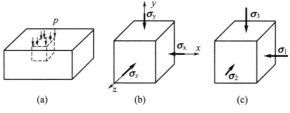

图 8.15　例 8.4 图

解：

钢块在刚性槽内均匀受压，σ_x、σ_y、σ_z 均不为零，钢块内各点的应力状态如图 8.15（b）所示。已知 $\sigma_y = -p = -150\text{MPa}$，因 $\varepsilon_x = \varepsilon_z = 0$，由广义胡克定律得

$$\varepsilon_x = \frac{1}{E}[\sigma_x - \nu(\sigma_y + \sigma_z)] = \frac{1}{E}[\sigma_x - 0.3(-150\text{MPa} + \sigma_z)] = 0 \tag{a}$$

$$\varepsilon_z = \frac{1}{E}[\sigma_z - \nu(\sigma_x + \sigma_y)] = \frac{1}{E}[\sigma_z - 0.3(\sigma_x - 150\text{MPa})] = 0 \tag{b}$$

联立式（a）、式（b）求解得

$$\sigma_x = \sigma_z = -64.3\text{MPa}$$

故钢块的主应力为

$$\sigma_1 = \sigma_2 = -64.3\text{MPa}, \quad \sigma_3 = -150\text{MPa}$$

8.4　空间应力状态的应变能密度

对于单向拉（压）杆，若力 F 与变形量 ΔL 之间的关系是线性的，则外力所做的功为 $\frac{1}{2}F\Delta L$（详见第 11 章）。由能量守恒原理可知，弹性应变能 V_ε 在数值上应等于外力所做的功。每单位体积内所积蓄的应变能称作**应变能密度**（也称作变形比能），记为 υ_ε，则

$$\upsilon_\varepsilon = \frac{V_\varepsilon}{AL} = \frac{F\Delta L}{2AL} = \frac{1}{2}\sigma\varepsilon \tag{a}$$

在空间应力状态下，弹性应变能在数值上仍应等于外力所做的功，且只取决于外力和变形的最终值而与中间过程无关。因为在外力和变形最终值不变的情况下，若施力和变形的中间过程会使弹性变形能不同，则沿不同路径加、卸载后将出现能量的多余或缺失，这就违反了能量守恒原理。因此，可以假定三个主应力按比例同时从零增加到最终值，于是弹性应变能密度 υ_ε 可以写为：

$$\upsilon_\varepsilon = \frac{1}{2}\sigma_1\varepsilon_1 + \frac{1}{2}\sigma_2\varepsilon_2 + \frac{1}{2}\sigma_3\varepsilon_3 \tag{8.14}$$

将式（8.13）代入上式，整理后可得：

$$\upsilon_\varepsilon = \frac{1}{2E}[\sigma_1^2 + \sigma_2^2 + \sigma_3^2 - 2\nu(\sigma_1\sigma_2 + \sigma_2\sigma_3 + \sigma_3\sigma_1)] \tag{8.15}$$

在一般情况下，单元体的变形包括体积改变和形状改变两部分。故应变能密度 υ_ε 由体积改变能密度 υ_v 和形状改变能密度 υ_d 两部分组成，即

$$\upsilon_\varepsilon = \upsilon_v + \upsilon_d \tag{b}$$

图 8.16（a）所示空间应力状态的主单元体可分解为图 8.16（b）、（c）所示的两单元体，其中 $\sigma_m = \frac{1}{3}(\sigma_1 + \sigma_2 + \sigma_3)$ 为平均应力。如图 8.16（b）所示，在平均应力 σ_m 作用于单元体的三个主平面时，单元体各棱边将产生相同变形，因而此时只有体积改变，而不发生形状改变。其应变能密度 υ_ε 中只包含体积改变能密度 υ_v。由（8.15）式得

$$\upsilon_\varepsilon = \upsilon_v = \frac{1}{2E}(3\sigma_m^2 - 2\nu(3\sigma_m^2)) = \frac{3(1-2\nu)}{2E}\sigma_m^2 \tag{c}$$

将 $\sigma_m = \frac{1}{3}(\sigma_1 + \sigma_2 + \sigma_3)$ 代入式（c），得到其体积改变能密度为

$$\upsilon_v = \frac{(1-2\nu)}{6E}(\sigma_1 + \sigma_2 + \sigma_3)^2 \tag{8.16}$$

在图 8.16（c）所示的单元体中，三个主应力之和为零，故其体积不变，仅发生形状改

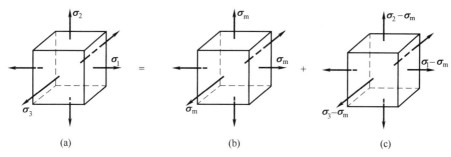

图 8.16　空间应力状态的主单元体

变。由式（8.15）、式（8.16）结合式（b），可得单元体的形状改变能密度 υ_d 为

$$\upsilon_d = \frac{1+\nu}{6E}\left[(\sigma_1-\sigma_2)^2+(\sigma_2-\sigma_3)^2+(\sigma_3-\sigma_1)^2\right] \tag{8.17}$$

8.5　强度理论

8.5.1　强度理论的概念

单向应力状态和纯剪切应力状态的强度条件可表示为

$$\sigma_{max} \leqslant [\sigma], \quad \tau_{max} \leqslant [\tau]$$

许用应力 $[\sigma]$ 和 $[\tau]$ 是通过材料试验测出材料失效时的极限应力再除以安全系数得到的。

对于复杂应力状态，三个主应力 σ_1、σ_2 和 σ_3 之间，有无穷多种比例关系，要在每一种比例关系下都通过对材料的直接试验确定其极限值，几乎是不可能实现的。长期以来，人们对材料的破坏现象和引起破坏的因素进行分析，认为无论材料破坏的表面现象如何复杂，其破坏形式主要可分为两类：一类是脆性断裂破坏；另一类是塑性屈服破坏。并认为材料某种形式的破坏主要是由某一因素引起的，与材料的应力状态无关；只要导致材料破坏的该因素达到极限值，材料就会破坏。这样就可以利用简单应力状态的试验结果来建立复杂应力状态下的强度条件了。关于材料破坏因素的假说称为**强度理论**。

8.5.2　常见的四种强度理论

按材料破坏的两种形式，强度理论也分为两类：一类是关于脆性断裂破坏的最大拉应力和最大拉应变理论；另一类是关于塑性屈服破坏的最大切应力、形状改变能密度理论。

8.5.2.1　第一类强度理论——脆性断裂型破坏

（1）最大拉应力理论——第一强度理论

该理论认为，引起材料脆性断裂破坏的主要因素是最大拉应力。即无论材料处于何种应力状态，只要构件内危险点处的最大拉应力 σ_1 达到材料单向拉伸断裂时的极限应力值 σ_b，材料就会发生脆性断裂破坏。断裂破坏的条件为

$$\sigma_1 = \sigma_b$$

考虑安全系数，该理论的强度条件为

$$\sigma_1 \leqslant [\sigma] = \frac{\sigma_b}{n} \tag{8.18}$$

试验表明，铸铁等脆性材料在轴向拉伸和扭转时的破坏现象与该理论一致。但该理论的缺点是没有考虑另外两个主应力的影响，也不能在没有拉应力的应力状态下应用。

（2）最大伸长线应变理论——第二强度理论

该理论认为，引起材料脆性断裂破坏的主要因素是最大拉应变。即无论材料处于何种应力状态，只要构件内危险点处的最大拉应变 ε_1 达到材料单向拉伸断裂时的极限应变值 ε_b，材料就会发生脆性断裂破坏。断裂破坏的条件为

$$\varepsilon_1 = \varepsilon_b = \frac{\sigma_b}{E} \tag{a}$$

由广义胡克定律可知

$$\varepsilon_1 = \frac{1}{E}[\sigma_1 - \nu(\sigma_2 + \sigma_3)]$$

将上式代入式（a），得

$$\sigma_1 - \nu(\sigma_2 + \sigma_3) = \sigma_b$$

据此建立的强度条件为

$$\sigma_1 - \nu(\sigma_2 + \sigma_3) \leqslant [\sigma] = \frac{\sigma_b}{n} \tag{8.19}$$

试验表明，该理论可以很好地解释混凝土等脆性材料在受压时的破坏现象。但该理论与许多试验结果相差很大，因此目前很少采用。

8.5.2.2 第二类强度理论——塑性屈服型破坏

（1）最大切应力理论——第三强度理论

该理论认为，引起材料塑性屈服破坏的主要因素是最大切应力。即无论材料处于何种应力状态，只要构件内危险点处的最大切应力 τ_{max} 达到材料单向拉伸屈服时的极限应力值 τ_s，材料就会发生塑性屈服破坏。屈服破坏的条件为

$$\tau_{max} = \tau_s = \frac{\sigma_s}{2}$$

因为最大切应力

$$\tau_{max} = \frac{\sigma_1 - \sigma_3}{2}$$

故有

$$\sigma_1 - \sigma_3 = \sigma_s$$

据此建立的强度条件为

$$\sigma_1 - \sigma_3 \leqslant [\sigma] = \frac{\sigma_s}{n} \tag{8.20}$$

试验表明，该理论与塑性材料的许多试验结果较接近，计算也较简单，在工程设计中得到广泛应用。该理论的缺点是没有考虑 σ_2 对材料破坏的影响。

（2）形状改变能密度理论——第四强度理论

该理论认为，引起材料塑性屈服破坏的主要因素是形状改变能密度。即无论材料处于何种应力状态，只要构件内危险点处的形状改变能密度 ν_d 达到材料单向拉伸屈服时形状改变能密度的极限值 $\nu_{d,s}$，材料就会发生塑性屈服破坏。

由式（8.17），空间应力状态下的形状改变能密度为

$$\nu_d = \frac{1+\nu}{6E}[(\sigma_1 - \sigma_2)^2 + (\sigma_2 - \sigma_3)^2 + (\sigma_3 - \sigma_1)^2]$$

材料单向拉伸屈服（$\sigma_1 = \sigma_s$，$\sigma_1 = \sigma_2 = 0$）时形状改变能密度的极限值为

$$\nu_{d,s} = \frac{1+\nu}{3E}\sigma_s^2$$

屈服破坏的条件为

$$\upsilon_d = \upsilon_{d,s}$$

据此建立的强度条件为

$$\sqrt{\frac{1}{2}\left[(\sigma_1-\sigma_2)^2 + (\sigma_2-\sigma_3)^2 + (\sigma_3-\sigma_1)^2\right]} \leqslant [\sigma] = \frac{\sigma_s}{n} \tag{8.21}$$

试验表明，在平面应力状态下，对塑性材料该理论与最大切应力理论相比更符合试验结果。

8.5.3 强度理论的选用原则

（1）强度理论的统一形式
以上四种强度理论，可用统一形式表示为

$$\sigma_r \leqslant [\sigma] \tag{8.22}$$

式中，σ_r 称为相当应力。四种强度的相当应力为

$$\begin{cases} \sigma_{r1} = \sigma_1 \\ \sigma_{r2} = \sigma_1 - \nu(\sigma_2 + \sigma_3) \\ \sigma_{r3} = \sigma_1 - \sigma_3 \\ \sigma_{r4} = \sqrt{\frac{1}{2}\left[(\sigma_1-\sigma_2)^2 + (\sigma_2-\sigma_3)^2 + (\sigma_3-\sigma_1)^2\right]} \end{cases} \tag{8.23}$$

（2）强度理论的选用原则
强度理论的选用与材料的类别和应力状态等因素有着密切的关系，一般可按以下原则选用。

① 塑性材料通常发生塑性屈服破坏，宜采用第三或第四强度理论。

② 脆性材料通常发生脆性断裂破坏，宜采用第一强度理论。在二向拉压状态下，当压应力值较大时，可采用第二强度理论。

③ 在三向拉伸应力状态下，若三个拉应力接近，无论是塑性材料还是脆性材料，都将发生脆性断裂破坏，宜采用第一强度理论。

④ 在三向压缩应力状态下，若三个压应力接近，无论是塑性材料还是脆性材料，都将发生塑性屈服破坏，宜采用第三或第四强度理论。

8.5.4 强度理论的应用

（1）平面应力状态下的强度条件
对于梁等受力构件，危险点常处于图 8.17 所示的平面应力状态。由式（8.4）可得单元体的主应力为

$$\sigma_1 = \frac{\sigma}{2} + \sqrt{\left(\frac{\sigma}{2}\right)^2 + \tau^2} \ , \ \sigma_2 = 0 \ , \ \sigma_3 = \frac{\sigma}{2} - \sqrt{\left(\frac{\sigma}{2}\right)^2 + \tau^2}$$

按第三强度理论建立的强度条件为

$$\sigma_{r3} = \sqrt{\sigma^2 + 4\tau^2} \leqslant [\sigma] \tag{8.24}$$

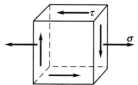

图 8.17 危险点的平面应力状态

按第四强度理论建立的强度条件为

$$\sigma_{r4} = \sqrt{\sigma^2 + 3\tau^2} \leqslant [\sigma] \tag{8.25}$$

（2）薄壁圆筒的强度条件

内径为 D、壁厚为 δ，且 $\delta \leqslant D/20$ 的薄壁圆筒容器，内部受压强为 p 的压力作用，如图 8.18（a）所示。因 δ 很小，可认为壁内应力沿壁厚均匀分布。在筒体部分的 A 点取单元体 [图 8.18（b）]，作用于圆筒横截面上的正应力为 σ_x；作用于圆筒纵截面上的正应力为 σ_y。

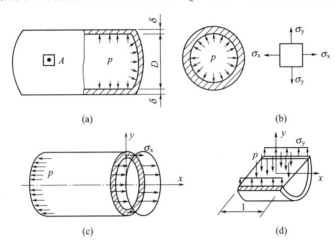

图 8.18　薄壁圆筒的应力分析

首先计算 σ_x。用假想的横截面将圆筒截开，取左侧（包括高压气体或液体）为研究对象 [图 8.18（c）]。

由 $\sum F_x = 0$：
$$\sigma_x \pi D \delta - p \frac{\pi D^2}{4} = 0$$

得
$$\sigma_x = \frac{pD}{4\delta}$$

其次计算 σ_y。假想先截取一个单位长度的圆筒，再沿其纵向截为上、下两个相等部分，取下部分（包括高压气体或液体）为研究对象 [图 8.18（d）]。

由 $\sum F_y = 0$：
$$2(\sigma_y \delta \times 1) - pD \times 1 = 0$$

得
$$\sigma_y = \frac{pD}{2\delta}$$

单元体的三个主应力为
$$\sigma_1 = \sigma_y = \frac{pD}{2\delta}, \quad \sigma_2 = \sigma_x = \frac{pD}{4\delta}, \quad \sigma_3 = 0$$

按第三强度理论建立的强度条件为
$$\sigma_{r3} = \frac{pD}{2\delta} \leqslant [\sigma] \tag{8.26}$$

按第四强度理论建立的强度条件为
$$\sigma_{r4} = \frac{\sqrt{3}\,pD}{4\delta} \leqslant [\sigma] \tag{8.27}$$

【例 8.5】　某工字形截面简支梁如图 8.19（a）所示。已知翼缘板对形心轴 z 的静矩为 $S_z^* = 164\text{cm}^3$、惯性矩 $I_z = 4586\text{cm}^4$，材料的许用正应力 $[\sigma] = 150\text{MPa}$。试按第三强度理论

校核危险截面上 k 点的强度。

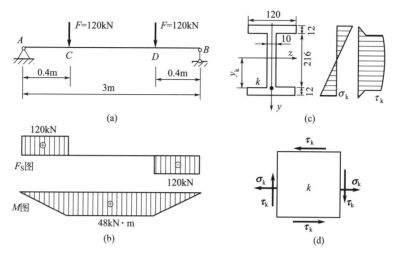

图 8.19　例 8.5 图

解：

（1）确定危险截面

作梁的剪力、弯矩图，如图 8.19（b）所示。C（或 D）截面剪力、弯矩值最大，故危险截面位于 C（或 D）截面。

$$M_{\max}=48\text{kN}\cdot\text{m}, \quad F_{\text{S},\max}=120\text{kN}$$

（2）分析危险截面上 k 点的应力

k 点位于工字形截面翼缘和腹板的交接处，既有正应力 σ_k，又有切应力 τ_k，如图 8.19（c）所示。

$$\sigma_k=\frac{M_{\max}y_k}{I_z}=\frac{48\times10^3\text{N}\cdot\text{m}\times108\times10^{-3}\text{m}}{4586\times10^{-8}\text{m}^4}=113\text{MPa}$$

$$\tau_k=\frac{F_{\text{S},\max}S_z^*}{I_z b}=\frac{120\times10^3\text{N}\times164\times10^{-6}\text{m}^3}{4586\times10^{-8}\text{m}^4\times10\times10^{-3}\text{m}}=42.9\text{MPa}$$

k 点的应力状态如图 8.19（d）所示。

（3）校核 k 点的强度

由第三强度理论得

$$\sigma_{\text{r3}}=\sqrt{\sigma_k^2+4\tau_k^2}=\sqrt{(113\text{MPa})^2+4\times(42.9\text{MPa})^2}$$
$$=142\text{MPa}<[\sigma]=150\text{MPa}$$

所以，该梁危险截面上 k 点的强度满足要求。

小结

① 一点处的应力状态反映了构件内某一点在各个方位截面上应力大小和方向的情况。一点处的应力状态可以用单元体三对相互垂直平面上的应力来表示。

应力状态可按主应力不为零的数目分为单向应力状态、二向应力状态（平面应力状态）和三向应力状态（空间应力状态）。

单元体上切应力为零的平面为主平面，主平面上的正应力为主应力。主应力按代数值大小顺序排列为：$\sigma_1 \geqslant \sigma_2 \geqslant \sigma_3$。在受力构件的任一点处，总可以找到由三个相互垂直的主平面组成的主单元体。

② 平面应力状态下的重要公式有：

任意斜截面上的应力

$$\sigma_\alpha = \frac{\sigma_x + \sigma_y}{2} + \frac{\sigma_x - \sigma_y}{2}\cos2\alpha - \tau_x\sin2\alpha$$

$$\tau_\alpha = \frac{\sigma_x - \sigma_y}{2}\sin2\alpha + \tau_x\cos2\alpha$$

主应力

$$\sigma_{max} = \frac{\sigma_x + \sigma_y}{2} + \sqrt{\left(\frac{\sigma_x - \sigma_y}{2}\right)^2 + \tau_x^2}$$

$$\sigma_{min} = \frac{\sigma_x + \sigma_y}{2} - \sqrt{\left(\frac{\sigma_x - \sigma_y}{2}\right)^2 + \tau_x^2}$$

主平面方位角

$$\tan2\alpha_0 = \frac{-2\tau_x}{\sigma_x - \sigma_y}$$

③ 平面应力状态下，可以用图解法（应力圆法）求解斜截面上的应力、主平面方位及主应力数值。应力圆周上的点与单元体上的面有对应关系。

梁的主拉应力迹线上各点的切线方向，为该点处主拉应力 σ_1 的方向；主压应力迹线上各点的切线方向，为该点处主压应力 σ_3 的方向。主拉应力迹线与主压应力迹线正交。

④ 三向应力状态的最大切应力 $\tau_{max} = \frac{\sigma_1 - \sigma_3}{2}$，最大切应力所在截面与 σ_2 所在主平面垂直，与 σ_1 和 σ_3 所在主平面各成 45°。

广义胡克定律反映了一点处正应力与线应变、切应力与切应变之间的关系。其表达式为

$$\begin{cases}\varepsilon_x = \dfrac{1}{E}[\sigma_x - \nu(\sigma_y + \sigma_z)] \\[2mm] \varepsilon_y = \dfrac{1}{E}[\sigma_y - \nu(\sigma_x + \sigma_z)] \\[2mm] \varepsilon_z = \dfrac{1}{E}[\sigma_z - \nu(\sigma_x + \sigma_y)]\end{cases} \qquad \begin{cases}\gamma_{xy} = \dfrac{\tau_{xy}}{G} \\[2mm] \gamma_{yz} = \dfrac{\tau_{yz}}{G} \\[2mm] \gamma_{zx} = \dfrac{\tau_{zx}}{G}\end{cases}$$

⑤ 强度理论是关于引起材料破坏原因的假说。常用的四个强度理论的表达式可统一为 $\sigma_r \leqslant [\sigma]$，相当应力 σ_r 分别为

$$\sigma_{r1} = \sigma_1$$
$$\sigma_{r2} = \sigma_1 - \nu(\sigma_2 + \sigma_3)$$
$$\sigma_{r3} = \sigma_1 - \sigma_3$$
$$\sigma_{r4} = \sqrt{\frac{1}{2}[(\sigma_1 - \sigma_2)^2 + (\sigma_2 - \sigma_3)^2 + (\sigma_3 - \sigma_1)^2]}$$

强度理论的选用不仅取决于材料的性质，还与危险点所处的应力状态、温度以及加载情况等有关。

思考题

8.1　什么是一点处的应力状态？为什么要研究一点处的应力状态？怎样研究？

8.2　单元体两平行平面上的应力有何特点？何谓主单元体？

8.3　最大正应力所在面上的切应力一定为零，最大切应力所在面上的正应力是否也一定为零？

8.4　试举出单向应力状态、二向应力状态、三向应力状态的工程实例。

8.5　某外伸梁如图 8.20 所示，图中给出了 A、B、C 三点处的应力状态。试指出并改正各单元体上所给应力的错误。

8.6　应力圆圆心的位置有何特点？试判断图 8.21 中各应力圆的圆心位置是否正确。

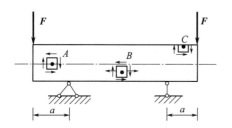

图 8.20　思考题 8.5 图

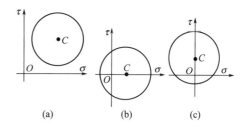

图 8.21　思考题 8.6 图

8.7　何谓主应力？写出图 8.22 所示单元体的三个主应力数值（应力单位：MPa）。

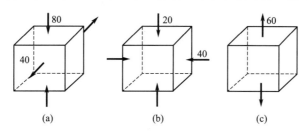

图 8.22　思考题 8.7 图

8.8　试定性画出轴向拉伸、轴向压缩、扭转圆轴、一般受弯杆件危险点处的应力单元体及其对应的应力圆。

8.9　低碳钢圆轴扭转时沿什么方位的截面破坏？为什么？

8.10　什么是主应力迹线？其在工程上的意义如何？

8.11　某二向应力状态单元体（$\sigma_1 \neq 0$，$\sigma_2 \neq 0$，$\sigma_1 = 0$），已知主应变 $\varepsilon_1 \neq 0$，$\varepsilon_2 \neq 0$，材料泊松比为 ν，其主应变 ε_3 是否为 $-\nu(\varepsilon_1 + \varepsilon_2)$？

8.12　为什么要提出强度理论？常用的四个强度理论是什么？怎样选用？

8.13　用铆钉连接的薄壁容器，在单位长度内，纵向铆钉数比横向铆钉数多一倍，为什么？

8.14　冬天自来水管会因结冰时受内压力而胀破，显然，水管中的冰也受同样的反作用力，为什么冰不碎而水管破裂？是因为冰的强度比水管高吗？

习题

8.1 试用解析法求图 8.23 所示各单元体指定斜截面上的应力（应力单位：MPa）。

8.2 已知各单元体应力状态如图 8.24 所示，图中应力单位为 MPa。试用解析法求主应力大小、主平面位置，并在单元体上绘出主平面位置及主应力方向。

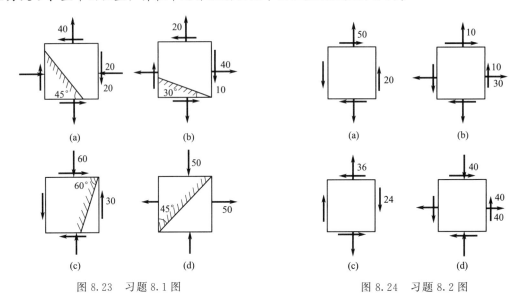

图 8.23　习题 8.1 图　　　　　图 8.24　习题 8.2 图

8.3 试用图解法求解习题 8.1。

8.4 试用图解法求解习题 8.2。

8.5 已知材料的弹性模量 $E=200\text{GPa}$，泊松比 $\nu=0.3$。求图 8.25 所示单元体的主应力值、主应变值和最大切应力值（应力单位：MPa）。

8.6 已知一受力构件中某点处为二向应力状态，并测得两个主应变为 $\varepsilon_1=240\times10^{-6}$，$\varepsilon_3=-160\times10^{-6}$。若构件的材料为 Q235 钢，弹性模量 $E=2.1\times10^5\text{MPa}$，泊松比 $\nu=0.3$。试求该点处的主应力，并求出主应变 ε_2。

8.7 如图 8.26 所示刚性块体上有一槽，其宽度和深度皆为 10mm，槽内放置边长为 10mm 的铝质立方体块，二者密切接触。试求铝块受压力 $F=8\text{kN}$ 作用时的主应力和各边长度的改变量。已知铝的弹性模量 $E=70\text{GPa}$，泊松比 $\nu=0.33$。

图 8.25　习题 8.5 图

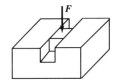

图 8.26　习题 8.7 图

8.8 某锅炉受力如图 8.27 所示，锅炉的内径 $D=1\text{m}$，炉内的蒸汽压强 $p=3.6\text{MPa}$，锅炉钢板材料的许用应力 $[\sigma]=160\text{MPa}$。试按第四强度理论设计锅炉壁厚 δ。

8.9 一工字形截面焊接钢梁受力如图 8.28 所示。已知材料的许用正应力 $[\sigma]=150\text{MPa}$。试按第三强度理论校核危险截面上 k 点的强度。

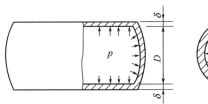

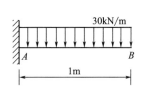

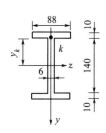

图 8.27 习题 8.8 图   图 8.28 习题 8.9 图

8.10 某简支钢板梁受力如图 8.29 所示。已知钢材的许用应力 $[\sigma]=170$MPa，$[\tau]=100$MPa。试校核梁内的最大正应力和最大切应力，并按第四强度理论对截面上腹板和翼缘交界处 a' 点作强度校核。

8.11 一工字形截面简支梁受力如图 8.30 所示。已知钢的许用应力 $[\sigma]=170$MPa，$[\tau]=100$MPa。试全面校核该梁的强度。

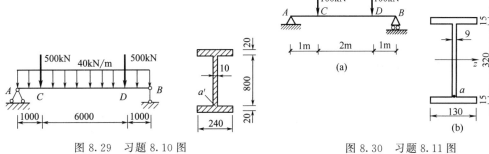

图 8.29 习题 8.10 图   图 8.30 习题 8.11 图

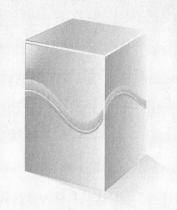

第9章

组合变形

9.1　组合变形的概念

　　在前面各章曾研究了杆件在拉（压）、剪切、扭转和弯曲四种基本变形时的应力和强度计算。工程实际中受力杆件所发生的变形，经常是两种或两种以上基本变形的组合，这种变形称为**组合变形**。工程中常见的组合变形有下面三种形式：

　　① 拉伸（压缩）与弯曲的组合，如图 9.1（a）所示厂房柱的变形，为压缩与弯曲的组合变形；

　　② 斜弯曲，如图 9.1（b）所示木屋架上檩条的变形，是由绕 y、z 两个轴的平面弯曲组成的斜弯曲；

　　③ 扭转与弯曲的组合，如图 9.1（c）所示机械传动轴的变形，是在发生扭转变形的同时发生水平平面和垂直平面内的弯曲变形。

　　在线弹性和小变形的条件下，组合变形可按杆件的原始形状和尺寸，通过叠加原理求解。即把杆件上的荷载分解为若干个独立荷载，使每一种荷载只产生一种基本变形，计算杆件在每种基本变形时的某量值（内力、应力或变形等），将各基本变形时的该量值叠加，可得杆件在原荷载作用下的该量值。

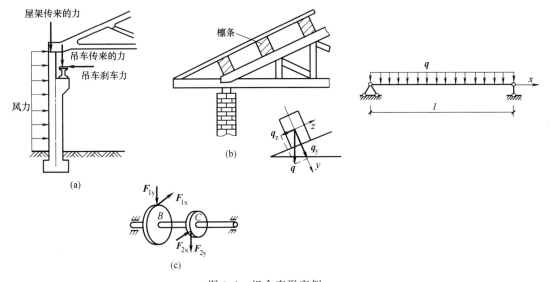

图 9.1　组合变形实例

9.2　拉伸（压缩）与弯曲的组合

9.2.1　在轴向力和横向力共同作用下的杆件

在轴向力作用下，杆件将发生轴向拉伸（压缩）变形；在横向力作用下，杆件将发生平面弯曲变形。在轴向力和横向力共同作用下，杆件将发生拉伸（压缩）与弯曲的组合变形。

通常求解组合变形问题可分为四个步骤：

① 外力分析　通过对外力的简化和分解，将组合变形分解为几种基本变形。

② 内力分析　作各基本变形时杆件的内力图，确定危险截面。确定危险截面时，应特别注意弯矩值最大的截面。

③ 应力分析　分析危险截面在各基本变形时的应力，确定危险点。

④ 强度计算　根据危险点的应力状态，建立强度条件进行强度计算。

如图 9.2（a）所示的矩形截面杆件，受到轴向拉力 F 和横向均布力 q 的共同作用。

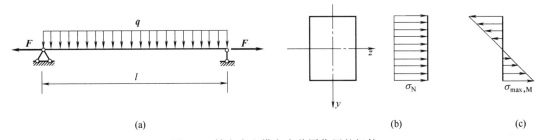

图 9.2　轴向力和横向力共同作用的杆件

（1）外力分析

在轴向拉力 F 作用下杆件发生轴向拉伸变形，在横向均布力 q 作用下杆件发生平面弯曲变形，在轴向拉力 F 和横向均布力 q 的共同作用下杆件将发生拉伸与弯曲的组合变形。

（2）内力分析

在轴向拉力 F 作用下，杆件各横截面上的轴力为 F_N；在横向均布力 q 作用下，杆件跨中截面弯矩最大为 M_{max}。因此危险截面在跨中。

（3）应力分析

在轴向力作用下杆件各截面任一点处的正应力均相等，如图 9.2（b）所示。其值为

$$\sigma_N = \frac{F_N}{A}$$

在横向均布力作用下，杆件跨中截面上的最大正应力位于截面上、下边缘处，如图 9.2（c）所示。其值为

$$\sigma_{max,M} = \pm \frac{M_{max}}{W_z}$$

当杆件的抗弯刚度 EI 较大时，横向力引起的挠度很小，由轴向拉力 F 引起的附加弯矩可忽略不计。按叠加原理，图 9.2（a）所示杆件跨中截面上的最大应力位于截面的下边缘处，为拉应力，故截面的下边缘处为危险点，有

$$\sigma_{max} = \sigma_N + \sigma_{max,M} = \frac{F_N}{A} + \frac{M_{max}}{W_z} \tag{9.1}$$

（4）强度计算

杆件危险点处为单向应力状态，对于抗拉、抗压能力相同的材料，其强度条件为

$$\sigma_{max} = \frac{F_N}{A} + \frac{M_{max}}{W_z} \leqslant [\sigma] \tag{9.2}$$

【例 9.1】 某三角形托架如图 9.3（a）所示，横梁 AB 采用 16 号工字钢。已知作用在 B 点的集中荷载 $F = 10kN$，材料的许用应力 $[\sigma] = 90MPa$。试校核 AB 梁的强度。

解：

（1）外力分析

由横梁 AB 的受力图 [图 9.3（b）] 列出平衡方程 $\sum M_A = 0$，得

$$F_C \sin 30° \times 2m - F \times 3m = 0$$

$$F_C = \frac{F \times 3m}{\sin 30° \times 2m} = \frac{10kN \times 3m}{\sin 30° \times 2m} = 30kN$$

再由 $\sum F_x = 0$ 和 $\sum F_y = 0$ 求得 A 支座处的反力为

$$F_{Ax} = 26kN \ , \ F_{Ay} = 5kN$$

在轴向力 F_{Ax} 和 F_{Cx} 作用下，横梁 AB 的 AC 段发生拉伸变形；在横向力 F_{Ay}、F_{Cy} 和 F 作用下，横梁 AB 的 AC 段发生弯曲变形。所以 AC 段发生拉伸与弯曲的组合变形。

（2）内力分析

由 AB 杆的轴力图 [图 9.3（c）] 和弯矩图 [图 9.3（d）] 可知，危险截面为 C 稍左的截面，其内力值为

$$F_{NC} = 26kN \ , \ M_C = 10kN \cdot m$$

（3）应力分析

在轴力 F_{NC} 和弯矩 M_C 单独作用下，危险截面上的应力分布分别如图 9.3（e）、（f）所示。根据叠加后危险截面上的应力分布 [图 9.3（g）] 可知，上边缘各点处的应力最大（拉应力）。故危险截面上边缘各点为危险点。

由型钢表可查得 16 号工字钢的截面面积 $A = 26.1cm^2$，弯曲截面系数 $W_z = 141cm^3$，所以在危险点处由轴力引起的拉应力为

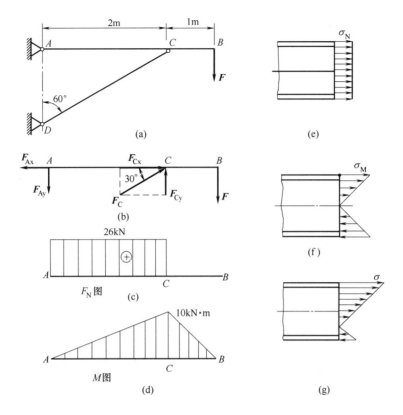

图 9.3 例 9.1 图

$$\sigma_N = \frac{F_{NC}}{A} = \frac{26 \times 10^3 \, \text{N}}{26.1 \times 10^{-4} \, \text{m}^2} = 9.96 \text{MPa}$$

由弯矩引起的最大拉应力为

$$\sigma_M = \frac{M_C}{W_z} = \frac{10 \times 10^3 \, \text{N} \cdot \text{m}}{141 \times 10^{-6} \, \text{m}^3} = 70.92 \text{MPa}$$

总的拉应力为

$$\sigma_{max} = \sigma_N + \sigma_M = 9.96 \text{MPa} + 70.92 \text{MPa} = 80.9 \text{MPa}$$

（4）强度校核

由于

$$\sigma_{max} = 80.9 \text{MPa} < [\sigma] = 90 \text{MPa}$$

故横梁 AB 满足强度要求。

9.2.2 偏心拉伸（压缩）

当荷载作用线只与杆轴线平行而不重合时，杆件将产生**偏心拉伸（压缩）**。荷载作用线至杆轴线的距离称为偏心距。例如图 9.4（a）所示的厂房立柱，将荷载 F 向立柱轴线简化，得到一个轴向压力 F 和一个作用在立柱纵向对称面内的力偶 $M_e = Fe$，如图 9.4（b）所示。轴向压力 F 使立柱产生轴向压缩变形，力偶 M_e 使立柱产生平面弯曲变形。因此立柱产生压缩与弯曲的组合变形。再如图 9.5（a）所示夹具的竖杆，将产生拉伸与弯曲的组合变形，如图 9.5（b）所示。

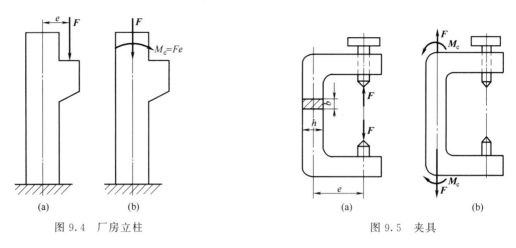

图 9.4　厂房立柱　　　　　　　　　　图 9.5　夹具

现以图 9.6（a）所示具有两个对称轴的偏心受拉等直杆为例，分析偏心受力构件的强度计算。

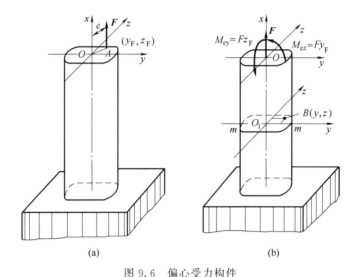

图 9.6　偏心受力构件

（1）外力分析

根据力的平移定理将作用在杆端 A 点处的偏心拉力 $\boldsymbol{F}$ 向截面形心 O 点简化，如图 9.6（b）所示得到轴向拉力 $\boldsymbol{F}$ 和力偶矩 $\boldsymbol{M}_e$，其中 $M_e = Fe$。$\boldsymbol{M}_e$ 可分解为对形心轴 y 轴的力偶矩 $\boldsymbol{M}_{ey}$ 和对形心轴 z 轴的力偶矩 $\boldsymbol{M}_{ez}$，其中 $M_{ey} = Fz_F$，$M_{ez} = Fy_F$。

在轴向拉力 $\boldsymbol{F}$ 作用下杆件发生轴向拉伸变形，在力偶矩 $\boldsymbol{M}_{ey}$ 作用下杆件发生在 xOz 平面内的纯弯曲变形，在力偶矩 $\boldsymbol{M}_{ez}$ 作用下杆件发生在 xOy 平面内的纯弯曲变形。所以杆件的变形是轴向拉伸和两个相互垂直平面内的纯弯曲变形的组合。

（2）内力分析

如图 9.6（b）所示，在杆件任意横截面 m—m 上的内力分别为

$$F_N = F \ , \ M_y = M_{ey} = Fz_F \ , \ M_z = M_{ez} = Fy_F$$

杆件各横截面上的内力均与 m—m 截面相同，故杆件各个横截面均为危险截面。

（3）应力分析

m—m 截面上任意一点 $B(y, z)$ 处的正应力分别为

在轴力作用下 $\quad \sigma_{\mathrm{N}} = \dfrac{F_{\mathrm{N}}}{A} = \dfrac{F}{A}$

在弯矩作用下 $\quad \sigma_{\mathrm{M}} = \dfrac{M_y z}{I_y} + \dfrac{M_z y}{I_z} = \dfrac{F z_F z}{I_y} + \dfrac{F y_F y}{I_z}$

当杆件的弯曲刚度 EI 较大时，按叠加原理 B 点处的正应力为

$$\sigma = \frac{F}{A} + \frac{F z_F z}{I_y} + \frac{F y_F y}{I_z} = \frac{F}{A}\left(1 + \frac{z_F z}{i_y^2} + \frac{y_F y}{i_z^2}\right) \tag{9.3}$$

上式利用了惯性矩与惯性半径间的关系 $I_y = A i_y^2$ 和 $I_z = A i_z^2$。

应力分析的目的是确定危险点，即计算出最大应力。由正应力计算公式可知离中性轴越远的点应力越大，为此需要确定中性轴的位置。

（4）中性轴的位置

将 $\sigma = 0$ 代入式（9.3）求得中性轴方程为

$$1 + \frac{z_F z}{i_y^2} + \frac{y_F y}{i_z^2} = 0 \tag{9.4}$$

由式（9.4）可知这个方程是一直线方程，并且坐标 y 和 z 不能同时为零。因此**偏心受拉（受压）构件的中性轴是一条不通过截面形心的直线**，如图 9.7 所示。

（5）强度计算

确定中性轴的位置后，可作两条与中性轴平行的直线与横截面的周边相切，如图 9.7 所示。两切点 D_1 和 D_2 是距离中性轴最远的点，分别为横截面上最大拉应力和最大压应力所在的危险点。

工程中很多偏心受力构件，其横截面周边大多具有棱角，如矩形、工字形等，对于这类有棱角的横截面，无需确定中性轴的位置，其危险点必定在截面的棱角处，可根据杆件的变形情况确定危险点。例如若图 9.6（a）所示的偏心受拉构件为矩形截面杆件，在横截面内力分量 F_{N}、M_y 和 M_z 分别作用下 [图 9.8（a）]，横截面拉、压应力的分布情况分别如图 9.8（b）~（d）所

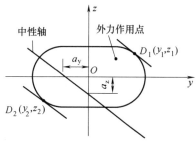

图 9.7 中性轴的位置

示，可以确定横截面的棱角 D_1 和 D_2 分别为最大拉应力和最大压应力所在的危险点。由式（9.3）可得其值为

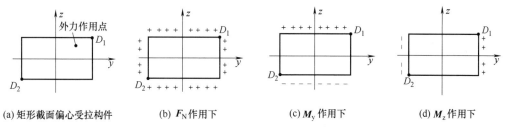

(a) 矩形截面偏心受拉构件　(b) F_{N} 作用下　(c) M_y 作用下　(d) M_z 作用下

图 9.8 矩形截面偏心受力构件危险点确定

$$\left.\begin{aligned}\sigma_{\mathrm{t,max}} &= \frac{F}{A} + \frac{F z_F z_{\max}}{I_y} + \frac{F y_F y_{\max}}{I_z} = \frac{F}{A} + \frac{M_y}{W_y} + \frac{M_z}{W_z}\\[2mm]\sigma_{\mathrm{c,max}} &= \frac{F}{A} - \frac{F z_F z_{\max}}{I_y} - \frac{F y_F y_{\max}}{I_z} = \frac{F}{A} - \frac{M_y}{W_y} - \frac{M_z}{W_z}\end{aligned}\right\} \tag{9.5}$$

对于一般实体梁而言，切应力数值较小，可以不考虑。杆件危险点处仍为单向应力状态，可按正应力强度条件进行强度计算。

【例 9.2】　矩形截面受压柱如图 9.9（a）所示。其中 F_1 的作用线与下柱轴线重合，F_2 的作用线在 y 轴上，已知 $F_1=F_2=80\text{kN}$，$h=300\text{mm}$。若要求下柱的截面上不出现拉应力，求 F_2 的偏心矩 e 的大小。

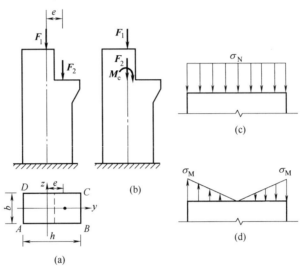

图 9.9　例 9.2 图

解：

（1）外力分析

由于 F_1 的作用线与下柱轴线重合，使下柱产生轴向压缩变形；F_2 的作用线不通过下柱截面形心，将其向截面形心简化后，产生轴向压力 F_2 和绕 z 轴的力偶 $M_e=F_2e$，如图 9.9（b）所示。下柱在原荷载 F_1、F_2 共同作用下将产生压缩与弯曲的组合变形。

（2）内力分析

下柱横截面上的内力有：

轴力　　　　　　　　　$F_N=-F_1-F_2=-80\text{kN}-80\text{kN}=-160\text{kN}$

弯矩　　　　　　　　　　　　　　$M=M_e=F_2e$

（3）应力分析

下柱横截面上，在轴力 F_N 和弯矩 M 单独作用下的应力分布分别如图 9.9（c）、（d）所示，叠加后的最大拉应力会出现在 AD 边缘上。其值为

$$\sigma_{t,\max}=\frac{F_N}{A}+\frac{M}{W_z}=\frac{F_N}{bh}+\frac{F_2e}{\frac{1}{6}bh^2}$$

（4）求偏心矩 e 的大小

下柱横截面上不出现拉应力的条件是 $\sigma_{t,\max}=0$，即

$$\sigma_{t,\max}=\frac{F_N}{bh}+\frac{F_2e}{\frac{1}{6}bh^2}=0$$

得

$$e=-\frac{F_Nh}{6F_2}=-\frac{(-160\text{kN})\times300\text{mm}}{6\times80\text{kN}}=100\text{mm}$$

由此结果可知，当偏心压力作用在 y 轴上时，只要偏心矩 $e \leqslant 100mm$，截面上就不会出现拉应力。

9.2.3 截面核心

由公式（9.4），分别取 $z=0$ 和 $y=0$ 可计算出中性轴在 y、z 两坐标轴上的截距 a_y 和 a_z（图9.7）为

$$a_y = -\frac{i_z^2}{y_F}, \quad a_z = -\frac{i_y^2}{z_F} \tag{9.6}$$

由上式可知：①a_y、a_z 与 y_F、z_F 正负号相反，即中性轴与外力作用点分别在截面形心的两侧（图9.7）；②a_y、a_z 与 y_F、z_F 成反比，即外力偏心距（y_F、z_F）越小，a_y、a_z 越大，中性轴可能不与横截面相交，这时横截面上就只有一种符号的应力（与轴力同号的应力）。

因此，当偏心力作用点位于截面形心周围的某个小区域内时，截面上只出现一种符号的应力，截面形心周围的这个小区域称为**截面核心**。由例9.2可知，当偏心压力的偏心距较小时，杆的横截面上可能只出现压应力，不出现拉应力。对混凝土、砖石材料制成的构件，由于其抗拉强度远低于抗压强度，当构件偏心受压时，如果偏心压力作用在截面核心内，就可避免在截面上引起拉应力。

当中性轴与截面周边相切时，外力作用点在截面核心的边界上，利用这一关系可以确定截面核心的边界。矩形和圆形截面的截面核心，如图9.10中的阴影线所示。

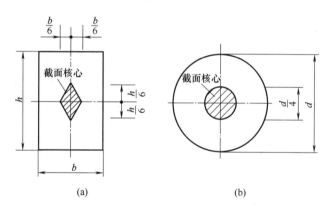

图9.10 矩形、圆形截面的截面核心

9.3 斜 弯 曲

梁在两个相互垂直的平面内产生的平面弯曲的组合称为**斜弯曲**。例如，图9.1（b）所示木屋架上的矩形截面檩条，其计算简图是支承于屋架上的简支梁；由于檩条沿屋面倾斜放置，荷载作用线不在檩条的两个纵向对称平面（xy 平面和 xz 平面）内，可将荷载 q 沿 y 轴和 z 轴分解为 q_y 和 q_z。在 q_y 单独作用时，檩条产生在 xy 平面内的平面弯曲变形；在 q_z 单独作用时，檩条产生在 xz 平面内的平面弯曲变形。所以檩条产生的变形是两个相互垂直平面内弯曲的组合变形。因檩条变形后的挠曲线与外力作用平面不重合，故这种弯曲变形常称为斜弯曲。

如图9.11所示矩形截面悬臂梁，梁端作用一集中力 F，F 力不在梁的纵向对称平面

内，而是偏离纵向对称轴一个角度 φ。

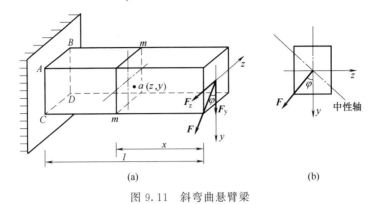

图 9.11 斜弯曲悬臂梁

（1）外力分析

将 $\boldsymbol{F}$ 力沿矩形截面对称轴 y 轴和 z 轴方向分解为

$$F_y = F\cos\varphi \quad F_z = F\sin\varphi$$

在 $\boldsymbol{F}_y$、$\boldsymbol{F}_z$ 单独作用下，梁将分别产生绕 z 轴和 y 轴的平面弯曲。因此，在 $\boldsymbol{F}_y$ 和 $\boldsymbol{F}_z$ 共同作用下，梁将产生斜弯曲变形。

（2）内力分析

$\boldsymbol{F}_y$、$\boldsymbol{F}_z$ 单独作用下，在梁任一横截面 m—m 上产生的弯矩分别为

$$M_y = F_z x = Fx\sin\varphi$$
$$M_z = F_y x = Fx\cos\varphi$$

显然固定端截面弯矩最大为危险截面。

（3）应力分析

$\boldsymbol{M}_z$、$\boldsymbol{M}_y$ 单独作用下，在 m—m 截面上任意点 a 处产生的正应力分别为

$$\sigma' = -\frac{M_z y}{I_z} \quad \sigma'' = \frac{M_y z}{I_y}$$

由叠加原理，在 $\boldsymbol{F}$ 力作用下 a 点处的正应力为

$$\sigma = \sigma' + \sigma'' = -\frac{M_z y}{I_z} + \frac{M_y z}{I_y} \tag{9.7}$$

上式为斜弯曲梁横截面上任一点处的正应力计算公式。式中，I_y 和 I_z 分别为横截面对两对称轴 y 轴和 z 轴的惯性矩；y、z 分别为所求应力点到 z 轴和 y 轴的距离。应力的正负号可根据 $\boldsymbol{F}_y$、$\boldsymbol{F}_z$ 单独作用下梁的变形情况来判定。梁横截面上的最大正应力发生在离中性轴最远处。

（4）中性轴的位置

将 $\sigma = 0$ 代入式（9.7）可得中性轴方程为

$$-\frac{M_z y}{I_z} + \frac{M_y z}{I_y} = 0 \tag{9.8}$$

由式（9.8）可知，**斜弯曲梁的中性轴是一条通过横截面形心的直线**，如图 9.11（b）所示。对矩形和工字形等具有双对称轴和棱角的截面，最大正应力发生在截面角点处。

（5）强度计算

对于图 9.11 所示的矩形截面梁，固定端截面的右上角点 B 处和左下角点 C 处分别为最大拉应力和最大压应力所在的危险点。由式（9.7）可得其值为

$$
\left.
\begin{aligned}
\sigma_{t,max} &= \frac{M_z y_{max}}{I_z} + \frac{M_y z_{max}}{I_y} = \frac{M_z}{W_z} + \frac{M_y}{W_y} \\
\sigma_{c,max} &= -\frac{M_z y_{max}}{I_z} - \frac{M_y z_{max}}{I_y} = -\frac{M_z}{W_z} - \frac{M_y}{W_y}
\end{aligned}
\right\}
\tag{9.9}
$$

由于危险点处为单向应力状态,可按正应力强度条件进行强度计算。

（6）变形计算

在 F_y、F_z 单独作用下,梁将分别产生沿 y 轴和 z 轴的挠度,梁自由端最大挠度为

$$
v_y = \frac{F_y l^3}{3EI_z} = \frac{Fl^3}{3EI_z}\cos\varphi, \quad v_z = \frac{F_z l^3}{3EI_y} = \frac{Fl^3}{3EI_y}\sin\varphi
$$

总挠度为上述两个相互垂直方向挠度的矢量和,即 $v = \sqrt{v_y^2 + v_z^2}$

【例 9.3】 一木屋架上的木檩条为 $b \times h = 120\text{mm} \times 180\text{mm}$ 的矩形截面,跨度 $l = 4\text{m}$,简支在屋架上,承受屋面荷载 $q = 2\text{kN/m}$(包括檩条自重),如图 9.12(a)、(b)所示。已知材料的许用应力 $[\sigma] = 10\text{MPa}$,试校核该檩条的强度。

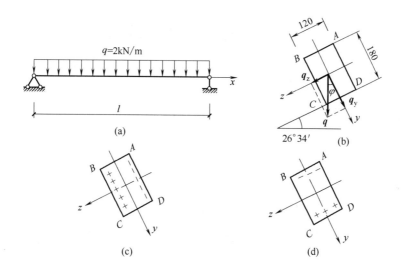

图 9.12 例 9.3 图

解:

（1）外力分析

将荷载 q 沿 y、z 轴分解,$\varphi = 26°34'$,有

$$
q_z = q\sin\varphi = 2\text{kN/m} \times \sin 26°34' = 0.89\text{kN/m}
$$

$$
q_y = q\cos\varphi = 2\text{kN/m} \times \cos 26°34' = 1.79\text{kN/m}
$$

在 q_y 和 q_z 共同作用下,檩条发生斜弯曲变形。

（2）内力分析

简支梁在均布荷载作用下,跨中弯矩最大,故跨中截面为危险截面。

檩条在 q_z 单独作用下,发生在 xz 平面内的平面弯曲变形,跨中最大弯矩为

$$
M_y = \frac{1}{8}q_z l^2 = \frac{1}{8} \times 0.89\text{kN/m} \times (4\text{m})^2 = 1.78\text{kN} \cdot \text{m}
$$

檩条在 q_y 单独作用下,发生在 xy 平面内的平面弯曲变形,跨中最大弯矩为

$$
M_z = \frac{1}{8}q_y l^2 = \frac{1}{8} \times 1.79\text{kN/m} \times (4\text{m})^2 = 3.58\text{kN} \cdot \text{m}
$$

（3）应力分析

危险截面上，在 M_y 作用下，BC、AD 边各点分别为最大拉、压应力点［图9.1（c）］；在 M_z 作用下，CD、BA 边各点分别为最大拉、压应力点［图9.12（d）］。叠加后，C、A 两点分别为最大拉应力点和最大压应力点，最大拉、压应力绝对值相等，其值为

$$\sigma_{max} = \frac{M_z}{W_z} + \frac{M_y}{W_y} = \frac{M_z}{\frac{1}{6}bh^2} + \frac{M_y}{\frac{1}{6}hb^2}$$

$$= \frac{3.58 \times 10^3 \, N \cdot m}{\frac{1}{6} \times 120 \times 10^{-3} m \times (180 \times 10^{-3} m)^2} + \frac{1.78 \times 10^3 \, N \cdot m}{\frac{1}{6} \times 180 \times 10^{-3} m \times (120 \times 10^{-3} m)^2}$$

$$= 9.64 MPa$$

（4）强度校核

由于 $$\sigma_{max} = 9.64 MPa < [\sigma] = 10 MPa$$

故该檩条满足强度要求。

9.4 扭转与弯曲的组合

工程中有些构件在荷载作用下发生扭转变形的同时，还发生弯曲变形。当杆件发生扭转与弯曲的组合变形时，与前面讲过的几种组合变形不同的是，杆件内的危险点不再处于单向应力状态，而是处于复杂应力状态，需应用强度理论对杆件进行强度计算。

图9.13（a）所示为一处于水平位置的直角曲拐，将集中力 F 向 AB 杆的 B 截面形心平

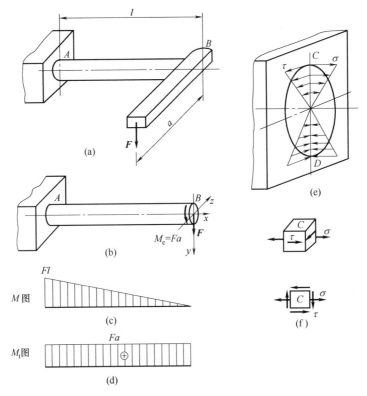

图 9.13　扭转与弯曲的组合变形

移，得到一个力 F 和一个作用面垂直于 AB 杆轴线的力偶 $M_e = Fa$ ［图 9.13（b）］，AB 杆发生扭转与弯曲的组合变形。

由 AB 杆的弯矩图［图 9.13（c）］和扭矩图［图 9.13（d）］可知，A 截面为危险截面，其上必存在弯曲正应力和扭转切应力。由 A 截面的应力分布图［图 9.13（e）］可知，C、D 两点为危险点。C 点的应力状态如图 9.13（f）所示。对由塑性材料制成的轴，在危险点 C、D 中只需校核一点的强度即可。

由图 9.13（f）可知，C 点处于平面应力状态。对于平面应力状态，按第三、第四强度理论建立的强度条件为

$$\sigma_{r3} = \sqrt{\sigma^2 + 4\tau^2} \leqslant [\sigma]$$

$$\sigma_{r4} = \sqrt{\sigma^2 + 3\tau^2} \leqslant [\sigma]$$

对圆截面杆，$\sigma = \dfrac{M}{W_z}$，$\tau = \dfrac{M_t}{W_P}$；并利用 $W_P = 2W_z$，可得

$$\sigma_{r3} = \frac{\sqrt{M^2 + M_t^2}}{W_z} \leqslant [\sigma] \tag{9.10}$$

$$\sigma_{r4} = \frac{\sqrt{M^2 + 0.75M_t^2}}{W_z} \leqslant [\sigma] \tag{9.11}$$

【例 9.4】 某传动钢轴如图 9.14（a）所示。已知圆轴直径 $d = 50\text{mm}$，钢材的许用应力 $[\sigma] = 150\text{MPa}$。试按第四强度理论校核该轴的强度。

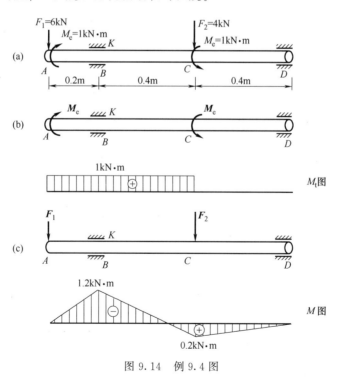

图 9.14 例 9.4 图

解：

（1）外力分析

圆轴在 M_e 作用下受扭，在 F_1、F_2 作用下受弯，其变形是扭转与弯曲的组合变形。

（2）内力分析

轴的扭矩图和弯矩图如图 9.14（b）、（c）所示。由此可知，B 截面为危险截面。该截面上的内力值为

$$M = 1.2 \text{kN} \cdot \text{m}, \quad M_t = 1 \text{kN} \cdot \text{m}$$

（3）强度校核

由式（9.11）可得

$$\sigma_{r4} = \frac{\sqrt{M^2 + 0.75M_t^2}}{W_z} = \frac{\sqrt{(1.2 \times 10^3 \text{N} \cdot \text{m})^2 + 0.75 \times (1 \times 10^3 \text{N} \cdot \text{m})^2}}{\pi \times (50 \times 10^{-3} \text{m})^3 / 32}$$

$$= 121 \text{MPa} < [\sigma] = 150 \text{MPa}$$

故该轴强度满足要求。

小结

（1）组合变形问题的求解方法

组合变形由几种基本变形组合而成。求解组合变形问题的基本方法是"分"与"合"，即外力分解和某量值（内力、应力或变形等）叠加。外力分解的原则是使分解后的每一种外力只分别产生一种基本变形；某量值叠加是在小变形和材料服从胡克定律的条件下，将各种基本变形引起的该量值叠加起来。

（2）危险截面及危险点的确定

将组合变形分解为几种基本变形后，综合分析各种基本变形形式的内力图，确定危险截面的可能位置。在组合变形问题中，由于切应力的影响较小，一般不考虑，因此应特别注意弯矩值最大的截面。

危险截面确定后，根据各内力分量在危险截面上的应力分布规律，判断危险点所在的位置。一般正应力起控制作用，因此应特别注意正应力绝对值最大的点。

（3）组合变形问题的强度计算

① 危险点为单向应力状态：在拉伸（压缩）与弯曲的组合、斜弯曲时，杆件危险点的应力状态主要为单向应力状态。

在进行强度校核时，只需求出危险点的最大正应力 σ_{max}，按轴向拉（压）杆强度条件计算，即强度条件为

$$\sigma_{max} \leqslant [\sigma]$$

② 危险点为复杂应力状态：在扭转与弯曲的组合变形时，杆件的危险点处于平面应力状态，需利用强度理论建立强度条件进行强度计算。若杆件为由塑性材料制成的圆轴，则按第三强度理论和第四强度理论建立的强度条件分别为

$$\sigma_{r3} = \frac{\sqrt{M^2 + M_t^2}}{W_z} \leqslant [\sigma]$$

$$\sigma_{r4} = \frac{\sqrt{M^2 + 0.75M_t^2}}{W_z} \leqslant [\sigma]$$

（4）截面核心的概念

当偏心力作用点位于截面形心周围的某个小区域内时，截面上只出现一种符号的应力，截面形心周围的这个小区域称为截面核心。对混凝土、砖石等材料制成的构件，由于其抗拉强度远低于抗压强度，当构件偏心受压时，如果偏心压力作用在截面核心内，就可避免截面上出现拉应力。

思考题

9.1　什么是组合变形？如何计算组合变形杆件横截面上的应力？

9.2　如何确定组合变形杆件的危险截面和危险点？

9.3　为什么对拉（压）与弯曲的组合变形和斜弯曲的杆件进行强度计算时，不用强度理论，而在扭转与弯曲组合变形时，必须用强度理论？

9.4　什么是截面核心？它在工程应用中有何意义？

9.5　试分析图 9.15 所示的曲杆中，AB、BC 和 CD 段各存在什么内力？会产生何种变形？

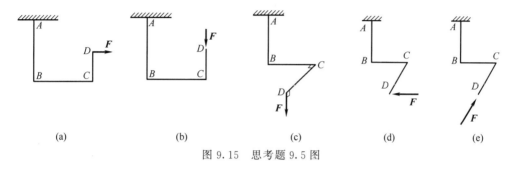

图 9.15　思考题 9.5 图

9.6　一正方形截面杆受到轴心拉力 F 作用，如图 9.16（a）所示。若将力 F 沿 OA 线平移到截面边缘中心，如图 9.16（b）所示；或将力 F 沿对角线 OB 平移到截面角点 B，如图 9.16（c）所示，问杆内的应力将如何变化？

9.7　矩形截面悬臂梁如图 9.17 所示，在自由端作用有垂直于梁轴线方向的力 F，其作用线方向如图中虚线所示。该梁将发生什么变形？

9.8　确定图 9.18 所示受力杆件的危险截面及最大拉应力点。

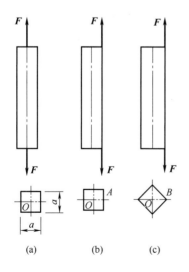

图 9.16　思考题 9.6 图

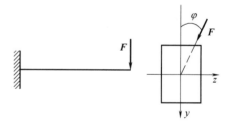

图 9.17　思考题 9.7 图

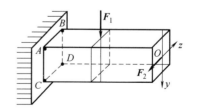

图 9.18　思考题 9.8 图

9.9　某悬臂梁受力如图 9.19（a）所示。采用图 9.19（b）所示的矩形截面时，截面上的最大拉应力为 $\sigma_{\max} = \dfrac{|M_{y,\max}|}{W_y} + \dfrac{|M_{z,\max}|}{W_z}$。这个公式能否用于图 9.19（c）所示的圆形

截面?

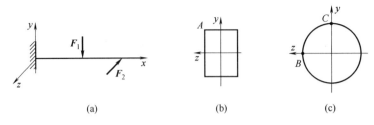

图 9.19 思考题 9.9 图

9.10 不同截面的悬臂梁如图 9.20 所示，在梁的自由端作用有垂直于梁轴线的集中力 **F**，**F** 的作用线通过截面形心（如图中的虚线所示）。试分析各梁发生什么变形？

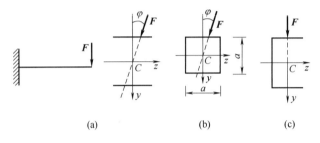

图 9.20 思考题 9.10 图

习题

9.1 图 9.21 所示的夹具在夹紧零件时，夹具受到的压力为 F＝2kN。已知压力 **F** 与夹具竖杆轴线的距离为 e＝60mm，竖杆横截面为矩形，b＝10mm，h＝22mm，材料的许用应力 [σ]＝170MPa。试校核此夹具竖杆的强度。

9.2 某简易悬臂吊车如图 9.22 所示，起吊重力 F＝15kN，α＝30°，横梁 AB 为 25a 工字钢，[σ]＝100MPa。试校核梁 AB 的强度。

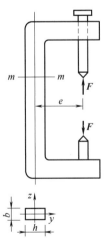

图 9.21 习题 9.1 图

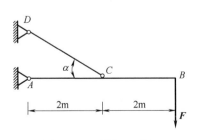

图 9.22 习题 9.2 图

9.3 如图 9.23 所示为矩形截面厂房柱，已知 $F_1=100\text{kN}$，$F_2=45\text{kN}$，$e=200\text{mm}$。若要使立柱截面内不出现拉应力，求柱截面高度。

9.4 图 9.24 所示的杆件受轴向拉力 $F=12\text{kN}$ 作用，材料的许用应力 $[\sigma]=100\text{MPa}$。试求切口的允许深度。

9.5 图 9.25 所示的工字形截面简支梁，用 25a 工字钢制成，在梁的跨中作用一集中力 $F=20\text{kN}$，$\boldsymbol{F}$ 的作用线通过截面形心且与 y 轴成 $\varphi=15°$ 角。已知 $l=4\text{m}$，材料的许用应力 $[\sigma]=160\text{MPa}$，试校核该梁的强度。

9.6 某矩形截面简支梁如图 9.26 所示，$\boldsymbol{q}$ 的作用线通过截面形心且与 y 轴成 $\varphi=30°$ 角。已知 $l=3\text{m}$，$b=80\text{mm}$，$h=120\text{mm}$，材料的许用应力 $[\sigma]=10\text{MPa}$。试求该梁所能承受的最大均布荷载 $q_{\max}$。

9.7 某矩形截面悬臂梁如图 9.27 所示。试确定危险截面、危险点所在位置，并计算梁内最大正应力的值。

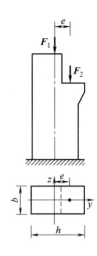

图 9.23 习题 9.3 图

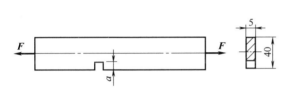

图 9.24 习题 9.4 图

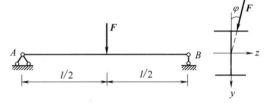

图 9.25 习题 9.5 图

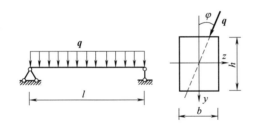

图 9.26 习题 9.6 图

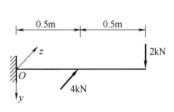

图 9.27 习题 9.7 图

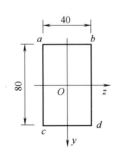

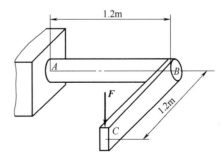

图 9.28 习题 9.8 图

9.8 图 9.28 所示折杆的 AB 段为圆截面，AB 垂直于 CB。已知 AB 杆的直径 $d=100\text{mm}$，材料的许用应力 $[\sigma]=80\text{MPa}$。试按第三强度理论由杆 AB 的强度条件确定许用荷

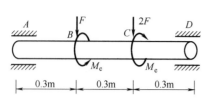

图 9.29 习题 9.9 图

载 $[F]$。

9.9 某传动轴的受力如图 9.29 所示。已知 $M_e=0.8\text{kN·m}$，$F=3\text{kN}$，材料的许用应力 $[\sigma]=140\text{MPa}$。试按第三强度理论计算传动轴的直径。

9.10 某圆轴受力如图 9.30 所示，已知圆轴的直径 $d=100\text{mm}$，材料的许用应力 $[\sigma]=150\text{MPa}$。试按第三强度理论校核该轴的强度。

9.11 图 9.31 所示的铁路圆信号板，装在外径 $D=60\text{mm}$ 的空心柱上。若信号板上所受的最大风载 $p=2000\text{N/m}^2$，许用应力 $[\sigma]=60\text{MPa}$。试按第三强度理论选择空心柱的壁厚。

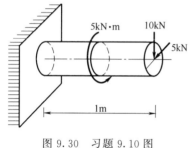

图 9.30 习题 9.10 图

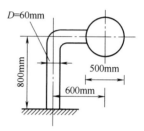

图 9.31 习题 9.11 图

第10章

压杆稳定

 学习目标

掌握压杆稳定性的概念；掌握细长中心受压直杆临界力、临界应力的欧拉公式及其应用范围；掌握长度系数、柔度的概念和计算；掌握临界应力总图；掌握压杆的稳定条件和稳定计算；了解提高压杆稳定性的措施。

 难点

临界应力总图；压杆的稳定计算。

10.1　压杆稳定性的概念

对于拉杆和短粗的压杆，当杆件横截面上的应力超过材料的抗拉、抗压极限应力时，就会发生破坏。这类杆件的破坏属**强度问题**。但对于细长压杆，在杆内的应力远未达到材料的抗压极限应力时，其直线的平衡形式就可能突然转变为弯曲形式，从而丧失承载能力而发生破坏。这类杆件的破坏属**稳定问题**。细长压杆由于不能保持原有直线形状的平衡而突然发生弯曲破坏的现象，称为压杆的**失稳**或屈曲。稳定问题与前面研究过的强度、刚度问题一样，对杆件的设计是十分重要的。由于钢材强度高，在钢结构设计中更要重视稳定问题。

压杆的稳定，实质上是指受压杆件保持其原有直线平衡状态的**稳定性**。"稳定"和"不稳定"是针对物体的平衡性质而言的，一个小球可能处的三种平衡状态如图 10.1 所示。

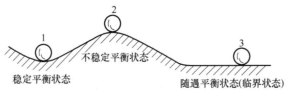

图 10.1　三种平衡状态

当受到轻微干扰力作用时，球1偏离其初始平衡位置来回摆动，最终回到初始平衡位置，球1处于稳定平衡状态；球2受干扰后远离其初始平衡位置，不能恢复原位置，球2处于不稳定平衡状态；球3受干扰后离开原平衡位置沿平面匀速运动，在新的位置再次处于平衡状态，既不能恢复原位置也不进一步远离，球3处于随遇平衡状态。随遇平衡状态介于稳定与不稳定平衡状态之间，也称为临界状态。

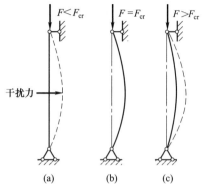

图 10.2　细长杆件的平衡状态

细长杆件受压时，也像小球一样，可能处于三种平衡状态。如图 10.2（a）所示，两端铰支的细长杆件，当轴向压力 F 小于某一极限值 F_{cr} 时，压杆保持直线状态，此时若压杆受到微小的横向干扰力，会发生弯曲变形；但当干扰力撤除后，压杆就会恢复其原有的直线平衡状态，此时压杆处于**稳定的平衡状态**。如图 10.2（b）所示，当轴向压力 F 增大到某一极限值 F_{cr} 时，一旦受到横向干扰力作用，直杆就会弯曲，即使除去干扰力，压杆也不能恢复原有的直线形状，仍会处于微弯的平衡状态，此时压杆处于由稳定平衡

过渡到不稳定平衡的**临界状态**；压杆在临界状态所受的极限压力称为**临界力**，用 F_{cr} 表示。如图 10.2（c）所示，当轴向压力 F 超过临界力 F_{cr} 时，只要受到横向干扰力作用，压杆将持续弯曲，直至破坏，此时压杆处于**不稳定的平衡状态**。因此研究压杆的稳定问题，关键在于确定临界力 F_{cr}。

10.2　细长压杆的临界力——欧拉公式

10.2.1　两端铰支理想压杆的临界力

理想压杆是指由均质材料制成，轴线为直线，外力作用线与杆件轴线重合的受压杆。图 10.3（a）所示为一两端铰支的理想压杆，当轴向压力 F 达到临界力 F_{cr} 时，压杆在微弯的状态下保持平衡。此时，在任一横截面上存在弯矩 $M(x)=F_{cr}v$，如图 10.3（b）所示。若杆内的压应力不超过材料的比例极限，则由杆的挠曲线近似微分方程式（7.2）得

$$v'' = -\frac{M(x)}{EI} = -\frac{F_{cr}v}{EI} \qquad (a)$$

若令 $k^2 = \dfrac{F_{cr}}{EI}$，式（a）可简化为

$$v'' + k^2 v = 0 \qquad (b)$$

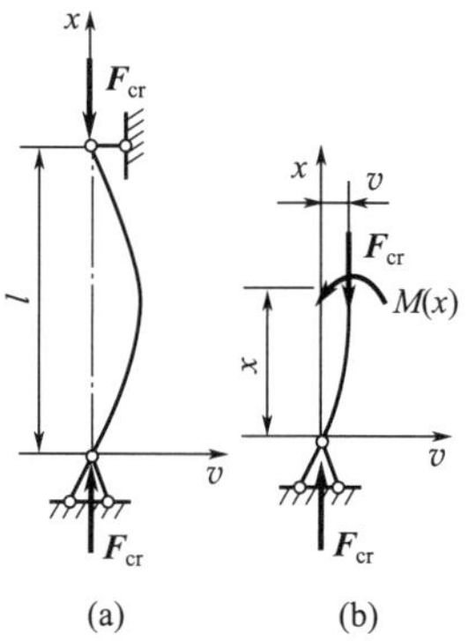

式（b）为常系数线性二阶齐次微分方程。解该方程并考虑边界条件可得

图 10.3　两端铰支理想压杆的临界力

$$F_{cr} = \frac{\pi^2 EI}{l^2} \qquad (10.1)$$

式（10.1）为**两端铰支理想压杆的临界力计算公式**。该公式最早由欧拉导出，故通常称为**欧拉公式**。

10.2.2　其他杆端约束下理想压杆的临界力

前面推导了两端铰支理想压杆的临界力计算公式。对其他杆端约束下的压杆，由于支承形式不同，对杆件的变形有不同的约束作用，其挠曲线形状不同，临界力也不相同。其他杆端约束下压杆临界力的推导方法与两端铰支压杆相同，不再一一推导。四种常见杆端约束下理想压杆的临界力及相关内容列于表 10.1 中，以便查阅。

表 10.1　各种支承情况下等截面细长杆的临界力

支承情况	两端铰支	一端固定、一端自由	一端固定、一端可上下移动但不能转动	一端固定、一端铰支
失稳时变形曲线形状				
临界力 F_{cr}	$\dfrac{\pi^2 EI}{l^2}$	$\dfrac{\pi^2 EI}{(2l)^2}$	$\dfrac{\pi^2 EI}{(0.5l)^2}$	$\dfrac{\pi^2 EI}{(0.7l)^2}$
计算长度 l_0	l	$2l$	$0.5l$	$0.7l$
长度系数 μ	1	2	0.5	0.7

从表 10.1 中可以看出，当材料、杆长和截面形状、尺寸一定时，理想压杆的临界力与杆端约束有关，杆端约束越强，临界力越大；各种支承情况下的临界力计算公式形式相似，只是分母中 l 前面的系数不同，因此其**统一形式**可写为

$$F_{cr} = \frac{\pi^2 EI}{(\mu l)^2} = \frac{\pi^2 EI}{l_0^2} \tag{10.2}$$

式中，μ 称为**长度系数**，反映了不同的杆端支承对临界力的影响，其值见表 10.1；l_0 称为压杆的计算长度，$l_0 = \mu l$。

10.3　压杆的临界应力

10.3.1　临界应力和柔度

将临界力 F_{cr} 除以压杆的横截面面积 A，便得到压杆的**临界应力** σ_{cr}，即

$$\sigma_{cr} = \frac{F_{cr}}{A} = \frac{\pi^2 EI}{(\mu l)^2 A}$$

引入截面惯性半径 $i = \sqrt{\dfrac{I}{A}}$，可得

$$\sigma_{cr} = \frac{\pi^2 E}{\left(\dfrac{\mu l}{i}\right)^2}$$

再令 $\lambda = \dfrac{\mu l}{i}$，则有

$$\sigma_{cr} = \frac{\pi^2 E}{\lambda^2} \tag{10.3}$$

式（10.3）称为**欧拉临界应力计算公式**，是欧拉公式（10.2）的另一种表达形式。λ 称为**压杆的长细比或柔度**，是一个量纲为 1 的量。

柔度 λ 值综合反映了杆长、约束情况及截面形状和尺寸对临界应力的影响。λ 值越大，临界应力 σ_{cr} 越小，压杆越容易失稳；反之 λ 值越小，临界应力 σ_{cr} 越大，压杆越不容易失稳。若压杆在不同的纵向平面内具有不同的柔度值，由于压杆失稳首先发生在柔度最大的纵向平面内，因此，压杆的临界应力应按柔度的最大值计算。

10.3.2　欧拉公式的适用范围

在推导欧拉公式时，用到了梁的挠曲线近似微分方程式（7.2）。该方程的适用条件是材料在线弹性范围内工作。因此，欧拉公式的适用条件是临界应力 σ_{cr} 不超过材料的比例极限 σ_p，即

$$\sigma_{cr} = \frac{\pi^2 E}{\lambda^2} \leqslant \sigma_p$$

或

$$\lambda \geqslant \sqrt{\frac{\pi^2 E}{\sigma_p}} = \lambda_p \tag{10.4}$$

式中，λ_p 为材料达到比例极限时对应的柔度值。对于 Q235 钢，$E = 200\mathrm{GPa}$，$\sigma_p = 200\mathrm{MPa}$，由式（10.4）可得 $\lambda_p \approx 100$。因此，用 Q235 钢制成的压杆，只有当 $\lambda \geqslant 100$ 时，才能用欧拉公式计算临界力或临界应力。$\lambda \geqslant \lambda_p$ 的压杆称为**大柔度杆或细长杆**。

10.3.3　临界应力总图

根据压杆柔度 λ 不同，压杆可分为三类。

（1）大柔度杆或称细长杆

其柔度 $\lambda \geqslant \lambda_p$，可用欧拉公式计算临界力或临界应力。

（2）中柔度杆或称中长杆

其柔度 $\lambda_s \leqslant \lambda < \lambda_p$。工程中对这类压杆采用以试验为基础建立的经验公式计算临界应力。经验公式主要有直线型和抛物线型两种。这里仅介绍直线型经验公式，其形式为

$$\sigma_{cr} = a - b\lambda \tag{10.5}$$

式中，a、b 均为与材料有关的常数。对 Q235 钢制成的压杆，$a = 304\mathrm{MPa}$，$b = 1.12\mathrm{MPa}$。

λ_s 是应用直线公式的最小柔度值，由压杆材料的屈服极限 σ_s 决定。当 $\sigma_{cr} = \sigma_s$ 时，有

$$\lambda_s = \frac{a - \sigma_s}{b} \tag{10.6}$$

对 Q235 钢，由于 $\sigma_s = 235\mathrm{MPa}$，由式（10.6）得 $\lambda_s \approx 62$。

常用材料的 a、b、λ_p 和 λ_s 值见表 10.2。

表 10.2　一些常用材料的 a、b、λ_p、λ_s 值

材　　料	a/MPa	b/MPa	λ_p	λ_s
Q235 钢（$\sigma_s = 235\mathrm{MPa}$）	304	1.12	100	62
优质碳钢（$\sigma_s = 306\mathrm{MPa}$）	460	2.57	100	60
硅钢（$\sigma_s = 353\mathrm{MPa}$）	577	3.74	100	60

续表

材　料	a/MPa	b/MPa	λ_{p}	λ_{s}
铸铁	332	1.454	80	—
铬钼钢	980	5.29	55	—
硬铝	392	3.26	50	—
松木	28.7	0.199	59	—

（3）小柔度杆或称短粗杆

其柔度 $\lambda < \lambda_{\mathrm{s}}$。这类压杆不会发生失稳，只可能因强度不够而发生破坏，属强度计算问题。临界应力 $\sigma_{\mathrm{cr}} = \sigma^0$ 时，

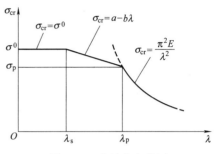

图 10.4　临界应力总图

对塑性材料　　　$\sigma_{\mathrm{cr}} = \sigma^0 = \sigma_{\mathrm{s}}$

对脆性材料　　　$\sigma_{\mathrm{cr}} = \sigma^0 = \sigma_{\mathrm{b}}$

由以上分析可知，压杆的临界应力与长细比 λ 有关。临界应力与长细比的关系曲线（图 10.4）称为**临界应力总图**。

【例 10.1】　如图 10.5 所示的圆钢压杆，由 Q235 钢制成。已知杆长 $l = 2\mathrm{m}$，直径 $d = 100\mathrm{mm}$，钢材的弹性模量 $E = 200\mathrm{GPa}$。试计算此压杆的临界力。

解：

由表 10.2 查得 Q235 钢的 $\lambda_{\mathrm{p}} = 100$。该压杆为圆截面杆件，圆截面杆件对其任一形心轴的惯性半径均相同，其值为

$$i = \sqrt{\frac{I}{A}} = \sqrt{\frac{\frac{\pi}{64}d^4}{\frac{\pi}{4}d^2}} = \frac{d}{4} = \frac{100\mathrm{mm}}{4} = 25\mathrm{mm}$$

由图 10.5 可知，该压杆一端固定，一端自由。其长度系数 $\mu = 2$，故压杆的柔度 λ 为

$$\lambda = \frac{\mu l}{i} = \frac{2 \times 2 \times 10^3 \mathrm{mm}}{25\mathrm{mm}} = 160 > \lambda_{\mathrm{p}} = 100$$

该压杆属大柔度杆，其临界力采用欧拉公式计算得

$$F_{\mathrm{cr}} = \frac{\pi^2 EI}{(\mu l)^2} = \frac{\pi^2 \times 200 \times 10^9 \mathrm{Pa} \times \dfrac{\pi \times (100 \times 10^{-3}\mathrm{m})^4}{64}}{(2 \times 2\mathrm{m})^2} = 605\mathrm{kN}$$

【例 10.2】　矩形截面钢压杆由 Q235 钢制成，如图 10.6 所示。已知压杆的长度 $l = 6\mathrm{m}$，截面为 $b \times h = 40\mathrm{mm} \times 90\mathrm{mm}$，弹性模量 $E = 200\mathrm{GPa}$。试计算此压杆的临界应力。

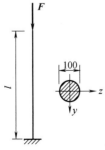

图 10.5　例 10.1 图

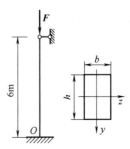

图 10.6　例 10.2 图

解:

由表 10.2 查得 Q235 钢的 $\lambda_p = 100$。截面对 y 轴、z 轴的惯性半径分别为

$$i_y = \sqrt{\frac{I_y}{A}} = \frac{b}{2\sqrt{3}} = \frac{40\,\text{mm}}{2\sqrt{3}} = 11.55\,\text{mm}$$

$$i_z = \sqrt{\frac{I_z}{A}} = \frac{h}{2\sqrt{3}} = \frac{90\,\text{mm}}{2\sqrt{3}} = 25.98\,\text{mm}$$

由于 $i_y < i_z$，故压杆会绕 y 轴失稳。

由图 10.6 可知，压杆一端固定，一端铰接。其长度系数 $\mu = 0.7$，压杆的柔度 λ_y 为

$$\lambda_y = \frac{\mu l}{i_y} = \frac{0.7 \times 2\,\text{m}}{11.55 \times 10^{-3}\,\text{m}} = 121 > \lambda_p = 100$$

该压杆属大柔度杆，其临界应力采用欧拉公式计算得

$$\sigma_{cr} = \frac{\pi^2 E}{\lambda_y^2} = \frac{\pi^2 \times 200 \times 10^9\,\text{Pa}}{121^2} = 135\,\text{MPa}$$

10.4 压杆的稳定计算

10.4.1 压杆的稳定条件

当压杆中的应力达到临界应力 σ_{cr} 时，压杆将丧失稳定。为了保证压杆能安全工作，压杆应满足的**稳定条件**为

$$\sigma = \frac{F_N}{A} \leqslant [\sigma]_{st} = \frac{\sigma_{cr}}{n_{st}} \tag{10.7}$$

式中，$[\sigma]_{st}$ 为稳定许用应力；n_{st} 为稳定安全系数。

若令 $\varphi = \dfrac{[\sigma]_{st}}{[\sigma]}$，则由式 (10.7) 可得

$$\frac{F_N}{\varphi A} \leqslant [\sigma] \tag{10.8}$$

式 (10.8) 为**压杆稳定条件的实用计算式**。式中，$[\sigma]$ 为压杆材料的许用压应力；φ 称为**稳定系数**，当材料一定时，由于临界应力 σ_{cr} 和稳定安全系数 n_{st} 均随 λ 变化，所以 φ 是 λ 的函数；A 为压杆的横截面面积，因为压杆的临界力是根据整根杆的失稳确定的，所以在稳定计算中，A 按杆件的毛截面面积计算，不考虑钉孔等对截面局部削弱的影响。

钢结构中的轴心受压构件除了短粗杆或截面有较大削弱的杆有可能发生强度破坏外，一般情况下均是整体失稳破坏。国内外因压杆突然失稳导致结构物倒塌的重大事故屡有发生，并且往往是在其强度有足够保证的情况下突然失去整体稳定的，故须特别加以重视。

我国钢结构设计规范根据国内常用轴心受压构件的截面形式、尺寸以及加工条件等，将截面分为 a、b、c、d 四种类型；并考虑钢材品种和压杆柔度，以表格的形式给出了压杆稳定系数 φ，表 10.3、表 10.4 为部分 φ 值。我国木结构设计规范按照树种的强度等级规定了稳定系数 φ 值的计算公式。

TC17、TC15 和 TB20 级：$\lambda \leqslant 75$，$\varphi = \dfrac{1}{1 + \left(\dfrac{\lambda}{80}\right)^2}$

$$\lambda > 75，\varphi = \frac{3000}{\lambda^2}$$

TC13、TC11 和 TB17 及 TB15 级：$\lambda \leqslant 91$，$\varphi = \dfrac{1}{1+\left(\dfrac{\lambda}{65}\right)^2}$

$$\lambda > 91，\varphi = \frac{2800}{\lambda^2}$$

式中，TC 后的数字为树种的弯曲强度，单位为 MPa。其他结构的 φ 值可查相应设计规范。

表 10.3　Q235 钢 a 类截面中心受压直杆的稳定因数 φ

λ	0	1.0	2.0	3.0	4.0	5.0	6.0	7.0	8.0	9.0
0	1.000	1.000	1.000	1.000	0.999	0.999	0.998	0.998	0.997	0.996
10	0.995	0.994	0.993	0.992	0.991	0.989	0.988	0.986	0.985	0.983
20	0.981	0.979	0.977	0.976	0.974	0.972	0.970	0.968	0.966	0.964
30	0.963	0.961	0.959	0.957	0.955	0.952	0.950	0.948	0.946	0.944
40	0.941	0.939	0.937	0.934	0.932	0.929	0.927	0.924	0.921	0.919
50	0.916	0.913	0.910	0.907	0.904	0.900	0.897	0.894	0.890	0.886
60	0.883	0.879	0.875	0.871	0.867	0.863	0.858	0.851	0.849	0.844
70	0.830	0.834	0.829	0.824	0.818	0.813	0.807	0.801	0.795	0.789
80	0.788	0.776	0.770	0.763	0.757	0.750	0.743	0.736	0.728	0.721
90	0.714	0.706	0.699	0.691	0.684	0.676	0.668	0.661	0.653	0.645
100	0.638	0.630	0.622	0.615	0.607	0.600	0.592	0.585	0.577	0.570
110	0.563	0.555	0.548	0.541	0.534	0.527	0.520	0.514	0.507	0.500
120	0.494	0.488	0.481	0.475	0.469	0.463	0.457	0.451	0.445	0.440
130	0.434	0.429	0.423	0.418	0.412	0.407	0.402	0.397	0.392	0.387
140	0.383	0.378	0.373	0.369	0.364	0.360	0.356	0.351	0.347	0.343
150	0.339	0.335	0.331	0.327	0.323	0.320	0.316	0.312	0.309	0.305
160	0.302	0.298	0.295	0.292	0.289	0.285	0.282	0.279	0.276	0.273
170	0.270	0.267	0.264	0.262	0.259	0.256	0.253	0.251	0.248	0.246
180	0.243	0.241	0.238	0.236	0.233	0.231	0.229	0.226	0.224	0.222
190	0.220	0.218	0.215	0.213	0.211	0.209	0.207	0.205	0.203	0.201
200	0.199	0.198	0.196	0.194	0.192	0.190	0.189	0.187	0.185	0.183

表 10.4　Q235 钢 b 类截面中心受压直杆的稳定因数 φ

λ	0	1.0	2.0	3.0	4.0	5.0	6.0	7.0	8.0	9.0
0	1.000	1.000	1.000	0.999	0.999	0.998	0.997	0.996	0.995	0.994
10	0.992	0.991	0.989	0.987	0.985	0.983	0.981	0.978	0.976	0.973
20	0.970	0.967	0.963	0.960	0.957	0.953	0.950	0.946	0.943	0.939
30	0.936	0.932	0.929	0.925	0.922	0.918	0.914	0.910	0.906	0.903
40	0.899	0.895	0.891	0.887	0.882	0.878	0.874	0.870	0.865	0.861

续表

λ	0	1.0	2.0	3.0	4.0	5.0	6.0	7.0	8.0	9.0
50	0.856	0.852	0.847	0.842	0.838	0.833	0.828	0.823	0.818	0.813
60	0.807	0.802	0.797	0.791	0.786	0.780	0.774	0.769	0.763	0.757
70	0.751	0.745	0.739	0.732	0.726	0.720	0.714	0.707	0.701	0.694
80	0.688	0.681	0.675	0.668	0.661	0.655	0.648	0.641	0.635	0.628
90	0.621	0.614	0.608	0.601	0.594	0.588	0.581	0.575	0.568	0.561
100	0.555	0.549	0.542	0.536	0.529	0.523	0.517	0.511	0.505	0.499
110	0.493	0.487	0.481	0.475	0.470	0.464	0.458	0.453	0.447	0.442
120	0.437	0.432	0.426	0.421	0.416	0.411	0.406	0.402	0.397	0.392
130	0.387	0.383	0.378	0.374	0.370	0.365	0.361	0.357	0.353	0.349
140	0.345	0.341	0.337	0.333	0.329	0.326	0.322	0.318	0.315	0.311
150	0.308	0.304	0.301	0.298	0.265	0.291	0.288	0.285	0.282	0.279
160	0.276	0.273	0.270	0.267	0.265	0.262	0.259	0.256	0.254	0.251
170	0.249	0.246	0.244	0.241	0.239	0.236	0.234	0.232	0.229	0.227
180	0.225	0.223	0.220	0.218	0.216	0.214	0.212	0.210	0.208	0.206
190	0.204	0.202	0.200	0.198	0.197	0.195	0.193	0.191	0.190	0.188
200	0.186	0.184	0.183	0.181	0.180	0.178	0.176	0.175	0.173	0.172

【例 10.3】　如图 10.7（a）所示的三角架中，BC 为圆截面钢杆（Q235 钢 a 类）。已知 $F=35\text{kN}$，$a=1\text{m}$，$d=0.04\text{m}$，材料的许用应力 $[\sigma]=160\text{MPa}$。试校核 BC 杆的稳定性；从 BC 杆的稳定考虑，求结构所能承受的最大荷载 $F_{1\text{max}}$；从 BC 杆的强度考虑，求结构所能承受的最大荷载 $F_{2\text{max}}$，并与 $F_{1\text{max}}$ 比较。

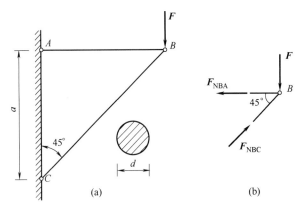

图 10.7　例 10.3 图

解：

（1）校核 BC 杆的稳定性

① 计算 BC 杆的受力。考虑结点 B 的平衡 [图 10.7（b）]，由 $\sum F_y=0$ 可得

$$F_{NBC}\sin45°-F=0$$

$$F_{NBC}=\frac{F}{\sin45°}\tag{a}$$

将 $F=35\text{kN}$ 代入（a）式得

$$F_{NBC}=\frac{35}{\sin45°}=49.5\ (\text{kN})$$

② 计算杆的柔度。圆形截面的惯性半径

$$i=\sqrt{\frac{I}{A}}=\frac{d}{4}=\frac{0.04\text{m}}{4}=0.01\text{m}$$

BC 杆为两端铰支压杆，$\mu=1$。由图 10.7（a）可知，BC 杆的长度 $l=\sqrt{2}a$。柔度为

$$\lambda=\frac{\mu l}{i}=\frac{1\times\sqrt{2}\times1\text{m}}{0.01\text{m}}=141.4$$

查表 10.3 得 $\varphi=0.376$。

③ 校核 BC 杆的稳定性。BC 杆的横截面面积为

$$A=\frac{\pi d^2}{4}=\frac{\pi\times0.04^2}{4}=1.26\times10^{-3}\ (\text{m}^2)$$

$$\frac{F_{NBC}}{\varphi A}=\frac{49.5\times10^3\text{N}}{0.376\times1.26\times10^{-3}\text{m}^2}=104\text{MPa}<[\sigma]=160\text{MPa}$$

所以，BC 杆的稳定性满足要求。

（2）按 BC 杆的稳定条件，求结构所能承受的最大荷载 F_{1max}

由稳定条件可得 BC 杆能承受的最大压力为

$$F_{NBC,max}=\varphi A[\sigma]=0.376\times1.26\times10^{-3}\text{m}^2\times160\times10^6\text{Pa}=75.8\text{kN}$$

由式（a）可得结构所能承受的最大荷载为

$$F_{1max}=F_{NBC,max}\sin45°=75.8\text{kN}\times\sin45°=53.6\text{kN}$$

（3）按 BC 杆的强度条件，求结构所能承受的最大荷载 F_{2max}

由强度条件可得 BC 杆能承受的最大压力为

$$F_{NBC,max}=A[\sigma]=1.26\times10^{-3}\text{m}^2\times160\times10^6\text{Pa}=201.6\text{kN}$$

由式（a）可得结构所能承受的最大荷载为

$$F_{2max}=F_{NBC,max}\sin45°=201.6\text{kN}\times\sin45°=142.6\text{kN}$$

F_{1max} 与 F_{2max} 比较可知，BC 杆的稳定承载力比强度承载力小得多，忽略压杆的稳定问题将是十分危险的。

10.4.2　提高压杆稳定性的措施

由临界应力的计算公式可知，当材料一定时，影响压杆临界应力的因素有截面的形式、尺寸、杆端约束及压杆的长度。因此，要提高压杆的稳定性，可以考虑下面几种措施。

（1）选择合理的截面形式

在截面面积相同的情况下，应尽可能将材料布置在远离中性轴的地方，以提高惯性矩 I 的值，增大惯性半径 i，从而减小压杆的柔度 λ，提高压杆的临界应力。例如，采用空心圆截面比用实心圆截面合理（图 10.8）；四根角钢分散布置在截面的四角比集中布置在截面形心附近合理（图 10.9）。

（2）减小压杆的长度

柔度 λ 与杆长 l 成正比，为减小柔度 λ，提高临界

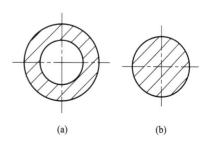

(a)　　　　　(b)

图 10.8　空心圆与实心圆

应力，应尽可能减小压杆的长度 l。如可在压杆中点增设支座（图 10.10），使其计算长度减为原来的一半，这时临界应力为原来的 4 倍。

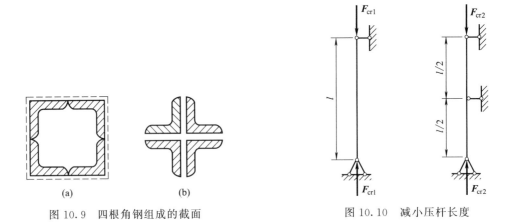

图 10.9　四根角钢组成的截面　　　　图 10.10　减小压杆长度

（3）加强杆端约束

杆端约束越强，压杆长度系数 μ 越小，柔度 λ 越小，临界应力越大，所以应尽可能加强杆端约束。如将两端铰支的压杆改为两端固定时，其计算长度会减少一半，临界应力为原来的 4 倍。

应该指出，临界应力也与材料的性能有关。对细长杆，由欧拉公式可知，临界应力与材料的弹性模量 E 成正比；但对同类材料，如钢材，由于各种钢材的弹性模量 E 大致相同，所以采用高强度钢材并不能有效提高压杆的临界应力。因此，为提高压杆稳定性而采用价格较高的高强度钢材是不合适的。对中长杆和短粗杆，由于临界应力与材料强度有关，选用强度较高的优质材料可以明显提高压杆的临界应力。

小结

① 受压杆件的稳定问题，在结构设计中占有重要的地位。压杆稳定是指压杆能保持其原有直线平衡形式的稳定性。压杆失稳是指压杆不能保持原有直线平衡形式的稳定而发生弯曲破坏。压杆由稳定平衡过渡到不稳定平衡的压力界限值，称为临界力。

② 细长压杆失稳时，横截面上的应力远小于材料的强度极限应力。因此，仅按强度要求设计压杆是十分危险的。

③ 计算临界力 F_{cr} 和临界应力 σ_{cr} 的欧拉公式分别为

$$F_{cr} = \frac{\pi^2 EI}{(\mu l)^2} \ , \ \sigma_{cr} = \frac{\pi^2 E}{\lambda^2}$$

只有对大柔度杆（细长杆），即 $\lambda \geqslant \lambda_p$ 的杆，才能应用欧拉公式；对中柔度杆（中长杆），即 $\lambda_s \leqslant \lambda < \lambda_p$ 的杆，采用经验公式；对小柔度杆（短粗杆），即 $\lambda < \lambda_s$ 的杆，按强度问题计算。

④ 柔度 λ 是影响压杆稳定性的一个重要物理量，其计算公式为 $\lambda = \dfrac{\mu l}{i}$。$\lambda$ 值综合反映了压杆的长度、横截面的形状和尺寸及杆端约束情况对临界应力的影响。λ 值越大，临界应力越小，压杆越易失稳；反之，压杆越不易失稳。

⑤ 压杆总是沿着柔度 λ 大的方向失稳。因此，对两端约束沿两个方向相同的压杆，总

是沿惯性半径 i 值小的方向，即惯性矩 I 值小的方向失稳。

⑥ 压杆的稳定计算公式为

$$\frac{F_N}{\varphi A} \leqslant [\sigma]$$

A 按杆件的毛截面面积计算，不考虑钉孔等对截面局部削弱的影响。

思考题

10.1　为什么要研究压杆的稳定性？在设计细长压杆时，如果只考虑强度而不考虑稳定，是偏于安全还是偏于不安全？

10.2　何谓稳定平衡？何谓不稳定平衡？何谓压杆失稳？

10.3　什么是临界力和临界应力？

10.4　细长压杆两端的支承情况对临界力有什么样的影响？

10.5　何谓压杆的柔度？影响柔度的因素有哪些？柔度对临界应力有何影响？

10.6　欧拉公式的适用范围是什么？对非大柔度杆如何计算临界应力？

10.7　什么是稳定系数？它随哪些因素变化？

10.8　按式（10.8）对压杆进行稳定计算时，是否要区分大柔度杆和非大柔度杆？

10.9　提高压杆稳定性的措施有哪些？

10.10　如图 10.11（a）所示，将一张卡片纸竖直立在桌面上，其自重就可以将它压弯；若如图 10.11（b）所示，将纸卡折成角钢形，其自重就不能将它压弯了；若如图 10.11（c）所示，将纸卡卷成圆筒形竖立在桌面上，则在它的顶部加上小砝码也不会把它压弯，为什么？

10.11　如图 10.12 所示的四根压杆，它们的材料，截面均相同，试判断哪根压杆最容易失稳？哪根压杆最不容易失稳？

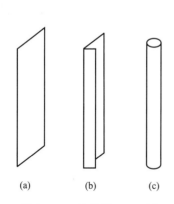

图 10.11　思考题 10.10 图

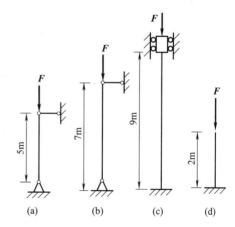

图 10.12　思考题 10.11 图

10.12　图 10.13 所示为几种截面形状的中心受压直杆，两端均为铰接支承，试确定杆件将绕哪根形心轴弯曲失稳？

10.13　有一边长为的 a 正方形截面细长压杆，因实际需要在某一横截面处钻一直径为 d 的横向小孔。试问计算压杆的欧拉临界力时，惯性矩应选取无孔截面还是有孔截面计算？若是要对杆件进行强度计算，则横截面面积应选择多少？

10.14　判断下述三种情况细长压杆的稳定性。①三根直径相同的圆钢杆如图 10.14 所

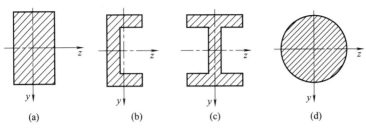

图 10.13　思考题 10.12 图

示，哪一根压杆最易失稳？②若将图 10.14（a）杆的截面改为图（d）所示的矩形，且绕 y 轴、z 轴失稳时均可视为两端铰支，压杆绕哪个轴先失稳？③若将图 10.14（a）杆的截面改为图（d）所示的矩形，绕 y 轴失稳时可视为两端铰支，绕 z 轴失稳时可视为两端固定，压杆绕哪个轴先失稳？

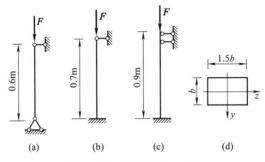

图 10.14　思考题 10.14 图

习题

10.1　两端铰支的圆截面钢杆（Q235 钢），已知 $l=2\mathrm{m}$，$d=0.04\mathrm{m}$，材料的弹性模量 $E=210\mathrm{GPa}$。试求该杆的临界力和临界应力。

10.2　某矩形截面木压杆如图 10.15 所示。已知 $l=4\mathrm{m}$，$b=10\mathrm{cm}$，$h=15\mathrm{cm}$，材料的弹性模量 $E=10\mathrm{GPa}$，$\lambda_\mathrm{p}=110$。试求该压杆的临界力。

10.3　由两个 10 号槽钢组成的压杆，一端固定，一端自由，如图 10.16 所示。欲使该压杆在 xOy 和 xOz 两个平面内具有相同的稳定性，求 a 值的大小。

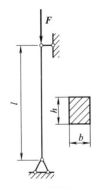

图 10.15　习题 10.2 图

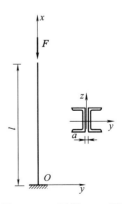

图 10.16　习题 10.3 图

10.4 如图 10.17 所示的结构，BD 杆是边长为 a、强度等级为 TC15 的正方形截面木杆。已知 $l=2\text{m}$，$a=0.1\text{m}$，木材的许用应力 $[\sigma]=10\text{MPa}$。试从 BD 杆的稳定考虑，计算该结构所能承受的最大荷载 $F_{\max}$。

10.5 如图 10.18 所示的梁柱结构中，BD 杆为强度等级为 TC13 的圆截面木杆，直径 $d=20\text{cm}$，其许用应力 $[\sigma]=10\text{MPa}$。试校核 BD 杆的稳定性。

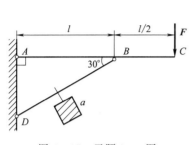

图 10.17 习题 10.4 图

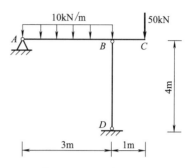

图 10.18 习题 10.5 图

10.6 如图 10.19 所示的压杆，由两个同型号的槽钢组成（Q235 钢 b 类截面），杆的两端均为铰支。已知杆长 $l=6\text{m}$，槽钢的型号为 18a，两槽钢之间的距离 $a=0.1\text{m}$，材料的许用应力 $[\sigma]=160\text{MPa}$。试求该压杆的许可荷载。

10.7 如图 10.20 所示的压杆，由两根 10 号槽钢组成（Q235 钢 b 类截面），压杆下端固定、上端铰支。已知杆长 $l=4\text{m}$，材料的许用应力 $[\sigma]=170\text{MPa}$。试求该压杆的许可荷载。

10.8 如图 10.21 所示的压杆，抗弯刚度为 EI，压杆在 B 支承处不能转动，求该压杆的临界压力。

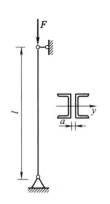

图 10.19 习题 10.6 图

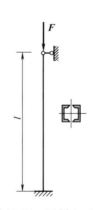

图 10.20 习题 10.7 图

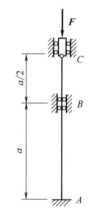

图 10.21 习题 10.8 图

10.9 截面为圆形、直径为 d 两端固定的细长压杆和截面为正方形、边长为 d 两端铰支的细长压杆，材料及柔度都相同，求两杆的长度之比及临界力之比。

10.10 图 10.22 所示的铰接杆系 ABC，AB 和 BC 杆均为细长杆，且截面和材料均相同。若杆系在纸平面 ABC 内为稳定的，并规定 $0<\theta<90°$，试确定 F 为最大值时的 θ 角及其最大临界荷载 F。

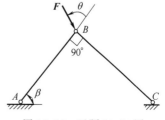

图 10.22 习题 10.10 图

10.11 长 5m 的 10 号工字钢杆，在温度为 0℃时安装在两个固定支座之间，这时杆不受力。已知钢的线膨胀系数 $\alpha_t = 125 \times 10^{-7} ℃^{-1}$，弹性模量 $E = 210$GPa。试求当温度升高至多少度时，钢杆失稳？

10.12 由 Q235 钢（b 类截面）制成的一圆截面钢杆，长度 $l = 0.5$m；其下端固定，上端自由，承受轴向压力 $F = 10$kN。已知材料许用应力 $[\sigma] = 170$MPa，试求杆的直径。

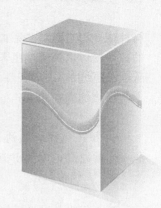

第11章

能量法

学习目标

熟悉杆件应变能的概念和计算；掌握卡氏第二定理及其应用。

难点

广义力和广义位移的概念；卡氏第二定理的应用。

11.1 基 本 概 念

11.1.1 弹性应变能与功能原理

弹性体在荷载作用下将发生变形，当作用在弹性体上的荷载，由零缓慢地增加至最终值时，弹性体的变形也由零增至其最终值，荷载的作用点随之发生位移，荷载在其相应位移上做功，称为**外力功**。若不计其他能量损耗，外力功将全部以能量形式储存于弹性体中，这种因弹性体的变形而储存在其内部的能量，称为**弹性应变能（简称应变能）**。弹性体的应变能是可逆的，当逐渐解除外荷载时，它又在恢复变形中释放出全部应变能而做功。应变能通常用 V_ε 表示，数值上等于外力功 W，即

$$V_\varepsilon = W \tag{11.1}$$

上式称为弹性体的功能原理。应变能 V_ε 的单位为 J，$1J = 1N \cdot m$。

利用功和能的概念求解变形固体力学问题的方法，统称为**能量法**。能量法在刚架、曲杆等复杂结构的变形计算和超静定结构的求解等复杂的材料力学问题中得到广泛的应用。

本章主要分析线弹性问题，即材料符合胡克定律，位移与荷载呈线性关系。符合线弹性的构件或结构称为线性弹性体。

11.1.2 外力功与余功

如图 11.1（a）所示的轴向拉伸杆件，设杆件的材料为几何非线性弹性材料。杆端位移

与杆端外力之间的关系如图 11.1 （b） 所示，当荷载缓慢地由零增加到最终值 F_1 时，杆件的拉伸变形也缓慢地由零增长到 δ_1。设 F 是加载过程中的某一拉力值，相应的位移为 δ；若荷载再增加 dF，杆件的位移相应增长 $d\delta$，则荷载 F 因产生位移 $d\delta$ 所做的功为图中曲线下阴影线的微面积 dW，即

$$dW = F d\delta \tag{11.2}$$

拉力 F 从零增加到 F_1 的整个加载过程中，所做的总功 W 为图中曲线下阴影线的微面积 dW 的总和，即图中曲线下的面积。外力功 W 应为

$$W = \int_0^{\delta_1} F d\delta \tag{11.3}$$

F-δ 曲线与纵坐标轴（F 轴）之间的面积定义为**余功** W_c，即

$$W_c = \int_0^{F_1} \delta dF \tag{11.4}$$

当杆件在线弹性范围内工作时，F-δ 曲线为直线，如图 11.1 （c） 所示，外力功与余功相等，即

$$W_c = W = \frac{1}{2} F \delta \tag{11.5}$$

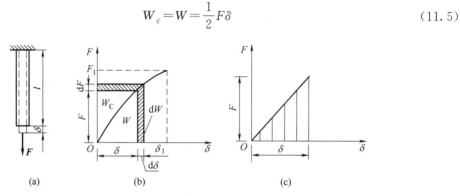

图 11.1　弹性体的外力与变形

11.2　杆件应变能的计算

11.2.1　轴向拉伸和压缩时杆件的应变能

图 11.2 （a） 所示的等截面受拉直杆，轴向拉力由零缓慢增至 F，杆件最终伸长量为 Δl。当杆件在线弹性范围内工作时，杆件所受拉力与杆的变形之间呈线性关系，如图 11.2 （b） 所示。由功能原理可知，应变能与外力功相等，即

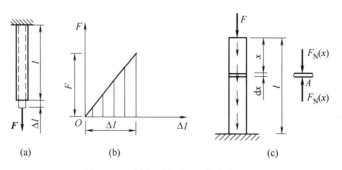

图 11.2　轴向受拉杆的应变能

$$V_\varepsilon = W = \frac{1}{2}F\Delta l \qquad (11.6)$$

杆内任一横截面上的轴力 $F_N = F$，将杆件伸长量 $\Delta l = \dfrac{F_N l}{EA}$ 代入上式可得

$$V_\varepsilon = W = \frac{F_N^2 l}{2EA} \qquad (11.7)$$

式（11.7）适用于等截面直杆在两端受静力荷载 F 作用的情况。对于图 11.2（c）所示轴力沿杆长变化的杆件，可取 $\mathrm{d}x$ 段按式（11.7）计算应变能，再沿杆长积分得整个杆件的应变能为

$$V_\varepsilon = \int_l \frac{F_N^2(x)}{2EA}\mathrm{d}x \qquad (11.8)$$

11.2.2　圆轴扭转时的应变能

如图 11.3（a）所示的等截面扭转轴，扭转轴的两端截面作用有等值反向的外力偶矩 M_e，扭转轴任一横截面上的扭矩 $M_t = M_e$。在线弹性范围内，扭矩 M_e 与两端相对扭转角 φ 呈线性关系，如图 11.3（b）所示。扭转轴两端截面相对扭转角 $\varphi = \dfrac{M_t l}{GI_P}$，根据功能原理有

$$V_\varepsilon = W = \frac{1}{2}M_e\varphi = \frac{M_t^2 l}{2GI_P} \qquad (11.9)$$

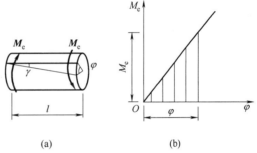

图 11.3　受扭圆轴的应变能

式（11.9）适用等截面直杆在两端受外力偶矩作用的情况。当扭矩 M_t 沿轴线为变量时，杆件的应变能按下列积分计算。

$$V_\varepsilon = \int_l \frac{M_t^2(x)}{2GI_P}\mathrm{d}x \qquad (11.10)$$

11.2.3　弯曲梁的应变能

如图 11.4（a）所示，等截面直梁发生纯弯曲时，梁各横截面上的弯矩 $M = M_e$。当梁处于线弹性范围内时，由式（6.1）可知，梁的曲率 $\dfrac{1}{\rho} = \dfrac{M}{EI}$，圆心角 $\theta = \dfrac{l}{\rho}$，故有

$$\theta = \frac{Ml}{EI}$$

M_e 与 θ 间呈线性关系，如图 11.4（b）所示。根据功能原理，梁在纯弯曲时的应变能为

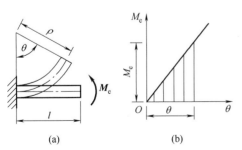

图 11.4　纯弯曲梁的应变能

$$V_\varepsilon = W = \frac{1}{2}M_e\theta = \frac{M^2 l}{2EI} \qquad (11.11)$$

在横力弯曲时横截面上的弯矩和剪力沿杆长变化，并且应变能包含弯曲应变能和剪切应变能两部分。对工程中常见的细长梁，剪切应变能比弯曲应变能小很多，可以只考虑弯曲应变能，所以梁的应变能为

$$V_\varepsilon = \int_l \frac{M^2(x)}{2EI} \mathrm{d}x \qquad (11.12)$$

表 11.1 基本变形情况下杆件的应变能

变形形式	外力功 W	位移与力的关系	应变能 V_ε
轴向拉（压）	$W = \frac{1}{2} F \Delta l$	$F_N = F, \Delta l = \frac{F_N l}{EA}$	$V_\varepsilon = \frac{F_N^2 l}{2EA}$
扭转	$W = \frac{1}{2} M_e \varphi$	$M_t = M_e, \varphi = \frac{M_t l}{GI_P}$	$V_\varepsilon = \frac{M_t^2 l}{2GI_P}$
弯曲	$W = \frac{1}{2} M_e \theta$	$M = M_e, \theta = \frac{Ml}{EI_z}$	$V_\varepsilon = \frac{M^2 l}{2EI_z}$

杆件基本变形时的外力功与应变能见表 11.1。综上所述，应变能可统一表示为

$$V_\varepsilon = W = \frac{1}{2} F\delta \qquad (11.13)$$

式中，F 可以理解为**广义力**；δ 是与广义力相应的**广义位移**。这里"相应"有两方面含义：一是方向的相应，即线位移是指力作用点处沿着力作用线方向的位移，角位移是与力偶旋转方向一致的角位移；二是性质相应，即集中力只能在线位移上做功，集中力偶只能在角位移上做功。例如，在扭转时，"F"是扭转力偶，而与扭转力偶相应的位移"δ"是截面的相对扭转角。

杆件组合变形时，在线弹性、小变形条件下，轴力、弯矩和扭矩做的功是相互独立的，即任一内力在其他内力作用引起的位移上不做功。因此组合变形的应变能等于各内力单独作用产生的应变能之和，即

$$V_\varepsilon = \int_l \frac{F_N^2(x)}{2EA} \mathrm{d}x + \int_l \frac{M_t^2(x)}{2GI_P} \mathrm{d}x + \int_l \frac{M^2(x)}{2EI} \mathrm{d}x \qquad (11.14)$$

若为非圆截面杆，上式中的 I_P 改为 I_t。

【例 11.1】 悬臂梁自由端受集中力 **F** 的作用，如图 11.5 所示。试利用功能原理求 B 点的挠度。设抗弯刚度 EI 为常数。

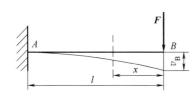

图 11.5 例 11.1 图

解：

悬臂梁的弯矩方程为

$$M(x) = -Fx$$

由式（11.12）可得悬臂梁的应变能为

$$V_\varepsilon = \int_l \frac{M^2(x)}{2EI} \mathrm{d}x = \frac{1}{2EI} \int_0^l (-Fx)^2 \mathrm{d}x = \frac{F^2}{2EI} \times \frac{l^3}{3}$$

当梁在线弹性范围内变形时，力 **F** 在 B 点的挠度 v_B 上所作的功为

$$W = \frac{1}{2} F v_B$$

根据功能原理，$W = V_\varepsilon$，由上面两式得到

$$v_B = \frac{Fl^3}{3EI} \quad (\downarrow)$$

【例 11.2】　试计算例 2.5 杆系结构的应变能，并求节点 C 的位移 Δ_C。

解：

（1）计算杆系结构的应变能

在例 2.5 中已经计算出钢杆 AC 和 BC 的轴力为

$$F_{N1} = F_{N2} = \frac{F}{2\cos\alpha}$$

由对称性可知，两杆的应变能相等，根据式（11.7）求得结构的应变能为

$$V_\varepsilon = 2 \times \frac{F_{N1}^2 l}{2EA} = \frac{\left(\dfrac{F}{2\cos\alpha}\right)^2 l}{EA} = \frac{\left(\dfrac{200\times10^3\,\text{N}}{2\cos30°}\right)^2 (1\text{m})}{(210\times10^9\,\text{Pa})\left[\dfrac{\pi}{4}(25\times10^{-3}\,\text{m})^2\right]}$$

$$= 129.34\text{N}\cdot\text{m} = 129.34\text{J}$$

（2）求节点 C 的位移

由对称性可知节点 C 的位移沿铅垂方向，与力 F 方向一致。力 F 所作功为

$$W = \frac{1}{2}F\Delta_C$$

根据功能原理，$W = V_\varepsilon$，可得

$$\Delta_C = \frac{2V_\varepsilon}{F} = \frac{2\times129.34\text{N}\cdot\text{m}}{200\times10^3\,\text{N}} = 1.293\times10^{-3}\text{m} = 1.293\text{ mm}(\downarrow)$$

11.3　应变能的普遍表达式

如图 11.6 所示的弹性体，其上作用 n 个广义力 F_1、F_2、$\cdots$、F_n，对应产生相应的广义位移 δ_1、δ_2、$\cdots$、δ_n。由于应变能的数值与加载的次序无关，只与外力与位移的最终值有关，由式（11.13）得到线弹性体应变能的一般表达式为

$$V_\varepsilon = W = \sum_{i=1}^{n} \frac{1}{2}F_i\delta_i \qquad (11.15)$$

上式表示，线弹性体的应变能等于各广义力与其相应广义位移乘积一半的总和，这一结论称为**克拉贝隆原理**。

由于线弹性体上的外力 F_1、F_2、$\cdots$、F_n 与位移 δ_1、δ_2、$\cdots$、δ_n 之间存在线性关系，因此当把式（11.15）中的外力用位移表示时，应变能就成为位移的二次齐次函数；若把位移用外力来表示，则应变能就成为外力的二次齐次函数。故多荷载共同作用时的应变能不能按各荷载单独作用所产生的应变能叠加。

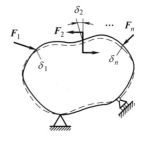

图 11.6　力系作用下的弹性体

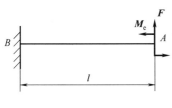

图 11.7　例 11.3 图

【例 11.3】　如图 11.7 所示，悬臂梁承受集中力 F 与集中力偶 M_e 的作用。试计算梁的应变能。设抗弯刚度 EI 为常数。

解：

查表 7.1 并由叠加原理可知，横截面 A 的铅垂位移与转角的值分别为

$$v_A = v_{AF} + v_{AM_e} = \frac{Fl^3}{3EI} + \frac{M_e l^2}{2EI} \quad (\uparrow)$$

$$\theta_A = \theta_{AF} + \theta_{AM_e} = \frac{Fl^2}{2EI} + \frac{M_e l}{EI} \quad (\curvearrowleft)$$

由式（11.15）得梁的应变能为

$$V_\varepsilon = W = \frac{1}{2}Fv_A + \frac{1}{2}M_e\theta_A = \frac{F^2 l^3}{6EI} + \frac{FM_e l^2}{2EI} + \frac{M_e^2 l}{2EI}$$

由上式可知，$V_\varepsilon \neq \frac{1}{2}Fv_{AF} + \frac{1}{2}M_e\theta_{AM_e} = \frac{F^2 l^3}{6EI} + \frac{M_e^2 l}{2EI}$，即应变能是不能利用叠加原理进行计算的。

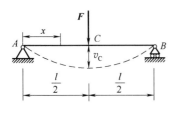

图 11.8　例 11.4 图

【例 11.4】 试求图 11.8 所示简支梁的应变能，并求集中力 **F** 作用点 C 处的挠度 v_C。设抗弯刚度 EI 为常数。

解：

因为 AC、BC 两段对称，所以全梁的应变能等于 AC 段的两倍。AC 段内的弯矩方程为

$$M(x) = \frac{1}{2}Fx \quad \left(0 \leqslant x \leqslant \frac{l}{2}\right)$$

由式（11.12）得梁的应变能为

$$V_\varepsilon = 2\int_0^{\frac{l}{2}} \frac{M(x)^2 \mathrm{d}x}{2EI} = 2\int_0^{\frac{l}{2}} \frac{\left(\frac{1}{2}Fx\right)^2 \mathrm{d}x}{2EI} = \frac{F^2 l^3}{96EI}$$

由式（11.13）得

$$W = \frac{1}{2}Fv_C = V_\varepsilon = \frac{F^2 l^3}{96EI}$$

故

$$v_C = \frac{Fl^3}{48EI} \quad (\downarrow)$$

11.4　卡 氏 定 理

11.4.1　卡氏第一定理

如图 11.6 所示的弹性体上作用有 n 个广义力 F_1、F_2、…、F_n，与这些力对应的广义位移为 δ_1、δ_2、…、δ_n，弹性体的应变能可表示为位移的函数 $V_\varepsilon = V_\varepsilon(\delta_1, \delta_2, \cdots, \delta_i, \cdots, \delta_n)$。假设沿力 F_i 方向的位移有一微小增量 $\mathrm{d}\delta_i$，则弹性体应变能相应的增量为

$$\mathrm{d}V_\varepsilon = \frac{\partial V_\varepsilon}{\partial \delta_i}\mathrm{d}\delta_i \tag{11.16}$$

因只有沿力 F_i 方向的位移有一微小增量，沿其余各作用力方向的位移保持不变，故外力功的增量为

$$\mathrm{d}W = F_i\mathrm{d}\delta_i \tag{11.17}$$

根据功能原理有 $\qquad\qquad\qquad \mathrm{d}V_\varepsilon = \mathrm{d}W$

将式（11.16）、式（11.17）代入上式，有

$$F_i = \frac{\partial V_\varepsilon}{\partial \delta_i} \tag{11.18}$$

上式称为**卡氏第一定理**。该定理表明，弹性体的应变能对某一广义位移的偏导数，等于与该位移相应的广义力。卡式第一定理适用于线性和非线性弹性体。

11.4.2　卡氏第二定理

根据图 11.1 及式 (11.4)，仿照功能原理，将与外力余功 W_c 相应的能称为**余能**，用 V_c 表示。余功 W_c 与余能 V_c 在数值上相等，即

$$V_c = W_c = \int_0^{F_1} \delta \, \mathrm{d}F \tag{11.19}$$

如图 11.6 所示的弹性体上作用有 n 个广义力 $\boldsymbol{F}_1$、$\boldsymbol{F}_2$、$\cdots$、$\boldsymbol{F}_n$，与这些力对应的广义位移为 δ_1、δ_2、$\cdots$、δ_n，弹性体的余能可表示为广义力 $\boldsymbol{F}_1$、$\boldsymbol{F}_2$、$\cdots$、$\boldsymbol{F}_n$ 的函数 $V_c = V_c(F_1, F_2, \cdots, F_i, \cdots, F_n)$。若某一广义力 $\boldsymbol{F}_i$ 有一微小增量 $\mathrm{d}F_i$，则余能 V_c 的相应增量为

$$\mathrm{d}V_c = \frac{\partial V_c}{\partial F_i} \mathrm{d}F_i \tag{11.20}$$

因只有力 F_i 有一个微小增量 $\mathrm{d}F_i$，其余各作用力保持不变，故外力余功的增量为

$$\mathrm{d}W_c = \delta_i \mathrm{d}F_i \tag{11.21}$$

由式 (11.19) 可得　　　　　　　　$\mathrm{d}V_c = \mathrm{d}W_c$

将式 (11.20)、式 (11.21) 代入上式，有

$$\delta_i = \frac{\partial V_c}{\partial F_i} \tag{11.22}$$

对于线弹性体，由式 (11.5) 可知，应变能 V_ε 在数值上等于余能 V_c，式 (11.22) 可改写为

$$\delta_i = \frac{\partial V_\varepsilon}{\partial F_i} \tag{11.23}$$

上式表明，线弹性体的应变能对某一广义力 F_i 的偏导数，等于 $\boldsymbol{F}_i$ 作用点沿 $\boldsymbol{F}_i$ 方向的广义位移。式 (11.23) 称为**卡氏第二定理**。从推导的过程可以看出，卡氏第二定理只适用于线弹性体。

下面把卡氏第二定理应用于几种常见的情况。

① 对于横力弯曲梁，由应变能公式 (11.12) 和卡氏第二定理式 (11.23) 得位移计算公式为

$$\delta_i = \frac{\partial V_\varepsilon}{\partial F_i} = \frac{\partial}{\partial F_i}\left(\int_l \frac{M^2(x)}{2EI}\mathrm{d}x\right)$$

上式中，积分是对 x 的，而微分是对 F_i 的，所以可将积分符号里面的函数先微分，然后再积分，故有

$$\delta_i = \frac{\partial V_\varepsilon}{\partial F_i} = \int_l \frac{M(x)}{EI} \times \frac{\partial M(x)}{\partial F_i}\mathrm{d}x \tag{11.24}$$

其他主要受弯构件，如刚架，也可按上式计算变形。

② 对横截面高度远小于轴线曲率半径的平面曲杆，弯曲应变能可仿照直梁写成

$$V_\varepsilon = \int_s \frac{M^2(s)}{2EI}\mathrm{d}s$$

应用卡氏第二定理得

$$\delta_i = \frac{\partial V_\varepsilon}{\partial F_i} = \int_s \frac{M(s)}{EI} \times \frac{\partial M(s)}{\partial F_i} \mathrm{d}s \qquad (11.25)$$

③ 对于具有 n 根杆件的桁架，应变能由式（11.7）可得

$$V_\varepsilon = \sum_{i=1}^n \frac{(F_{Ni})^2 l_i}{2EA_i}$$

应用卡氏第二定理，得

$$\delta_i = \frac{\partial V_\varepsilon}{\partial F_i} = \sum_{i=1}^n \frac{F_{Ni} l_i}{EA_i} \times \frac{\partial F_{Ni}}{\partial F_i} \qquad (11.26)$$

显然，在利用卡氏第二定理求位移时，需首先将应变能表达成荷载的函数。卡氏第二定理式（11.23）求得的是广义力作用处的位移；当需要求位移的点处没有与位移相应的力作用时，采用附加荷载法，即在需要求位移的点处沿着位移的方向假设作用一零值广义力 $\boldsymbol{F}_0$（$F_0 = 0$），然后进行计算；在求出应变能 V_ε 对 F_0 的偏导数以后，用 $F_0 = 0$ 代入。即有

$$\delta_0 = \frac{\partial V_\varepsilon}{\partial F_0}\bigg|_{F_0=0} \qquad (11.27)$$

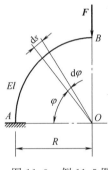

图 11.9　例 11.5 图

【例 11.5】　图 11.9 所示的 1/4 圆周平面曲杆，曲杆自由端 B 点作用集中力 $\boldsymbol{F}$，抗弯刚度 EI 为常量。试用卡氏第二定理求 B 点铅垂方向的位移 δ_{By}。

解：

曲杆的弯矩方程以及对 F 的偏导数分别为

$$M(s) = FR\cos\varphi, \quad \frac{\partial M(s)}{\partial F} = R\cos\varphi$$

根据卡氏定理并注意 $\mathrm{d}s = R\mathrm{d}\varphi$，得 B 点铅垂方向的位移为

$$\delta_{By} = \frac{\partial V_\varepsilon}{\partial F_i} = \int_s \frac{M(s)}{EI} \times \frac{\partial M(s)}{\partial F} \mathrm{d}s = \frac{1}{EI}\int_0^{\frac{\pi}{2}} FR\cos\varphi R\cos\varphi R\mathrm{d}\varphi = \frac{\pi FR^3}{4EI} (\downarrow)$$

【例 11.6】　如图 11.10（a）所示的悬臂梁，自由端 A 处作用集中力偶 $\boldsymbol{M}_e$，抗弯刚度 EI 为常量。试用卡氏第二定理求 A 截面的转角 θ_A 和挠度 v_A。

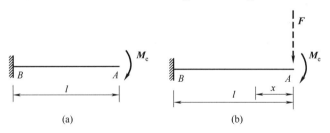

图 11.10　例 11.6 图

解：

（1）求 A 截面的转角 θ_A

如图 11.10（a）所示，梁的弯矩方程以及对 M_e 的偏导数分别为

$$M(x) = -M_e, \quad \frac{\partial M(x)}{\partial M_e} = -1$$

由卡氏第二定理得 A 截面的转角为

$$\theta_A = \frac{\partial V_\varepsilon}{\partial M_e} = \int_l \frac{M(x)}{EI} \times \frac{\partial M(x)}{\partial M_e} \mathrm{d}x = \int_0^l \frac{M_e}{EI} \mathrm{d}x = \frac{M_e l}{EI} (\curvearrowright)$$

（2）求 A 截面的挠度 v_A

由于 A 截面处没有与挠度 v_A 相应的集中力作用，可以在截面 A 处沿着挠度 v_A 的方向假设作用一零值集中力 F（$F=0$），如图 11.10（b）所示。此时梁的弯矩方程以及对 F 的偏导数分别为

$$M(x) = -Fx - M_e, \quad \frac{\partial M(x)}{\partial F} = -x$$

由卡氏第二定理得 A 截面的挠度为

$$v_A = \frac{\partial V_\varepsilon}{\partial F}\bigg|_{F=0} = \left(\frac{1}{EI}\int_0^l M(x)\frac{\partial M(x)}{\partial F}\mathrm{d}x\right)_{F=0} = \frac{M_e\int_0^l x\mathrm{d}x}{EI} = \frac{M_e l^2}{2EI}(\downarrow)$$

在需要虚设力计算位移时，只需要在计算弯矩的偏导数时考虑虚设力 F，在积分之前可以令弯矩方程中的 $F=0$，这样可以简化计算。

【例 11.7】 试用卡氏第二定理计算例 2.5 杆系结构中节点 C 的位移 Δ_C。

解：

在例 2.5 中已经计算出钢杆 AC 和 BC 的轴力为

$$F_{N1} = F_{N2} = \frac{F}{2\cos\alpha}$$

两杆轴力对 F 的偏导数为

$$\frac{\partial F_{Ni}}{\partial F} = \frac{1}{2\cos\alpha}$$

根据对称性，节点 C 的位移沿铅垂方向，与力 F 方向一致，由卡氏第二定理得节点 C 的位移为

$$\Delta_C = \frac{\partial V_\varepsilon}{\partial F} = \sum_{i=1}^n \frac{F_{Ni}l_i}{EA_i}\times\frac{\partial F_{Ni}}{\partial F} = 2\times\frac{Fl}{2EA\cos\alpha}\times\frac{1}{2\cos\alpha}$$

$$= \frac{200\times10^3\times1}{2\times210\times10^9\times\frac{\pi}{4}\times25^2\times10^{-6}\times\cos^2 30°} = 1.293\times10^{-3}\,\mathrm{m} = 1.293\,\mathrm{mm}(\downarrow)$$

小结

能量法是分析杆件变形的实用方法之一。本章主要介绍了两方面内容：一是应变能的计算；二是利用能量方法计算结构的位移。

（1）应变能的计算

弹性体在外力作用下发生变形时，储存于体内的应变能，在数值上等于外力所作的功。根据功能原理，导出杆件在轴向拉压、扭转和弯曲变形以及组合变形时的应变能计算公式。

应变能是外力的二次函数。一般情况下，当弹性体承受多个荷载时，不能采用叠加法计算应变能；只有在各外力作功相互独立而不影响时，应变能才能叠加。应变能只决定于外力或变形的最终值，而与加载的先后次序无关。线弹性体应变能的一般表达式为

$$V_\varepsilon = W = \sum_{i=1}^n \frac{1}{2}F_i\delta_i$$

（2）结构的位移计算

用卡氏第二定理求结构某处的位移时，在结构需求位移的点处，沿位移方向要有一个与所求位移相应的荷载作用；列出结构在荷载作用下的内力方程，然后按卡氏第二定理计算与

荷载相应的位移。卡氏第二定理仅适用于线弹性体，其表达式为

$$\delta_i = \frac{\partial V_\varepsilon}{\partial F_i}$$

若在所求位移处没有与欲求位移相应的荷载作用，则应采用附加荷载法，即在所求位移处加一个与位移相对应的附加荷载。若求线位移时，需加集中力；若求角位移时，需加集中力偶，然后列出结构在荷载作用下的内力方程，再按卡氏第二定理计算，并令附加荷载等于零。所得位移为正，表示位移与所求偏导的荷载（或附加荷载）方向一致；反之，方向相反。

思考题

11.1 何谓线性弹性体？何谓应变能？广义力与广义位移之间有何关系？

11.2 如何计算弹性体的外力功？如何计算弹性杆的应变能？

11.3 为什么求内力或变形时可采用叠加原理，而求梁的弹性应变能时不能采用叠加原理？

11.4 用卡氏定理求杆件某一点位移时，该点没有与位移的性质相一致的力时如何使用卡氏定理？

11.5 梁上同时作用有集中力 **F** 和均布力 **q**，其应变能是否等于 **F** 和 **q** 单独作用时的应变能之和？

习题

注：在以下习题中，如无特别说明，都假定材料是线弹性的，EA、EI、GI_p 均为常数。

11.1 图 11.11 所示桁架各杆的材料相同，截面面积相等。试求此桁架的应变能。

11.2 两根圆截面直杆的材料相同，尺寸如图 11.12 所示，其中一根为等截面杆，另一根为变截面杆。试比较两根杆件的应变能。

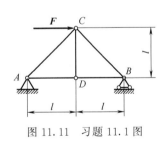

图 11.11 习题 11.1 图

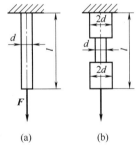

(a)　　(b)

图 11.12 习题 11.2 图

11.3 计算图 11.13 所示各杆的应变能。

11.4 传动轴受力情况如图 11.14 所示。轴的直径为 40mm，材料为 Q235 钢，$E=210$GPa，$G=210$GPa。试计算轴的应变能。

11.5 已知图 11.15 所示桁架各杆的 EA 皆相同，杆长均为 a。求桁架的总应变能，并求 A、B 两点的相对位移。

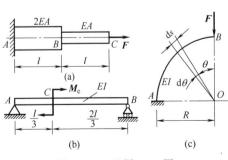

图 11.13 习题 11.3 图

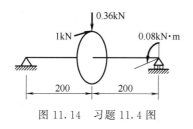

图 11.14 习题 11.4 图

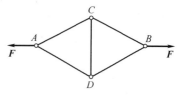

图 11.15 习题 11.5 图

11.6 试用卡氏定理求图 11.16 所示杆件的指定位移。

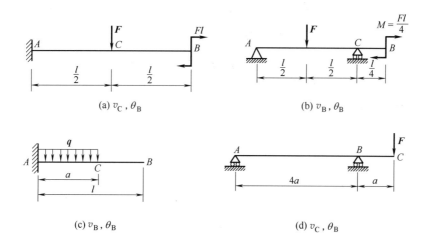

(a) v_C, θ_B (b) v_B, θ_B

(c) v_B, θ_B (d) v_C, θ_B

图 11.16 习题 11.6 图

11.7 图 11.17 所示为变截面梁，试求在 F 力作用下截面 B 的竖向位移和截面 A 的转角。弹性模量 E 已知。

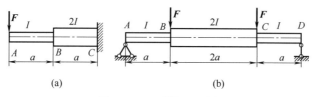

(a)   (b)

图 11.17 习题 11.7 图

11.8 图 11.18 所示刚架各杆的抗弯刚度 EI 皆相等，试求截面 A 的线位移和转角。

11.9 已知图 11.19 所示刚梁 AC 和 CD 两部分的 $I = 3 \times 10^3 \text{cm}^4$，$E = 200\text{GPa}$，试求截面 D 的水平位移和转角。$F = 10\text{kN}$，$l = 1\text{m}$。

11.10 图 11.20 所示桁架各杆的材料相同，截面面积相等。在荷载 F 作用下，试求节点 B 与 D 间的相对位移。

图 11.18 习题 11.8 图

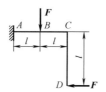

图 11.19 习题 11.9 图

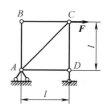

图 11.20 习题 11.10 图

11.11　图 11.21 所示简易吊车的吊重 $F = 2.83\mathrm{kN}$。撑杆 AC 长为 2m，截面的惯性矩 $I = 8.53 \times 10^6 \mathrm{mm}^4$。拉杆 BD 的横截面面积为 $600\mathrm{mm}^2$。如撑杆只考虑弯曲的影响，试求 C 点的垂直位移。设 $E = 200\mathrm{GPa}$。

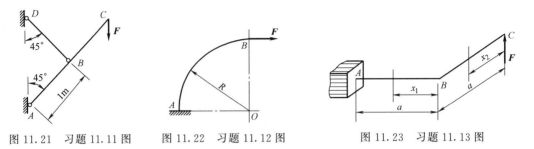

图 11.21　习题 11.11 图　　图 11.22　习题 11.12 图　　图 11.23　习题 11.13 图

11.12　等截面曲杆如图 11.22 所示。试求截面 B 的垂直位移、水平位移及转角。

11.13　在图 11.23 所示曲拐的端点 C 上作用集中力 F。设曲拐两段材料相同且均为同一直径的圆截面杆，试求 C 点的垂直位移。

附 录

附录一　型钢规格表

表1　热轧等边角钢

符号意义：
b——边宽度；
d——边厚度；
r——内圆弧半径；
r_1——边端内圆弧半径；
I——惯性矩；
i——惯性半径；
W——截面系数；
z_0——重心距离。

角钢号数	尺寸/mm			截面面积 /cm²	理论重量 /(kg/m)	外表面积 /(m²/m)	参考数值										
	b	d	r				x-x			x_0-x_0			y_0-y_0			x_1-x_1	z_0 /cm
							I_x /cm⁴	i_x /cm	W_x /cm³	I_{x0} /cm⁴	i_{x0} /cm	W_{x0} /cm³	I_{y0} /cm⁴	i_{y0} /cm	W_{y0} /cm³	I_{x1} /cm⁴	
2	20	3	3.5	1.132	0.889	0.078	0.40	0.59	0.29	0.63	0.75	0.45	0.17	0.39	0.20	0.81	0.60
		4		1.459	1.145	0.077	0.50	0.58	0.36	0.78	0.73	0.55	0.22	0.38	0.24	1.09	0.64
2.5	25	3	3.5	1.432	1.124	0.098	0.82	0.76	0.46	1.29	0.95	0.73	0.34	0.49	0.33	1.57	0.73
		4		1.859	1.459	0.097	1.03	0.74	0.59	1.62	0.93	0.92	0.43	0.48	0.40	2.11	0.76
3.0	30	3	4.5	1.749	1.373	0.117	1.46	0.91	0.68	2.31	1.15	1.09	0.61	0.59	0.51	2.71	0.85
		4		2.276	1.786	0.117	1.84	0.90	0.87	2.92	1.13	1.37	0.77	0.58	0.62	3.63	0.89

续表

型号	b	d	r	A (cm²)	理论重量 (kg/m)	外表面积 (m²/m)	I_x	i_x	W_x	I_{x0}	i_{x0}	W_{x0}	I_{y0}	i_{y0}	W_{y0}	I_{x1}	Z_0
3.6	36	3	4.5	2.109	1.656	0.141	2.58	1.11	0.99	4.09	1.39	1.61	1.07	0.71	0.76	4.68	1.00
		4		2.756	2.163	0.141	3.29	1.09	1.28	5.22	1.38	2.05	1.37	0.70	0.93	6.25	1.04
		5		3.382	2.654	0.141	3.95	1.08	1.56	6.24	1.36	2.45	1.65	0.70	1.09	7.84	1.07
4.0	40	3	5	2.359	1.852	0.157	3.59	1.23	1.23	5.69	1.55	2.01	1.49	0.79	0.96	6.41	1.09
		4		3.086	2.422	0.157	4.60	1.22	1.60	7.29	1.54	2.58	1.91	0.79	1.19	8.56	1.13
		5		3.791	2.976	0.156	5.53	1.21	1.96	8.76	1.52	3.01	2.30	0.78	1.39	10.74	1.17
4.5	45	3	5	2.659	2.088	0.177	5.17	1.40	1.58	8.20	1.76	2.58	2.14	0.90	1.24	9.12	1.22
		4		3.486	2.736	0.177	6.65	1.38	2.05	10.56	1.74	3.32	2.75	0.89	1.54	12.18	1.26
		5		4.292	3.369	0.176	8.04	1.37	2.51	12.74	1.72	4.00	3.33	0.88	1.81	15.25	1.30
		6		5.076	3.985	0.176	9.33	1.36	2.95	14.76	1.70	4.64	3.89	0.88	2.06	18.36	1.33
5	50	3	5.5	2.971	2.332	0.197	7.18	1.55	1.96	11.37	1.96	3.22	2.98	1.00	1.57	12.50	1.34
		4		3.897	3.059	0.197	9.26	1.54	2.56	14.70	1.94	4.16	3.82	0.99	1.96	16.69	1.38
		5		4.803	3.770	0.196	11.21	1.53	3.13	17.79	1.92	5.03	4.64	0.98	2.31	20.90	1.42
		6		5.688	4.465	0.196	13.05	1.52	3.68	20.68	1.91	5.85	5.42	0.98	2.63	25.14	1.46
5.6	56	3	6	3.343	2.624	0.221	10.19	1.75	2.48	16.14	2.20	4.08	4.24	1.13	2.02	17.56	1.48
		4		4.390	3.446	0.220	13.18	1.73	3.24	20.92	2.18	5.28	5.46	1.11	2.52	23.43	1.53
		5		5.415	4.251	0.220	16.02	1.72	3.97	25.42	2.17	6.42	6.61	1.10	2.98	29.33	1.57
		8		8.367	6.568	0.219	23.63	1.68	6.03	37.37	2.11	9.44	9.89	1.09	4.16	47.24	1.68
6.3	63	4	7	4.978	3.907	0.248	19.03	1.96	4.13	30.17	2.46	6.78	7.89	1.26	3.29	33.35	1.70
		5		6.143	4.822	0.248	23.17	1.94	5.08	36.77	2.45	8.25	9.57	1.25	3.90	41.73	1.74
		6		7.288	5.721	0.247	27.12	1.93	6.00	43.03	2.43	9.66	11.20	1.24	4.46	50.14	1.78
		8		9.515	7.469	0.247	34.46	1.90	7.75	54.56	2.40	12.25	14.33	1.23	5.47	67.11	1.85
		10		11.657	9.151	0.246	41.09	1.88	9.39	64.85	2.36	14.56	17.33	1.22	6.36	84.31	1.93
7	70	4	8	5.570	4.372	0.275	26.39	2.18	5.14	41.80	2.74	8.44	10.99	1.40	4.17	45.74	1.86
		5		6.875	5.397	0.275	32.21	2.16	6.32	51.08	2.73	10.32	13.34	1.39	4.95	57.21	1.91
		6		8.160	6.406	0.275	37.77	2.15	7.48	59.93	2.71	12.11	15.61	1.38	5.67	68.73	1.95
		7		9.424	7.398	0.275	43.09	2.14	8.59	68.35	2.69	13.81	17.82	1.38	6.34	80.29	1.99
		8		10.667	8.373	0.274	48.17	2.12	9.68	76.37	2.68	15.43	19.98	1.37	6.98	91.92	2.03

续表

号数	b	d	r														
7.5	75	5	9	7.367	5.818	0.295	39.97	2.33	7.32	63.30	2.92	11.94	16.63	1.50	5.77	70.56	2.04
		6		8.797	6.905	0.294	46.95	2.31	8.64	74.38	2.90	14.02	19.51	1.49	6.67	84.55	2.07
		7		10.160	7.976	0.294	53.57	2.30	9.93	84.96	2.89	16.02	22.18	1.48	7.44	98.71	2.11
		8		11.503	9.030	0.294	59.96	2.28	11.20	95.07	2.88	17.93	24.86	1.47	8.19	112.97	2.15
		10		14.126	11.089	0.293	71.98	2.26	13.64	113.92	2.84	21.48	30.05	1.46	9.56	141.71	2.22
8	80	5	9	7.912	6.211	0.315	48.79	2.48	8.34	77.33	3.13	13.67	20.25	1.60	6.66	85.36	2.15
		6		9.397	7.376	0.314	57.35	2.47	9.87	90.98	3.11	16.08	23.72	1.59	7.65	102.50	2.19
		7		10.860	8.525	0.314	65.58	2.46	11.37	104.07	3.10	18.40	27.09	1.58	8.58	119.70	2.23
		8		12.303	9.658	0.314	73.49	2.44	12.83	116.60	3.08	20.61	30.39	1.57	9.46	136.97	2.27
		10		15.126	11.874	0.313	88.43	2.42	15.64	140.09	3.04	24.76	36.77	1.56	11.08	171.74	2.35
9	90	6	10	10.637	8.350	0.354	82.77	2.79	12.61	131.26	3.51	20.63	34.28	1.80	9.95	145.87	2.44
		7		12.301	9.656	0.354	94.83	2.78	14.54	150.47	3.50	23.64	39.18	1.78	11.19	170.30	2.48
		8		13.944	10.946	0.353	106.47	2.76	16.42	168.97	3.48	26.55	43.97	1.78	12.35	194.80	2.52
		10		17.167	13.476	0.353	128.58	2.74	20.07	203.90	3.45	32.04	53.26	1.76	14.52	244.07	2.59
		12		20.306	15.940	0.352	149.22	2.71	23.57	236.21	3.41	37.12	62.22	1.75	16.49	293.76	2.67
10	100	6	12	11.932	9.366	0.393	114.95	3.10	15.68	181.98	3.90	25.74	47.92	2.00	12.69	200.07	2.67
		7		13.796	10.830	0.393	131.86	3.09	18.10	208.97	3.89	29.55	54.74	1.99	14.26	233.54	2.71
		8		15.638	12.276	0.393	148.24	3.08	20.47	235.07	3.88	33.24	61.41	1.98	15.75	267.09	2.76
		10		19.261	15.120	0.392	179.51	3.05	25.06	284.68	3.84	40.26	74.35	1.96	18.54	334.48	2.84
		12		22.800	17.898	0.391	208.90	3.03	29.48	330.95	3.81	46.80	86.84	1.95	21.08	402.34	2.91
		14		26.256	20.611	0.391	236.53	3.00	33.73	374.06	3.77	52.90	99.00	1.94	23.44	470.75	2.99
		16		29.627	23.257	0.390	262.53	2.98	37.82	414.16	3.74	58.57	110.89	1.94	25.63	539.80	3.06
11	110	7	12	15.196	11.928	0.433	177.16	3.41	22.05	280.94	4.30	36.12	73.38	2.20	17.51	310.64	2.96
		8		17.238	13.532	0.433	199.46	3.40	24.95	316.49	4.28	40.69	82.42	2.19	19.39	355.20	3.01
		10		21.261	16.690	0.432	242.19	3.38	30.60	384.39	4.25	49.42	99.98	2.17	22.91	444.65	3.09
		12		25.200	19.782	0.431	282.55	3.35	36.05	448.17	4.22	57.62	116.93	2.15	26.15	534.60	3.16
		14		29.056	22.809	0.431	320.71	3.32	41.31	508.01	4.18	65.31	133.40	2.14	29.14	625.16	3.24

续表

角钢号数	b	d	r														
12.5	125	8	14	19.750	15.504	0.492	297.03	3.88	32.52	470.89	4.88	53.28	123.16	2.50	25.86	521.01	3.37
		10		24.373	19.133	0.491	361.67	3.85	39.97	573.89	4.85	64.93	149.46	2.48	30.62	651.93	3.45
		12		28.912	22.696	0.491	423.16	3.83	41.17	671.44	4.82	75.96	174.88	2.46	35.03	783.42	3.53
		14		33.367	26.193	0.490	481.65	3.80	54.16	763.73	4.78	86.41	199.57	2.45	39.13	915.61	3.61
14	140	10	14	27.373	21.488	0.551	514.65	4.34	50.58	817.27	5.46	82.56	212.04	2.78	39.20	915.11	3.82
		12		32.512	25.522	0.551	603.68	4.31	59.80	958.79	5.43	96.85	248.57	2.76	45.02	1099.28	3.90
		14		37.567	29.490	0.550	688.81	4.28	68.75	1093.56	5.40	110.47	284.06	2.75	50.45	1284.22	3.98
		16		42.539	33.393	0.549	770.24	4.26	77.46	1221.81	5.36	123.42	318.67	2.74	55.55	1470.07	4.06
16	160	10	16	31.502	24.729	0.630	779.53	4.98	66.70	1237.30	6.27	109.36	321.76	3.20	52.76	1365.33	4.31
		12		37.441	29.391	0.630	916.58	4.95	78.98	1455.68	6.24	128.67	377.49	3.18	60.74	1639.57	4.39
		14		43.296	33.987	0.629	1048.36	4.92	90.95	1665.02	6.20	147.17	431.70	3.16	68.24	1914.68	4.47
		16		49.067	38.518	0.629	1175.08	4.89	102.63	1865.57	6.17	164.89	484.59	3.14	75.31	2190.82	4.55
18	180	12	16	42.241	33.159	0.710	1321.35	5.59	100.82	2100.10	7.05	165.00	542.61	3.58	78.41	2332.80	4.89
		14		48.896	38.388	0.709	1514.48	5.56	116.25	2407.42	7.02	189.14	625.53	3.56	88.38	2723.48	4.97
		16		55.467	43.542	0.709	1700.99	5.54	131.13	2703.37	6.98	212.40	698.60	3.55	97.83	3115.29	5.05
		18		61.955	48.634	0.708	1875.12	5.50	145.64	2988.24	6.94	234.78	762.01	3.51	105.14	3502.43	5.13
20	200	14	18	54.642	42.894	0.788	2103.55	6.20	144.70	3343.26	7.82	236.40	863.83	3.98	111.82	3734.10	5.46
		16		62.013	48.680	0.788	2366.15	6.18	163.65	3760.89	7.79	265.93	971.41	3.96	123.96	4270.39	5.54
		18		69.301	54.401	0.787	2620.64	6.15	182.22	4164.54	7.75	294.48	1076.74	3.94	135.52	4808.13	5.62
		20		76.505	60.056	0.787	2867.30	6.12	200.42	4554.55	7.72	322.06	1180.04	3.93	146.55	5347.51	5.69
		24		90.661	71.168	0.785	3338.25	6.07	236.17	5294.97	7.64	374.41	1381.53	3.90	166.55	6457.16	5.87

注：截面图中的 $r_1 = \frac{1}{3}d$ 及表中 r 值的数据用于孔型设计，不作交货条件。

表 2　热轧不等边角钢

符号意义：
B——长边宽度；
d——边厚度；
r₁——边端内圆弧半径；
i——惯性半径；
x₀——重心距离；

b——短边宽度；
r——内圆弧半径；
I——惯性矩；
W——截面系数；
y₀——重心距离。

角钢号数	尺寸/mm B	尺寸/mm b	尺寸/mm d	尺寸/mm r	截面面积 /cm²	理论重量 /(kg/m)	外表面积 /(m²/m)	参考数值 x—x I_x/cm⁴	参考数值 x—x i_x/cm	参考数值 x—x W_x/cm³	参考数值 y—y I_y/cm⁴	参考数值 y—y i_y/cm	参考数值 y—y W_y/cm³	参考数值 x_1-x_1 I_{x1}/cm⁴	参考数值 x_1-x_1 y_0/cm	参考数值 y_1-y_1 I_{y1}/cm⁴	参考数值 y_1-y_1 x_0/cm	参考数值 u—u I_u/cm⁴	参考数值 u—u i_u/cm	参考数值 u—u W_u/cm³	tanα
2.5/1.6	25	16	3	3.5	1.162	0.912	0.080	0.70	0.78	0.43	0.22	0.44	0.19	1.56	0.86	0.43	0.42	0.14	0.34	0.16	0.392
	25	16	4	3.5	1.499	1.176	0.079	0.88	0.77	0.55	0.27	0.43	0.24	2.09	0.90	0.59	0.46	0.17	0.34	0.20	0.381
3.2/2	32	20	3	3.5	1.492	1.171	0.102	1.53	1.01	0.72	0.46	0.55	0.30	3.27	1.08	0.82	0.49	0.28	0.43	0.25	0.382
	32	20	4	3.5	1.939	1.522	0.101	1.93	1.00	0.93	0.57	0.54	0.39	4.37	1.12	1.12	0.53	0.35	0.42	0.32	0.374
4/2.5	40	25	3	4	1.890	1.484	0.127	3.08	1.28	1.15	0.93	0.70	0.49	6.39	1.32	1.59	0.59	0.56	0.54	0.40	0.386
	40	25	4	4	2.467	1.936	0.127	3.93	1.26	1.49	1.18	0.69	0.63	8.53	1.37	2.14	0.63	0.71	0.54	0.52	0.381
4.5/2.8	45	28	3	5	2.149	1.687	0.143	4.45	1.44	1.47	1.34	0.79	0.62	9.10	1.47	2.23	0.64	0.80	0.61	0.51	0.383
	45	28	4	5	2.806	2.203	0.143	5.69	1.42	1.91	1.70	0.78	0.80	12.13	1.51	3.00	0.68	1.02	0.60	0.66	0.380
5/3.2	50	32	3	5.5	2.431	1.908	0.161	6.24	1.60	1.84	2.02	0.91	0.82	12.49	1.60	3.31	0.73	1.20	0.70	0.68	0.404
	50	32	4	5.5	3.177	2.494	0.160	8.02	1.59	2.39	2.58	0.90	1.06	16.65	1.65	4.45	0.77	1.53	0.69	0.87	0.402
5.6/3.6	56	36	3	6	2.743	2.153	0.181	8.88	1.80	2.32	2.92	1.03	1.05	17.54	1.78	4.70	0.80	1.73	0.79	0.87	0.408
	56	36	4	6	3.590	2.818	0.180	11.45	1.79	3.03	3.76	1.02	1.37	23.39	1.82	6.33	0.85	2.23	0.79	1.13	0.408
	56	36	5	6	4.415	3.466	0.180	13.86	1.77	3.71	4.49	1.01	1.65	29.25	1.87	7.94	0.88	2.67	0.78	1.36	0.404

续表

型号	B	b	d	r	A/cm²	理论重量/(kg/m)	外表面积/(m²/m)	I_x	i_x	W_x	I_y	i_y	W_y	I_{x1}	y_0	I_{y1}	x_0	I_u	i_u	W_u	$\tan\alpha$
6.3/4	63	40	4	7	4.058	3.185	0.202	16.49	2.02	3.87	5.23	1.14	1.70	33.30	2.04	8.63	0.92	3.12	0.88	1.40	0.398
			5		4.993	3.920	0.202	20.02	2.00	4.74	6.31	1.12	2.71	41.63	2.08	10.86	0.95	3.76	0.87	1.71	0.396
			6		5.908	4.638	0.201	23.36	1.96	5.59	7.29	1.11	2.43	49.98	2.12	13.12	0.99	4.34	0.86	1.99	0.393
			7		6.802	5.339	0.201	26.53	1.98	6.40	8.24	1.10	2.78	58.07	2.15	15.47	1.03	4.97	0.86	2.29	0.389
7/4.5	70	45	4	7.5	4.547	3.570	0.226	23.17	2.26	4.86	7.55	1.29	2.17	45.92	2.24	12.26	1.02	4.40	0.98	1.77	0.410
			5		5.609	4.403	0.225	27.95	2.23	5.92	9.13	1.28	2.65	57.10	2.28	15.39	1.06	5.40	0.98	2.19	0.407
			6		6.647	5.218	0.225	32.54	2.21	6.95	10.62	1.26	3.12	68.35	2.32	18.58	1.09	6.35	0.98	2.59	0.404
			7		7.657	6.011	0.225	37.22	2.20	8.03	12.01	1.25	3.57	79.99	2.36	21.84	1.13	7.16	0.97	2.94	0.402
(7.5/5)	75	50	5	8	6.125	4.808	0.245	34.86	2.39	6.83	12.61	1.44	3.30	70.00	2.40	21.04	1.17	7.41	1.10	2.74	0.435
			6		7.260	5.699	0.245	41.12	2.38	8.12	14.70	1.42	3.88	84.30	2.44	25.37	1.21	8.54	1.08	3.19	0.435
			8		9.467	7.431	0.244	52.39	2.35	10.52	18.53	1.40	4.99	112.50	2.52	34.23	1.29	10.87	1.07	4.10	0.429
			10		11.590	9.098	0.244	62.71	2.33	12.79	21.96	1.38	6.04	140.80	2.60	43.43	1.36	13.10	1.06	4.99	0.423
8/5	80	50	5	8	6.375	5.005	0.255	41.96	2.56	7.78	12.82	1.42	3.32	85.21	2.60	21.06	1.14	7.66	1.10	2.74	0.388
			6		7.550	5.935	0.255	49.49	2.56	9.25	14.95	1.41	3.91	102.53	2.65	25.41	1.18	8.85	1.08	3.20	0.387
			7		8.724	6.848	0.255	56.16	2.54	10.58	16.96	1.39	4.48	119.33	2.69	29.82	1.21	10.18	1.08	3.70	0.384
			8		9.867	7.745	0.254	62.83	2.52	11.92	18.85	1.38	5.03	136.41	2.73	34.32	1.25	11.38	1.07	4.16	0.381
9/5.6	90	56	5	9	7.212	5.661	0.287	60.45	2.90	9.92	18.32	1.59	4.21	121.32	2.91	29.53	1.25	10.98	1.23	3.49	0.385
			6		8.557	6.717	0.286	71.03	2.88	11.74	21.42	1.58	4.96	145.59	2.95	35.58	1.29	12.90	1.23	4.18	0.384
			7		9.880	7.756	0.286	81.01	2.86	13.49	24.36	1.57	5.70	169.66	3.00	41.71	1.33	14.67	1.22	4.72	0.382
			8		11.183	8.779	0.286	91.03	2.85	15.27	27.15	1.56	6.41	194.17	3.04	47.93	1.36	16.34	1.21	5.29	0.380
10/6.3	100	63	6	10	9.617	7.550	0.320	99.06	3.21	14.64	30.94	1.79	6.35	199.71	3.24	50.50	1.43	18.42	1.38	5.25	0.394
			7		11.111	8.722	0.320	113.45	3.29	16.88	35.26	1.78	7.29	233.00	3.28	59.14	1.47	21.00	1.38	6.02	0.393
			8		12.584	9.878	0.319	127.37	3.18	19.08	39.39	1.77	8.21	266.32	3.32	67.88	1.50	23.50	1.37	6.78	0.391
			10		15.467	12.142	0.319	153.81	3.15	23.32	47.12	1.74	9.98	333.06	3.40	85.73	1.58	28.33	1.35	8.24	0.387
10/8	100	80	6	10	10.637	8.850	0.354	107.04	3.17	15.19	61.24	2.40	10.16	199.83	2.95	102.68	1.97	31.65	1.72	8.37	0.627
			7		12.301	9.656	0.354	122.73	3.16	17.52	70.08	2.39	11.71	233.20	3.00	119.98	2.01	36.17	1.72	9.60	0.626
			8		13.944	10.946	0.353	137.92	3.14	19.81	78.58	2.37	13.21	266.61	3.04	137.37	2.05	40.58	1.71	10.80	0.625
			10		17.167	13.476	0.353	166.87	3.12	24.24	94.65	2.35	16.12	333.63	3.12	172.48	2.13	49.10	1.69	13.12	0.622

续表

型号	b	a	d	r															
11/7	110	70	6	10	10.637	8.350	0.354	133.37	3.54	17.85	42.92	2.01	7.90	265.78	3.53	69.08	1.57	25.36	1.54	6.53	0.403
			7		12.301	9.656	0.354	153.00	3.53	20.60	49.01	2.00	9.09	310.07	3.57	80.82	1.61	28.95	1.53	7.50	0.402
			8		13.944	10.946	0.353	172.04	3.51	23.30	54.87	1.98	10.25	354.39	3.62	92.70	1.65	32.45	1.53	8.45	0.401
			10		17.167	13.476	0.353	208.39	3.48	28.54	65.88	1.96	12.48	443.13	3.70	116.83	1.72	39.20	1.51	10.29	0.397
12.5/8	125	80	7	11	14.096	11.066	0.403	227.98	4.02	26.86	74.42	2.30	12.01	454.99	4.01	120.32	1.80	43.81	1.76	9.92	0.408
			8		15.989	12.551	0.403	256.77	4.01	30.41	83.49	2.28	13.56	519.99	4.06	137.85	1.84	49.15	1.75	11.18	0.407
			10		19.712	15.474	0.402	312.04	3.98	37.33	100.67	2.26	16.56	650.09	4.14	173.40	1.92	59.45	1.74	13.64	0.404
			12		23.351	18.330	0.402	364.41	3.95	44.01	116.67	2.24	19.43	780.39	4.22	209.67	2.00	69.35	1.72	16.01	0.400
14/9	140	90	8	12	18.038	14.160	0.453	365.64	4.50	38.48	120.69	2.59	17.34	730.53	4.50	195.79	2.04	70.83	1.98	14.31	0.411
			10		22.261	17.475	0.452	445.50	4.47	47.31	146.03	2.56	21.22	913.20	4.58	245.92	2.12	85.82	1.96	17.48	0.409
			12		26.400	20.724	0.451	521.59	4.44	55.87	169.79	2.54	24.95	1096.09	4.66	296.89	2.19	100.21	1.95	20.54	0.406
			14		30.456	23.908	0.451	594.10	4.42	64.18	192.10	2.51	28.54	1279.26	4.74	348.82	2.27	114.13	1.94	23.52	0.403
16/10	160	100	10	13	25.315	19.872	0.512	668.69	5.14	62.13	205.03	2.85	26.56	1362.89	5.24	336.59	2.28	121.74	2.19	21.92	0.390
			12		30.054	23.592	0.511	784.91	5.11	73.49	239.06	2.82	31.28	1635.56	5.32	405.94	2.36	142.33	2.17	25.79	0.388
			14		34.709	27.247	0.510	896.30	5.08	84.56	271.20	2.80	35.83	1908.50	5.40	476.42	2.43	162.23	2.16	29.56	0.385
			16		39.281	30.835	0.510	1003.04	5.05	95.33	301.60	2.77	40.24	2181.79	5.48	548.22	2.51	182.57	2.16	33.44	0.382
18/11	180	110	10	14	28.373	22.273	0.571	956.25	5.80	78.96	278.11	3.13	32.49	1940.40	5.89	447.22	2.44	166.50	2.42	26.88	0.376
			12		33.712	26.464	0.571	1124.72	5.78	93.53	325.03	3.10	38.32	2328.38	5.98	538.94	2.52	194.87	2.40	31.66	0.374
			14		38.967	30.589	0.570	1286.91	5.75	107.76	369.55	3.08	43.97	2716.60	6.06	631.95	2.59	222.30	2.39	36.32	0.372
			16		44.139	34.649	0.569	1443.06	5.72	121.64	411.85	3.06	49.44	3105.15	6.14	726.46	2.67	248.94	2.38	40.87	0.369
20/12.5	200	125	12	14	37.912	29.761	0.641	1570.90	6.44	116.73	483.16	3.57	49.99	3193.85	6.54	787.74	2.83	285.79	2.74	41.23	0.392
			14		43.867	34.436	0.640	1800.97	6.41	134.65	550.83	3.54	57.44	3726.17	6.02	922.47	2.91	326.58	2.73	47.34	0.390
			16		49.739	39.045	0.639	2023.35	6.38	152.18	615.44	3.52	64.69	4258.86	6.70	1058.86	2.99	366.21	2.71	53.32	0.388
			18		55.526	43.588	0.639	2238.30	6.35	169.33	677.19	3.49	71.74	4792.00	6.78	1197.13	3.06	404.83	2.70	59.18	0.385

注：1. 括号内型号不推荐使用。

2. 截面图中的 $r_1 = \frac{1}{3}d$ 及表中 r 的数据用于孔型设计，不作交货条件。

表3　热轧工字钢

符号意义：
h——高度；
b——腿宽度；
d——腰厚度；
t——平均腿厚度；
r——内圆弧半径；
r_1——腿端圆弧半径；
I——惯性矩；
W——截面系数；
i——惯性半径；
S——半截面的静矩。

型号	尺寸/mm						截面面积/cm²	理论重量/(kg/m)	参考数值						
									$x-x$				$y-y$		
	h	b	d	t	r	r_1			I_x/cm⁴	W_x/cm³	i_x/cm	$I_x:S_x$/cm	I_y/cm⁴	W_y/cm³	i_y/cm
10	100	68	4.5	7.6	6.5	3.3	14.3	11.2	245	49	4.14	8.59	33	9.72	1.52
12.6	126	74	5	8.4	7	3.5	18.1	14.2	488.43	77.529	5.195	10.85	46.906	12.677	1.609
14	140	80	5.5	9.1	7.5	3.8	21.5	16.9	712	102	5.76	12	64.4	16.1	1.73
16	160	88	6	9.9	8	4	26.1	20.5	1130	141	6.58	13.8	93.1	21.2	1.89
18	180	94	6.5	10.7	8.5	4.3	30.6	24.1	1660	185	7.36	15.4	122	26	2
20a	200	100	7	11.4	9	4.5	35.5	27.9	2370	237	8.15	17.2	158	31.5	2.12
20b	200	102	9	11.4	9	4.5	39.5	31.1	2500	250	7.96	16.9	169	33.1	2.06
22a	220	110	7.5	12.3	9.5	4.8	42	33	3400	309	8.99	18.9	225	40.9	2.31
22b	220	112	9.5	12.3	9.5	4.8	46.4	36.4	3570	325	8.78	18.7	239	42.7	2.27
25a	250	116	8	13	10	5	48.5	38.1	5023.54	401.88	10.18	21.58	280.046	48.283	2.403
25b	250	118	10	13	10	5	53.5	42	5283.96	422.72	9.938	21.27	309.297	52.423	2.404
28a	280	122	8.5	13.7	10.5	5.3	55.45	43.4	7114.14	508.15	11.32	24.62	345.051	56.565	2.495
28b	280	124	10.5	13.7	10.5	5.3	61.05	47.9	7480	534.29	11.08	24.24	379.496	61.209	2.493

续表

型号															
32a	320	130	9.5	15	11.5	5.8	67.05	52.7	11075.5	692.2	12.84	27.46	459.93	70.758	2.619
32b	320	132	11.5	15	11.5	5.8	73.45	57.7	11621.4	726.33	12.58	27.09	501.53	75.989	2.614
32c	320	134	13.5	15	11.5	5.8	79.95	62.8	12167.5	760.47	12.34	26.77	543.81	81.166	2.608
36a	360	136	10	15.8	12	6	76.3	59.9	15760	875	14.4	30.7	552	81.2	2.69
36b	360	138	12	15.8	12	6	83.5	65.6	16530	919	14.1	30.3	582	84.3	2.64
36c	360	140	14	15.8	12	6	90.7	71.2	17310	962	13.8	29.9	612	87.4	2.6
40a	400	142	10.5	16.5	12.5	6.3	86.1	67.6	21720	1090	15.9	34.1	660	93.2	2.77
40b	400	144	12.5	16.5	12.5	6.3	94.1	73.8	22780	1140	15.6	33.6	692	96.2	2.71
40c	400	146	14.5	16.5	12.5	6.3	102	80.1	23850	1190	15.2	33.2	727	99.6	2.65
45a	450	150	11.5	18	13.5	6.8	102	80.4	32240	1430	17.7	38.6	855	114	2.89
45b	450	152	13.5	18	13.5	6.8	111	87.4	33760	1500	17.4	38	894	118	2.84
45c	450	154	15.5	18	13.5	6.8	120	94.5	35280	1570	17.1	37.6	938	122	2.79
50a	500	158	12	20	14	7	119	93.6	46470	1860	19.7	42.8	1120	142	3.07
50b	500	160	14	20	14	7	129	101	48560	1940	19.4	42.4	1170	146	3.01
50c	500	162	16	20	14	7	139	109	50640	2080	19	41.8	1220	151	2.96
56a	560	166	12.5	21	14.5	7.3	135.25	106.2	65585.6	2342.31	22.02	47.73	1370.16	165.08	3.182
56b	560	168	14.5	21	14.5	7.3	146.45	115	68512.5	2446.69	21.63	47.17	1486.75	174.25	3.162
56c	560	170	16.5	21	14.5	7.3	157.85	123.9	71439.4	2551.41	21.27	46.66	1558.39	183.34	3.158
63a	630	176	13	22	15	7.5	154.9	121.6	93916.2	2981.47	24.62	54.17	1700.55	193.24	3.314
63b	630	178	15	22	15	7.5	167.5	131.5	98083.6	3163.38	24.2	53.51	1812.07	203.6	3.289
63c	630	180	17	22	15	7.5	180.1	141	102251.1	3298.42	23.82	52.92	1924.91	213.88	3.268

注：截面图和表中标注的圆弧半径 r、r_1 的数据用于孔型设计，不作交货条件。

表 4 热轧槽钢

符号意义：
h——高度；
b——腿宽度；
d——腰厚度；
t——平均腿厚度；
r——内圆弧半径；
r_1——腿端圆弧半径；
I——惯性矩；
W——截面系数；
i——惯性半径；
z_0——$y-y$ 轴与 y_1-y_1 轴间距。

型号	尺寸 /mm						截面面积 /cm²	理论重量 /(kg/m)	参考数值							
									$x-x$			$y-y$			y_1-y_1	
	h	b	d	t	r	r_1			W_x /cm³	I_x /cm⁴	i_x /cm	W_y /cm³	I_y /cm⁴	i_y /cm	I_{y1} /cm⁴	z_0 /cm
5	50	37	4.5	7	7	3.5	6.93	5.44	10.4	26	1.94	3.55	8.3	1.1	20.9	1.35
6.3	63	40	4.8	7.5	7.5	3.75	8.444	6.63	16.123	50.786	2.453	4.50	11.872	1.185	28.38	1.36
8	80	43	5	8	8	4	10.24	8.04	25.3	101.3	3.15	5.79	16.6	1.27	37.4	1.43
10	100	48	5.3	8.5	8.5	4.25	12.74	10	39.7	198.3	3.95	7.8	25.6	1.41	54.9	1.52
12.6	126	53	5.5	9	9	4.5	15.69	12.37	62.137	391.466	4.953	10.242	37.99	1.567	77.09	1.59
14ᵃb	140	58	6	9.5	9.5	4.75	18.51	14.53	80.5	563.7	5.52	13.01	53.2	1.7	107.1	1.71
	140	60	8	9.5	9.5	4.75	21.31	16.73	87.1	609.4	5.35	14.12	61.1	1.69	120.6	1.67
16a	160	63	6.5	10	10	5	21.95	17.23	108.3	866.2	6.28	16.3	73.3	1.83	144.1	1.8
16	160	65	8.5	10	10	5	25.15	19.74	116.8	934.5	6.1	17.55	83.4	1.82	160.8	1.75
18a	180	68	7	10.5	10.5	5.25	25.69	20.17	141.4	1272.7	7.04	20.03	98.6	1.96	189.7	1.88
18	180	70	9	10.5	10.5	5.25	29.29	22.99	152.2	1369.9	6.84	21.52	111	1.95	210.1	1.84

续表

型号																
20a	200	73	7	11	11	5.5	28.83	22.63	178	1780.4	7.86	24.2	128	2.11	244	2.01
20	200	75	9	11	11	5.5	32.83	25.77	191.4	1913.7	7.64	25.88	143.6	2.09	268.4	1.95
22a	220	77	7	11.5	11.5	5.75	31.84	24.99	217.6	2393.9	8.67	28.17	157.8	2.23	298.2	2.1
22	220	79	9	11.5	11.5	5.75	36.24	28.45	233.8	2571.4	8.42	30.05	176.4	2.21	326.3	2.03
a	250	78	7	12	12	6	34.91	27.47	269.597	3369.62	9.823	30.607	175.529	2.243	322.256	2.065
25b	250	80	9	12	12	6	39.91	31.39	282.402	3530.04	9.405	32.657	196.421	2.218	353.187	1.982
c	250	82	11	12	12	6	44.91	35.32	295.236	3690.45	9.065	35.926	218.415	2.206	384.133	1.921
a	280	82	7.5	12.5	12.5	6.25	40.02	31.42	340.328	4764.59	10.91	35.718	217.989	2.333	387.566	2.097
28b	280	84	9.5	12.5	12.5	6.25	45.62	35.81	366.46	5130.45	10.6	37.929	242.144	2.304	427.589	2.016
c	280	86	11.5	12.5	12.5	6.25	51.22	40.21	392.594	5496.32	10.35	40.301	267.602	2.286	426.597	1.951
a	320	88	8	14	14	7	48.7	38.22	474.879	7598.06	12.49	46.473	304.787	2.502	552.31	2.242
32b	320	90	10	14	14	7	55.1	43.25	509.012	8144.2	12.15	49.157	336.332	2.471	592.933	2.158
c	320	92	12	14	14	7	61.5	48.28	543.145	8690.33	11.88	52.642	374.175	2.467	643.299	2.092
a	360	96	9	16	16	8	60.89	47.8	659.7	11874.2	13.97	63.54	455	2.73	818.4	2.44
36b	360	98	11	16	16	8	68.09	53.45	702.9	12651.8	13.63	66.85	496.7	2.7	880.4	2.37
c	360	100	13	16	16	8	75.29	50.1	746.1	13429.4	13.36	70.02	536.4	2.67	947.9	2.34
a	400	100	10.5	18	18	9	75.05	58.91	878.9	17577.9	15.30	78.83	592	2.81	1067.7	2.49
40b	400	102	12.5	18	18	9	83.05	65.19	932.2	18644.5	14.98	82.52	640	2.78	1135.6	2.44
c	400	104	14.5	18	18	9	91.05	71.47	985.6	19711.2	14.71	86.19	687.8	2.75	1220.7	2.42

注：截面图和表中标注的圆弧半径 r、r_1 的数据用于孔型设计，不作交货条件。

附录二 习 题 参 考 答 案

第 2 章

2.1　（a）$F_{N1}=F$，$F_{N2}=-F$

（b）$F_{N1}=F$，$F_{N2}=0$，$F_{N3}=2F$

（c）$F_{N1}=-2kN$，$F_{N2}=2kN$，$F_{N3}=-4kN$

（d）$F_{N1}=5kN$，$F_{N2}=10kN$，$F_{N3}=-10kN$

2.2　$F_{N1}=500N$，$F_{N2}=900N$，$F_{N3}=1350N$，$F_{N4}=900N$，$F_{N5}=550N$

2.3　$\sigma_{c,max}=1.82MPa$

2.4　$\sigma_{AE}=159MPa$，$\sigma_{EG}=155MPa$

2.5　$\varepsilon_{I}=0.5\times10^{-3}$，$\varepsilon_{II}=0.3\times10^{-3}$，$\varepsilon_{III}=0.625\times10^{-3}$

$\Delta l_{I}=0.5mm$，$\Delta l_{II}=0.45mm$，$\Delta l_{III}=1.25mm$，$\Delta l=2.2mm$

2.6　$\Delta=2.32mm$（↓）

2.7　$\Delta_{Av}=1.365mm$（↓）

2.8　$\sigma_{AB}=158MPa$，$\sigma_{AC}=9.2MPa$

2.9　$d=36mm$

2.10　$\sigma_{AC}=161MPa$，CD：$2\llcorner70\times5$

2.11　$[F]=36kN$

2.12　$[F]=103kN$

2.13　$F_{A}=40kN$（←），$F_{B}=50kN$（←）

2.14　$F_{NCD}=30kN$，$\sigma_{CD}=30MPa$，$F_{NEF}=60kN$，$\sigma_{EF}=60MPa$

第 3 章

3.1　$y_{C}=45mm$；$S_{z}^{*}=81\times10^{3}mm^{3}$

3.2　$y_{C}=158.9mm$

3.3　$I_{z_{C}}=688\times10^{4}mm^{4}$

3.4　$I_{z}=3560.8mm^{4}$；$I_{y}=3089.4mm^{4}$

3.5　（a）$I_{z}=2261\times10^{4}mm^{4}$；（b）$I_{z}=255.8\times10^{6}mm^{4}$

3.6　$\alpha_{0}=13°31'$，$103°31'$；$I_{z_{0}}=76.1\times10^{4}mm^{4}$；$I_{y_{0}}=19.9\times10^{4}mm^{4}$

第 4 章

4.1　（a）$M_{tAB}=3kN\cdot m$，$M_{tBC}=1kN\cdot m$；（b）$M_{t,max}=4kN\cdot m$

4.2　①$M_{t,max}=2kN\cdot m$；②$M_{t,max}=1.2kN\cdot m$

4.3　$1194N\cdot m$，$-2626N\cdot m$，$-1909N\cdot m$，$-477N\cdot m$

4.4　$\tau_{max}=61MPa$，$\tau_{A}=31MPa$

4.5　$\tau_{ACmax}=47.7MPa$，$\tau_{CBmax}=22.3MPa$

4.6　$\varphi_{AC}=0.46°$

4.7　$\tau_{max}=47.7MPa$，$\theta_{max}=1.7$（°）/m

4.8　$d=70mm$

第 5 章

5.1　（a）$F_{S1}=37.5kN$，$M_{1}=174kN\cdot m$，$F_{S2}=-37.5kN$，$M_{2}=174kN\cdot m$；

（b）$F_{S1}=2.5kN$，$M_{1}=-0.833kN\cdot m$；

(c) $F_{S1} = -12\text{kN}$，$M_1 = -16\text{kN} \cdot \text{m}$，$F_{S2} = -12\text{kN}$，$M_2 = -40\text{kN} \cdot \text{m}$，$F_{S3} = 20\text{kN}$，$M_3 = -40\text{kN} \cdot \text{m}$；

(d) $F_{S1} = \dfrac{qa}{4}$，$M_1 = \dfrac{qa^2}{4}$，$F_{S2} = \dfrac{qa}{4}$，$M_2 = \dfrac{qa^2}{2}$，$F_{S3} = \dfrac{qa}{4}$，$M_3 = \dfrac{3qa^2}{2}$；

(e) $F_{S1} = 0$，$M_1 = Fl$，$F_{S2} = -F$，$M_2 = Fl$，$F_{S3} = 0$，$M_3 = 0$；

(f) $F_{S1} = -ql$，$M_1 = -0.5ql^2$，$F_{S2} = -1.5ql$，$M_2 = -2ql^2$

5.2　(a) $|F_S|_{max} = \dfrac{1}{2}q_0 l$，$|M|_{max} = \dfrac{1}{6}q_0 l^2$；

(b) $|F_S|_{max} = F$，$|M|_{max} = Fa$；

(c) $|F_S|_{max} = 2ql$，$|M|_{max} = \dfrac{3}{2}ql^2$；

(d) $|F_S|_{max} = 11.5\text{kN}$，$|M|_{max} = 22\text{kN} \cdot \text{m}$

5.3　(a) $|F_S|_{max} = 0$，$|M|_{max} = M_e$；

(b) $|F_S|_{max} = F$，$|M|_{max} = Fa$；

(c) $|F_S|_{max} = 1.17qa$，$|M|_{max} = 0.833qa^2$；

(d) $|F_S|_{max} = qa$，$|M|_{max} = \dfrac{qa^2}{2}$；

(e) $|F_S|_{max} = 6\text{kN}$，$|M|_{max} = 18\text{kN} \cdot \text{m}$；

(f) $|F_S|_{max} = qa$，$|M|_{max} = \dfrac{qa^2}{2}$；

(g) $|F_S|_{max} = \dfrac{5}{4}qa$，$|M|_{max} = \dfrac{3}{2}qa^2$；

(h) $|F_S|_{max} = \dfrac{3}{2}qa$，$|M|_{max} = qa^2$；

(i) $|F_S|_{max} = \dfrac{3}{4}qa$，$|M|_{max} = \dfrac{9}{32}qa^2$；

(j) $|F_S|_{max} = \dfrac{3}{4}qa$，$|M|_{max} = qa^2$

5.4　(a) $|M|_{max} = 20\text{kN} \cdot \text{m}$；

(b) $|M|_{max} = 4\text{kN} \cdot \text{m}$；

(c) $|M|_{max} = qa^2$；

(d) $|M|_{max} = \dfrac{qa^2}{2}$；

(e) $|M|_{max} = 15\text{kN} \cdot \text{m}$；

(f) $|M|_{max} = 20\text{kN} \cdot \text{m}$

第 6 章

6.1　$\sigma_{max} = 117\text{MPa}$，$\sigma_a = 0$，$\sigma_b = 87.87\text{MPa}$

6.2　采用圆形截面时最大正应力为 159MPa，采用环形截面时最大正应力为 93.7MPa

6.3　选用 25a 工字钢

6.4　①$d \geqslant 108\text{mm}$，$A \geqslant 9160\text{mm}^2$；

②$b \geqslant 57.2\text{mm}$，$h \geqslant 114.4\text{mm}$，$A \geqslant 6543\text{mm}^2$；

③16 工字钢，$A = 2613\text{mm}^2$

6.5　$\tau_{max}=0.24MPa$，$\tau_a=0$，$\tau_b=0.09MPa$

6.6　$\sigma_{max}=6.94MPa$，$\tau_{max}=0.52MPa$

6.7　选 20b 工字钢

6.8　$\sigma_{t,max}=26.2MPa$，$\sigma_{c,max}=52.4MPa$

6.9　按正应力强度条件选为 0.145m×0.218m；按切应力强度条件选为 $0.122m \times 0.183m$；取整后选定为 0.150m×0.220m

第 7 章

7.1　(a) $\theta_A=\dfrac{ql^3}{24EI}$，$v_C=\dfrac{5ql^4}{384EI}$；

　　　(b) $\theta_A=-\dfrac{Fl^2}{12EI}$，$v_C=\dfrac{Fl^3}{8EI}$；

　　　(c) $\theta_A=\dfrac{5Fl^2}{8EI}$，$v_C=\dfrac{29Fl^3}{48EI}$；

　　　(d) $\theta_A=-\dfrac{M_e l}{18EI}$，$v_C=\dfrac{2M_e l^2}{81EI}$

7.2　$v_D=-\dfrac{5ql^4}{192EI}$，$v_B=\dfrac{17ql^4}{128EI}$

7.3　$v_C=\dfrac{9ql^4}{128EI}$，$v_D=-\dfrac{5ql^4}{128EI}$，$v_E=\dfrac{13ql^4}{96EI}$

7.4　$v_{max}=\dfrac{3Fl^3}{16EI}$

7.5　$v_{max}=\dfrac{3Fl^3}{256EI}$

7.6　(a) $v_C=\dfrac{Fl^3}{6EI}$，$\theta_B=\dfrac{9Fl^2}{8EI}$；

　　　(b) $v_C=-\dfrac{23ql^4}{384EI}$，$\theta_B=-\dfrac{ql^3}{3EI}$；

　　　(c) $v_C=\dfrac{17ql^4}{384EI}$，$\theta_B=-\dfrac{ql^3}{8EI}$；

　　　(d) $v_C=\dfrac{qa^4}{8EI}$，$\theta_B=\dfrac{qa^3}{3EI}$

7.7　选 22a 工字钢

7.8　选 22a 工字钢

7.9　$\sigma_{max}=146MPa$，$\dfrac{v_{max}}{l}=\dfrac{1}{242}$

7.10　(a) $F_B=\dfrac{14}{27}F$ （↑）；(b) $F_B=\dfrac{17}{16}F$ （↑）；

　　　(c) $F_B=\dfrac{3M_e}{4a}$ （↓）；(d) $F_B=\dfrac{11}{16}F$ （↑）

第 8 章

8.1　(a) $\sigma_\alpha=-10MPa$，$\tau_\alpha=-30MPa$；(b) $\sigma_\alpha=16.3MPa$，$\tau_\alpha=3.66MPa$；

　　　(c) $\sigma_\alpha=-41MPa$，$\tau_\alpha=-41MPa$；(d) $\sigma_\alpha=0$，$\tau_\alpha=-50MPa$

8.2　(a) $\sigma_1=57MPa$，$\sigma_2=0$，$\sigma_3=-7MPa$，$\alpha_0=-19.33°$；

(b) $\sigma_1 = 34.1\text{MPa}$，$\sigma_2 = 5.86\text{MPa}$，$\sigma_3 = 0$，$\alpha_0 = 22.5°$；

(c) $\sigma_1 = 48\text{MPa}$，$\sigma_2 = 0$，$\sigma_3 = -12\text{MPa}$，$\alpha_0 = 26.57°$；

(d) $\sigma_1 = 56.6\text{MPa}$，$\sigma_2 = 0$，$\sigma_3 = -56.6\text{MPa}$，$\alpha_0 = 22.5°$；

8.3　略

8.4　略

8.5　$\sigma_1 = 30\text{MPa}$，$\sigma_2 = 20\text{MPa}$，$\sigma_3 = -80\text{MPa}$；

$\varepsilon_1 = 2.4 \times 10^{-4}$，$\varepsilon_2 = 1.75 \times 10^{-4}$，$\varepsilon_3 = -4.75 \times 10^{-4}$

8.6　$\sigma_1 = 44.3\text{MPa}$，$\sigma_2 = 0$，$\sigma_3 = -20.3\text{MPa}$，$\varepsilon_2 = -34.3 \times 10^{-6}$

8.7　$\sigma_1 = 0$，$\sigma_2 = -26.4\text{MPa}$，$\sigma_3 = -80\text{MPa}$

8.8　$\delta \geqslant 9.75\text{mm}$

8.9　$\sigma_{r3} = 110\text{MPa}$

8.10　$\sigma_{max} = 169\text{MPa}$，$\tau_{max} = 90\text{MPa}$；$C$、$D$ 截面 a' 点处 $\sigma_{r4} = 154\text{MPa}$

8.11　$\sigma_{max} = 144.5\text{MPa}$

$\tau_{max} = 38.3\text{MPa}$

$\sigma_1 = 136.8\text{MPa}$，$\sigma_2 = 0$，$\sigma_3 = -5.9\text{MPa}$

$\sigma_{r3} = 142.7\text{MPa}$，$\sigma_{r4} = 139.8\text{MPa}$

第 9 章

9.1　$\sigma_{max} = 158\text{MPa}$

9.2　$\sigma_{max} = 85.3\text{MPa}$

9.3　$h = 372\text{mm}$

9.4　$a \leqslant 5.25\text{mm}$

9.5　$\sigma_{max} = 155\text{MPa}$

9.6　$q \leqslant 1.06\text{kN/m}$

9.7　$\sigma_{t,max} = 140.6\text{MPa}$，$\sigma_{c,max} = -140.6\text{MPa}$

9.8　$[F] = 4.63\text{kN}$

9.9　$d \geqslant 49.8\text{mm}$

9.10　$\sigma_{r3} = 125\text{MPa}$

9.11　$\delta = 2.65\text{mm}$

第 10 章

10.1　$F_{cr} = 65.11\text{kN}$，$\sigma_{cr} = 51.82\text{MPa}$

10.2　$F_{cr} = 77.1\text{kN}$

10.3　$a = 4.3\text{cm}$

10.4　$F_{max} = 15.6\text{kN}$

10.5　$\dfrac{F_N}{\varphi A} = 6.6\text{MPa}$

10.6　$[F] = 537.6\text{kN}$

10.7　$[F] = 302.4\text{kN}$

10.8　$F_{cr} = \dfrac{\pi^2 EI}{(0.5a)^2}$

10.9　$\dfrac{l_1}{l_2} = \sqrt{3}$，$\dfrac{F_{cr1}}{F_{cr2}} = \dfrac{\pi}{4}$

10.10 $\theta=\arctan\ (\cot^2\beta)$，$31.2\dfrac{EI}{l^2\sin^2\beta}$

10.11 $\Delta t=29.2℃$

10.12 $d=21\mathrm{mm}$

第11章

11.1 $V_\varepsilon=0.957\dfrac{F^2l}{EA}$

11.2 (a) $V_\varepsilon=\dfrac{2F^2l}{\pi Ed^2}$；(b) $V_\varepsilon=\dfrac{7F^2l}{8\pi Ed^2}$

11.3 (a) $V_\varepsilon=\dfrac{3F^2l}{4EA}$；(b) $V_\varepsilon=\dfrac{M_e^2l}{18EI}$；(c) $V_\varepsilon=\dfrac{\pi F^2R^3}{8EI}$

11.4 $V_\varepsilon=60.4\mathrm{N}\cdot\mathrm{m}$

11.5 $\Delta_{AB}=\dfrac{5Fa}{3EA}$（伸长）

11.6 (a) $v_C=\dfrac{Fl^3}{6EI}$（↓），$\theta_B=\dfrac{9Fl^2}{8EI}$（⤴）；

(b) $v_B=\dfrac{5Fl^3}{384EI}$（↓），$\theta_B=\dfrac{Fl^2}{12EI}$（⤴）；

(c) $v_B=\dfrac{qa^3}{24EI}(4l-a)$（↓），$\theta_B=\dfrac{qa^3}{6EI}$（⤴）；

(d) $v_C=\dfrac{5Fa^3}{3EI}$（↓），$\theta_B=\dfrac{4Fa^2}{3EI}$（⤴）

11.7 (a) $v_B=\dfrac{5Fa^3}{12EI}$（↓），$\theta_A=\dfrac{5Fa^2}{4EI}$（⤴）；

(b) $v_B=\dfrac{5Fa^3}{12EI}$（↓），$\theta_A=\dfrac{Fa^2}{EI}$（⤴）

11.8 $\delta_{Ay}=\dfrac{Fl^2}{3EI}(l+3h)$（↓），$\delta_{Ax}=\dfrac{Flh^2}{2EI}$（→），$\theta_A=\dfrac{Fl}{2EI}(l+h)$（⤴）

11.9 $\delta_{Dx}=21.1\mathrm{mm}$（→），$\theta_D=0.0117\mathrm{rad}$（⤴）

11.10 $\Delta_{BD}=2.71\dfrac{Fl}{EA}$（缩短）

11.11 $\delta_{Cy}=0.6\mathrm{mm}$（↓）

11.12 $\delta_{By}=\dfrac{FR^3}{2EI}$（↓），$\delta_{Bx}=0.356\dfrac{FR^3}{EI}$（→），$\theta_B=0.571\dfrac{FR^2}{EI}$（⤴）

11.13 $\delta_C=\dfrac{2Fa^3}{3EI}+\dfrac{Fa^3}{GI_P}$（↑）

附录三　实验视频二维码

弹性模量及泊松比实验 1. 实验原理

拉伸实验
1. 实验原理

压缩实验
1. 实验原理

扭转实验
1. 实验原理

纯弯梁
1. 实验原理

弹性模量及泊松比实验 2. 原始参数的测量

拉伸实验 2. 数据采集环境的设置

压缩实验
2. 原始参数的测量

扭转实验
2. 原始参数的测量

纯弯梁
2. 原始参数的测量

弹性模量及泊松比实验 3. 采集环境的设置

拉伸实验 3. 原始参数的测量

压缩实验
3. 采集环境的设置

扭转实验
3. 采集环境的设置

纯弯梁
3. 采集环境的设置

弹性模量及泊松比实验 4. 试件装夹

拉伸实验 4. 试件装夹

压缩实验
4. 承压板的安装及找正

扭转实验
4. 试件装夹

纯弯梁
4. 试件的装夹

弹性模量及泊松比实验 5. 加载测试

拉伸实验 5. 加载测试

压缩实验
5. 试件的装夹

扭转实验
5. 加载测试

纯弯梁
5. 加载测试

弹性模量及泊松比实验 6. 数据分析

拉伸实验 6. 数据处理

压缩实验
6. 加载的控制过程

扭转实验
6. 数据分析

纯弯梁
6. 数据分析

压缩实验 7. 数据分析

压缩实验 8. 承压板拆卸

参 考 文 献

[1] 孙训方. 材料力学：Ⅰ、Ⅱ [M]. 6版. 北京：高等教育出版社，2019.

[2] 刘鸿文. 材料力学Ⅰ [M]. 6版. 北京：高等教育出版社，2016.

[3] 汪菁. 工程力学 [M]. 2版. 北京：化学工业出版社，2012.

[4] 汪菁. 建筑力学 [M]. 北京：化学工业出版社，2014.

[5] 汪菁. 工程力学学习指导 [M]. 北京：高等教育出版社，2003.

[6] 苏炜. 工程力学 [M]. 2版. 武汉：武汉工业大学出版社，2005.

[7] 杜云海. 材料力学：Ⅰ、Ⅱ [M]. 郑州：郑州大学出版社，2012.

[8] 樊友景，杜云海. 材料力学 [M]. 北京：清华大学出版社，2017.

[9] 文明才，夏平. 材料力学 [M]. 北京：清华大学出版社，2019.

[10] 章宝华，龚良贵. 材料力学 [M]. 北京：北京大学出版社，2011.

[11] 原方. 材料力学 [M]. 郑州：郑州大学出版社，2011.

[12] 杨国义. 材料力学 [M]. 哈尔滨：哈尔滨工业大学出版社，2012.

[13] 范钦珊. 材料力学 [M]. 北京：北京大学出版社，2009.

[14] 王仕统. 钢结构设计 [M]. 广州：华南理工大学出版社，2010.

[15] 曲淑英. 材料力学 [M]. 北京：中国建筑工业出版社，2011.

[16] 范存新. 材料力学 [M]. 2版. 重庆：重庆大学出版社，2019.